# コンテナ・ベース・オーケストレーション

## Docker/Kubernetesで作るクラウド時代のシステム基盤

青山尚暉／市川 豊／境川章一郎／佐藤聖規／須江信洋／前佛雅人
橋本直哉／平岡大祐／福田 潔／矢野哲朗／山田修司 著

# 本書内容に関するお問い合わせについて

このたびは翔泳社の書籍をお買い上げいただき、誠にありがとうございます。弊社では、読者の皆様からのお問い合わせに適切に対応させていただくため、以下のガイドラインへのご協力をお願い致しております。下記項目をお読みいただき、手順に従ってお問い合わせください。

### ●ご質問される前に

弊社Webサイトの「正誤表」をご参照ください。これまでに判明した正誤や追加情報を掲載しています。

    正誤表　　　　　http://www.shoeisha.co.jp/book/errata/

### ●ご質問方法

弊社Webサイトの「刊行物Q&A」をご利用ください。

    刊行物Q&A　　　http://www.shoeisha.co.jp/book/qa/

インターネットをご利用でない場合は、FAXまたは郵便にて、下記"翔泳社 愛読者サービスセンター"までお問い合わせください。電話でのご質問は、お受けしておりません。

### ●回答について

回答は、ご質問いただいた手段によってご返事申し上げます。ご質問の内容によっては、回答に数日ないしはそれ以上の期間を要する場合があります。

### ●ご質問に際してのご注意

本書の対象を越えるもの、記述個所を特定されないもの、また読者固有の環境に起因するご質問等にはお答えできませんので、あらかじめご了承ください。

### ●郵便物送付先およびFAX番号

    送付先住所　　　〒160-0006　東京都新宿区舟町5
    FAX番号　　　　03-5362-3818
    宛先　　　　　　（株）翔泳社 愛読者サービスセンター

※本書に記載されたURL等は予告なく変更される場合があります。
※本書の出版にあたっては正確な記述につとめましたが、著者や出版社などのいずれも、本書の内容に対してなんらかの保証をするものではなく、内容やサンプルに基づくいかなる運用結果に関してもいっさいの責任を負いません。
※本書に掲載されているサンプルプログラムやスクリプト、および実行結果を記した画面イメージなどは、特定の設定に基づいた環境にて再現される一例です。

※本書に記載されている会社名、製品名はそれぞれ各社の商標および登録商標です。

# はじめに

　本書を執筆する企画を翔泳社からいただいたのは、共同で執筆した『Ansible 徹底入門』（翔泳社）が出版されてから数カ月後のことでした。私は当時 Red Hat 社で OpenShift の製品版である OpenShift Container Platform を担当して約 2 年が経っていましたが、2015 年に製品を担当し始めた当初は Docker や Kubernetes に対する知識や LXC などの Linux コンテナの開発や運用の経験があったわけではありませんでした。とくに Kubernetes の比較的、抽象的な機能や仕組みを理解するには、文書だけでなくチュートリアルのような形式で実際に手を動かしてみる必要性を感じていました。また、Docker や Kubernetes は新しい機能が数カ月ごとにリリースされるため、普遍的な内容にフォーカスする一方、個人的にも知りたい新しい内容も考慮すべきと感じていました。そこから、本書の執筆を進める議論が始まりました。

　本書では Docker コンテナや Kubernetes などのオーケストレーションツールに関するすべての知識に対し、教科書のように体系立った、網羅的な解説はしていません。その理由は、学べば学ぶほど Linux カーネル、ネットワーク、ストレージ、認証、リリースエンジニアリングなど、さまざまなレイヤーの幅広く深い知識が求められるからです。その代わりに（比較的多めな）各執筆者のバックグラウンドや経験則を踏まえて話題を取捨選択するものとし、おもに次のトピックをカバーする方針としました。

◆ Docker と Kubernetes の基本的な知識を説明し、理解を深めるために必要なチュートリアルを提供する
◆ Docker ベースでの CaaS サービスや Kubernetes ベースでのマネージドサービスを提供する事業者の観点からユーザーに伝えたい情報を提供する
◆ Kubernetes ベースのコンテナオーケストレーションを自社で設計／構築／運用する際に必要な情報を提供する

　また、特定の製品や技術にフォーカスするのではなく、可能なかぎりコンテナオーケストレーションという普遍的な話題をご紹介できるよう、同時に全体の整合性を保ちながら、章ごとの独立性も保てるように心がけています。途中、各執筆者の知り合いから知り合いへと参画いただく方々が増えたことで、結果としてさまざまなバックグラウンドを持つ執筆陣が集まることになったのではと思っています。

　本書籍の執筆にあたり、ご助力をいただいた関係者の皆様、今後フィードバックをいただく読者の皆様、暖かく執筆を見守ってくれた妻や本書関係各位のご家族に感謝いたします。

2018 年 2 月 著者を代表して 橋本直哉

# 目　次

## 第1章　コンテナ技術とオーケストレーションを取りまく動向　　1

### 1.1　ソフトウェアの所有からサービスの利用へ ..................................................... 1
1.1.1　インターネットの普及とソフトウェアをサービスとして使う時代 ................... 2
1.1.2　システム基盤を準備する時代から利用する時代へ ........................................ 3
1.1.3　自動化とインフラのコード化、そして解決できない課題 ............................... 6

### 1.2　コンテナ技術と Docker プラットフォーム仕様 ............................................. 7
1.2.1　仮想化とクラウドで発生した課題と対処 ...................................................... 7
1.2.2　アプリケーションのポータビリティ問題を解決する Docker ........................ 8

### 1.3　Docker コンテナと Docker イメージ ........................................................ 10
1.3.1　コンテナの利点 ........................................................................................ 10
1.3.2　コンテナの技術要素と発展の経緯 ............................................................. 10
1.3.3　名前空間（namespace） ........................................................................... 11
1.3.4　cgroup（コントロールグループ） ............................................................. 12

### 1.4　コンテナからオーケストレーションへ ......................................................... 12
1.4.1　コンテナ規格統一の流れ ........................................................................... 12
1.4.2　CoreOS、appc、rkt の登場 .................................................................... 13
1.4.3　Open Container Project 発足 ................................................................ 14
1.4.4　イメージ標準規格の策定 ........................................................................... 14
1.4.5　OCI が扱う範囲 ....................................................................................... 15
1.4.6　さまざまなオーケストレーション .............................................................. 16

### 1.5　コンテナとオーケストレーションの共通規格化 ............................................ 17
1.5.1　クラウド事業者ごとに異なる実装 .............................................................. 17
1.5.2　オーケストレーションツールとしての Kubernetes ................................... 18
1.5.3　CNCF 発足 ............................................................................................. 18
1.5.4　クラウドネイティブ .................................................................................. 19
1.5.5　CNCF に協調してクラウド事業者が Kubernetes を採用 ........................... 21

## 第2章　Docker コンテナの基礎とオーケストレーション　　23

### 2.1　Docker 概要 ............................................................................................. 23
2.1.1　Docker プロジェクトとコンテナ .............................................................. 23
2.1.2　Docker Engine のアーキテクチャ ........................................................... 25
2.1.3　Docker プラットフォームとオーケストレーション .................................... 27

### 2.2　Docker コンテナとイメージの理解 ............................................................ 28
2.2.1　Docker イメージ ...................................................................................... 28
2.2.2　Docker イメージの実装とイメージレイヤ ................................................. 29
2.2.3　イメージとコンテナの関係 ........................................................................ 30
2.2.4　Docker ボリューム .................................................................................. 31

### 2.3　Docker のセットアップ .............................................................................. 31
2.3.1　Docker Engine のインストール .............................................................. 31

目 次

|  | | |
|---|---|---|
| 2.3.2 | リリース間隔とサポート期間について | 32 |
| 2.3.3 | Linux のセットアップ方法 | 33 |
| 2.3.4 | Linux で使う場合の注意点（セキュリティ） | 35 |
| 2.3.5 | Windows | 36 |
| 2.3.6 | macOS | 36 |

2.4 Docker コンテナとイメージのライフサイクル ........................................ 37
    2.4.1 ライフサイクルの概要 ............................................ 37
    2.4.2 Docker イメージの取得 ............................................ 37
    2.4.3 Docker コンテナの実行と名前空間 ............................................ 38
    2.4.4 コンテナの終了 ............................................ 39
    2.4.5 リファレンス ............................................ 40

2.5 Docker とオーケストレーション ........................................ 40
    2.5.1 Docker Compose ............................................ 40
    2.5.2 Docker のオーケストレーション ............................................ 43
    2.5.3 Swarm モードでサービスの実行 ............................................ 47
    2.5.4 Docker のオーケストレーションと課題 ............................................ 55

2.6 Docker プロジェクトの現状と今後の展望 ........................................ 56
    2.6.1 標準規格への対応とコンポーネントの分割／独立 ............................................ 56
    2.6.2 Moby プロジェクトと Docker ............................................ 57
    2.6.3 CNCF/Kubernetes 対応とプロジェクトの民主化 ............................................ 58

# 第3章 CaaS（Container as a Service） 61

3.1 コンテナの活用とスケール ........................................ 61

3.2 CaaS という新たな選択肢の登場 ........................................ 61
    3.2.1 CaaS を利用することで現場に起きる変化 ............................................ 63
    3.2.2 Build/Ship/Run ............................................ 64

3.3 Apache Mesos ........................................ 67
    3.3.1 Mesos Master ............................................ 68
    3.3.2 Mesos Slave ............................................ 68
    3.3.3 Mesos Frameworks ............................................ 69
    3.3.4 Apache ZooKeeper ............................................ 69
    3.3.5 Marathon ............................................ 70
    3.3.6 Mesos/Marathon のサンプル ............................................ 71
    3.3.7 サンプルの実行 ............................................ 72

3.4 CaaS の提供における課題（設計／運用など） ........................................ 75
    3.4.1 1クラスタあたりのサイジング ............................................ 75
    3.4.2 ヘルスチェック機能 ............................................ 77
    3.4.3 サービスディスカバリ ............................................ 78
    3.4.4 仮想インスタンスのコネクション数上限 ............................................ 78
    3.4.5 通信トラフィック制御 ............................................ 79
    3.4.6 従来のアプライアンスとの相性 ............................................ 80
    3.4.7 監視 SaaS の利用時の注意点 ............................................ 80

目 次

# 第4章　Kubernetes によるコンテナオーケストレーション概要　83

4.1　Kubernetes（k8s）とは? ..................................................... 83
　　4.1.1　Kubernetes 誕生の経緯とこれまでの発展 ...................... 83
　　4.1.2　Kubernetes エコシステム ....................................... 84

4.2　Kubernetes の基礎 ........................................................ 85
　　4.2.1　Kubernetes のアーキテクチャ .................................. 85

4.3　アプリケーションのデプロイ ............................................ 89
　　4.3.1　Pod ................................................................ 89
　　4.3.2　ReplicaSet ........................................................ 90
　　4.3.3　Service ............................................................ 92
　　4.3.4　Deployment ...................................................... 95

4.4　ボリューム ................................................................. 102
　　4.4.1　emptyDir による Pod 内データ共有 ........................... 102
　　4.4.2　gitRepo ........................................................... 104
　　4.4.3　ストレージの利用 ................................................ 104
　　4.4.4　PersistentVolume と PersistentVolumeClaim ............... 106
　　4.4.5　ダイナミックプロビジョニング ................................. 111
　　4.4.6　特殊なボリューム ................................................ 114

4.5　その他の機能 .............................................................. 120
　　4.5.1　DaemonSet ....................................................... 121
　　4.5.2　StatefulSet ....................................................... 121
　　4.5.3　Job/CronJob ..................................................... 123

4.6　Minikube で学ぶ Kubernetes の基本 ................................. 127
　　4.6.1　Minikube のインストールと設定 ............................... 128
　　4.6.2　kubectl のインストールと設定 ................................. 129
　　4.6.3　Minikube と kubectl によるアプリケーション実行 .......... 131
　　4.6.4　シンプルなアプリケーションの実行 ........................... 134
　　4.6.5　複雑なアプリケーションの実行 ................................ 141
　　4.6.6　スケールアップとスケールダウン .............................. 150

# 第5章　GKE（Google Kubernetes Engine）　155

5.1　GKE とは? Kubernetes as a Service on GCP ....................... 155
　　5.1.1　Kubernetes と Google ......................................... 155
　　5.1.2　Google Cloud Platform の上で動くということ .............. 156

5.2　GKE の特徴 ............................................................... 157
　　5.2.1　管理の容易性（Simple）......................................... 159
　　5.2.2　信頼性（Reliable）.............................................. 163
　　5.2.3　効率性（Efficient）............................................. 169
　　5.2.4　GCP サービスとの連携（Integrate）.......................... 173

5.3　GKE の課金体系について ................................................ 179

5.4　活用事例 ................................................................... 179

5.5　GKE クラスタの起動 ..................................................... 181

目 次

| | | |
|---|---|---|
| | 5.5.1 | GCP アカウントの作成 ..................... 181 |
| 5.6 | GKE クラスタの作成 ..................... 184 |
| 5.7 | GKE にアプリケーションをデプロイ ..................... 189 |
| | 5.7.1 | Cloud Shell の起動 ..................... 189 |
| | 5.7.2 | CLI、gcloud と kubectl の初期セットアップ ..................... 190 |
| | 5.7.3 | Container Image の作成 ..................... 191 |
| | 5.7.4 | コンテナのビルドと Container Registry へ登録 ..................... 193 |
| | 5.7.5 | コンテナのデプロイ ..................... 194 |
| | 5.7.6 | Service と Ingress の設定 ..................... 196 |
| 5.8 | GKE のメンテナンス ..................... 198 |
| | 5.8.1 | Pod スケールアウト ..................... 198 |
| | 5.8.2 | Node オートスケーラー ..................... 199 |
| | 5.8.3 | コンテナローリングアップデート／ロールバック ..................... 200 |
| | 5.8.4 | クラスタアップグレード ..................... 203 |
| | 5.8.5 | Google Stackdriver ..................... 204 |
| | 5.8.6 | リソースのクリーンアップ ..................... 206 |

# 第6章 Rancher 209

| | | |
|---|---|---|
| 6.1 | Rancher とは ..................... 209 |
| | 6.1.1 | Rancher 概要 ..................... 209 |
| | 6.1.2 | プロダクションレベルの管理 ..................... 209 |
| | 6.1.3 | アーキテクチャ ..................... 210 |
| | 6.1.4 | オーケストレーター ..................... 211 |
| | 6.1.5 | ユーザー管理（権限分離） ..................... 211 |
| | 6.1.6 | インフラストラクチャーオーケストレーション ..................... 211 |
| | 6.1.7 | Rancher 2.0 について ..................... 212 |
| 6.2 | Rancher 1.6 の機能 ..................... 213 |
| | 6.2.1 | アプリケーションカタログ ..................... 213 |
| | 6.2.2 | ネットワーク接続 ..................... 213 |
| | 6.2.3 | ストレージ管理 ..................... 213 |
| | 6.2.4 | ユーザー認証と権限管理 ..................... 214 |
| | 6.2.5 | ホスト管理 ..................... 215 |
| | 6.2.6 | CLI と API ..................... 216 |
| 6.3 | Rancher 2.0 Tech Preview2 ..................... 216 |
| | 6.3.1 | Rancher 2.0 Tech Preview2 のおもな特徴 ..................... 217 |
| | 6.3.2 | Rancher 2.0 Tech Preview2 のアーキテクチャ ..................... 217 |
| | 6.3.3 | Rancher 2.0 Tech Preview2 の導入 ..................... 219 |
| | 6.3.4 | メイン画面 ..................... 220 |
| | 6.3.5 | Rancher 2.0 Tech Preview2 に関するドキュメント ..................... 221 |
| 6.4 | Rancher 2.0 Tech Preview2 の基本操作 ..................... 221 |
| | 6.4.1 | クラスタの起動 —GKE 上のクラスタを起動する— ..................... 221 |
| | 6.4.2 | Create a Cluster ..................... 230 |
| | 6.4.3 | Rancher 2.0 Tech Preview2 〜Import an Existing Cluster〜 ..................... 237 |

vii

目 次

# 第7章　Kubernetes on IBM Cloud Container Service　243

7.1　IBM Cloud における Kubernetes ........................................................................ 243
　　7.1.1　IBM Cloud の特徴 ................................................................................... 244
　　7.1.2　無料クラスタと標準クラスタの違い ..................................................... 245
　　7.1.3　アーキテクチャ ...................................................................................... 246

7.2　IBM Cloud Container Service の特徴 ................................................................ 248
　　7.2.1　管理方法（API/Web UI/CLI） .............................................................. 248
　　7.2.2　API ........................................................................................................... 248
　　7.2.3　Web UI ..................................................................................................... 248
　　7.2.4　CLI ........................................................................................................... 249
　　7.2.5　1 アクションでクラスタ作成が可能 ...................................................... 250
　　7.2.6　ワーカー・ノードの拡張計画 ................................................................ 254
　　7.2.7　既存 VLAN との接続 .............................................................................. 255
　　7.2.8　IBM Cloud サービス（Watson など）への接続 .................................... 255

7.3　Kubernets on IBM Cloud Container Service を使ってみる ............................. 256
　　7.3.1　IBM Cloud DevOps と組み合わせた CI/CD ......................................... 256

# 第8章　OpenShift Networking & Monitoring　265

8.1　OpenShift Origin とは ....................................................................................... 265
　　8.1.1　OpenShift Origin が生まれた背景と歴史 .............................................. 265
　　8.1.2　OpenShift のアーキテクチャと Kubernetes との違い ........................ 266
　　8.1.3　Router によるアプリケーションの公開 ............................................... 267

8.2　OpenShift のネットワーク ............................................................................... 269
　　8.2.1　コンテナオーケストレーション基盤に SDN が必要な理由 ................. 269
　　8.2.2　ネットワークプラグイン ....................................................................... 270
　　8.2.3　OpenShift SDN プラグイン .................................................................. 271
　　8.2.4　OpenShift SDN を構成するコンポーネントとネットワーク構成 ....... 272

8.3　OpenShift SDN によるマルチテナント構成 .................................................... 278
　　8.3.1　ovs-multitenant プラグイン .................................................................. 281
　　8.3.2　Project のネットワークを許可 .............................................................. 282
　　8.3.3　Project のネットワークを隔離 .............................................................. 286
　　8.3.4　すべての Project とのネットワークを許可 .......................................... 286
　　8.3.5　Project にセットした Label をフィルタして適用 ................................ 287

8.4　ovs-networkpolicy による通信の制御 ............................................................. 288
　　NetworkPolicy オブジェクトの設定 .................................................................. 290

8.5　外部通信のアクセス制御 ................................................................................. 296
　　8.5.1　ファイアウォール ................................................................................... 297
　　8.5.2　Egress Router ......................................................................................... 299
　　8.5.3　iptables .................................................................................................... 307

8.6　アプリケーションや基盤の監視とリソース管理 ........................................... 309
　　8.6.1　アプリケーションのヘルスチェック ..................................................... 309
　　8.6.2　Prometheus ............................................................................................. 312

viii

目 次

8.6.3　LimitRange と Quota によるリソース管理 ......................................................... 319

# 第 9 章　OpenShift for Developers　329

9.1　本章の概要 ................................................................................................................ 329
9.2　環境の準備 ................................................................................................................ 329
　　9.2.1　MiniShift とは ................................................................................................ 329
　　9.2.2　MiniShift の前提条件 .................................................................................... 330
　　9.2.3　CentOS 7.4 の KVM を利用した MiniShift のインストール .......................... 330
　　9.2.4　MiniShift の基本的な操作 ............................................................................ 331
　　9.2.5　OpenShift への CLI ログイン ........................................................................ 332
　　9.2.6　この章で使用するサンプルのコードについて ................................................... 332
　　9.2.7　OpenShift の設定ファイルのリポジトリの変更について ................................... 333
9.3　OpenShift のビルド方式 — S2I ................................................................................ 333
　　9.3.1　S2I とは ........................................................................................................ 333
　　9.3.2　S2I Tool のインストール ................................................................................ 335
　　9.3.3　サンプルで作成するアプリケーションのコンテナイメージ .................................. 335
　　9.3.4　サンプルで使用するソースコード ................................................................... 335
　　9.3.5　Builder イメージの作成 ................................................................................. 336
　　9.3.6　アプリケーションのコンテナイメージ作成 ........................................................ 338
　　9.3.7　アプリケーションのコンテナの起動 ................................................................. 339
　　9.3.8　S2I のメリット ................................................................................................ 340
9.4　アプリケーションの構築と展開 ................................................................................... 340
　　9.4.1　ImageStream .............................................................................................. 341
　　9.4.2　アプリケーションのビルド概要 ........................................................................ 342
　　9.4.3　OpenShift 上の Docker Registry のアドレスの確認 ...................................... 343
　　9.4.4　builder イメージの OpenShift 上の Docker Registry への登録 ..................... 343
　　9.4.5　アプリケーションのビルド設定 ........................................................................ 344
　　9.4.6　アプリケーションのデプロイ ........................................................................... 347
　　9.4.7　起動したアプリケーションへのアクセス ........................................................... 350
　　9.4.8　変更と再構築 ................................................................................................ 353
　　9.4.9　OpenShift での開発のメリット ...................................................................... 353
9.5　OpenShift を使った開発環境の機能拡張 ................................................................. 355
　　9.5.1　Webhook を利用した自動ビルド .................................................................... 355
　　9.5.2　Webhook で設定する URI を GitHub へ追加 ................................................. 357
　　9.5.3　GitHub のブランチを使った開発環境の作成 .................................................. 358
9.6　複数コンテナの連携設定 .......................................................................................... 360
　　9.6.1　テンプレートとテンプレートの追加 ................................................................. 360
　　9.6.2　PostgreSQL のコンテナ作成 ........................................................................ 361
　　9.6.3　PHP のコンテナ作成 ..................................................................................... 362
　　9.6.4　PHP コンテナから PostgreSQL コンテナへの接続 ......................................... 364
　　9.6.5　PHP アプリケーションの確認 ......................................................................... 365
9.7　イメージの管理と配信プロセスの簡素化 .................................................................... 366
　　9.7.1　イメージプロモーションを使ったアプリケーションのリリース ............................. 366

ix

| 9.7.2 | 本番環境テンプレートを使った本番環境の作成 | 367 |
| 9.7.3 | ImageStream のタグを使ったアプリケーションのリリース | 367 |
| 9.7.4 | コンテナイメージの履歴管理とリリースのロールバック | 368 |
| 9.7.5 | Jenkins を使ったリリースの自動化と可視化 | 369 |
| 9.7.6 | 運用担当者、開発担当者それぞれのメリット | 374 |

## サンプルコードダウンロードのご案内

本書の中で紹介したサンプルコードなどは、次のサイトからダウンロードできます。

**■本書の GitHub リポジトリ**

https://github.com/43books/container-orchestration/

# コンテナ技術とオーケストレーションを取りまく動向

1

2013 年、アプリケーションをどこでも実行するためのプラットフォームとして Docker が登場し、オープンソースとして公開されました。以降、世界中で幅広くコンテナ技術を使ったアプリケーション開発や運用が始まりました。また、複数のコンテナをサービスとして管理する手法として、Kubernetes 等を使ったオーケストレーションという用語が認識されつつあります。

本章では、ソフトウェア利用形態の変遷を通じて、コンテナ技術が必要になった背景を振り返ります。それから、コンテナの基本概念を踏まえ、既存の技術との違いや、オーケストレーションの必要性、そして、クラウドネイティブに至る流れを理解しましょう。

## 1.1　ソフトウェアの所有からサービスの利用へ

コンテナ利用の広まりは、Docker の発表を契機に、ここ数年で急速に拡がったかのように見ます。しかし、基本となる技術は 1970 年代に UNIX で実装された chroot を始まりとし、BSD に組み込まれた jail など、おもにセキュリティ上の実装として以前から存在していました。また、Linux カーネルでも 2006 年頃からコンテナ（現在の cgroup）を取り込む動きはありましたが、当時のコンテナはまだ Docker ほどの注目は浴びていませんでした。

以前からあった技術要素なのに、なぜ、Docker によって再びコンテナが脚光を浴びるようになったのでしょうか。この背景の理解に欠かせないのが、ここ 20 数年にわたるソフトウェア利用形態の変遷です。まず大きく変わったのは、ハードウェアの所有からソフトウェアを所有する時代への変化です。そして、近年ではネットワークを通して、ソフトウェアをサービスとして利用する時代へと流れが変わりつつあります。

ここでは、コンテナ化に至る経緯を紐解くため、仮想化とクラウドコンピューティングの登場を振り返ります。また、それでも解決できない課題を解決するものとして、コンテナ技術が必要となった背景について振り返ります。

1

第 1 章　コンテナ技術とオーケストレーションを取りまく動向

## 1.1.1　インターネットの普及とソフトウェアをサービスとして使う時代

ソフトウェアの利用形態が大きく変わったのは、PC や携帯電話などを通して、常時インターネットが利用できるようになったことに起因します。1980 年代から PC（パーソナルコンピュータ）はオフィスや家庭において利用が始まっていました。しかし、PC はネットワークに接続されておらず、あくまでも何らかのソフトウェア（ワープロ／表計算／データベースなど）を実行するための計算機という位置付けでした。また、通信機能としては、音響カプラやモデムを使った PC 通信が広まりましたが、通信速度はテキストの文字を中心としたデータのやりとりが中心でした。

この状況を大きく変えたのが、1990 年代のインターネット民間商用開放[1]と、WWW（World Wide Web）の発明です。そして、1995 年に発売された Microsoft Windows 95 の登場や Netscape Navigator などの Web ブラウザの普及により、インターネットの利用が従来に比べ、比較的簡単になりました。

1990 年代後半から 2000 年にかけては、日本国内では携帯電話を通じたインターネット接続サービス（i モード、EZweb）や電子メール機能の利用がこの流れを後押しします。こうして、PC 上のソフトウェアを使う時代から、インターネットのサービスを使うために、PC や携帯電話を使うような状況が生まれ始めます。また、ブロードバンド（広帯域）通信の普及や、SNS（mixi、Mobage、GREE）の普及がインターネットの利用を推し進めます。

こうして、コンピュータやインターネットは特定の企業内や学術研究機関で使われるのではなく、日常生活を豊かにするためのツールやサービスを提供する基盤として、一般家庭や個人への普及が進みました。また、企業においては ASP（Application Service Provider）という名称（現在の SaaS の概念に近いもの）で、オフィスの実務に利用可能なグループウェアを皮切りに、インターネットを通じてソフトウェアをサービスとして利用できるようになりました。

さらにこの流れを変えたのが、2010 年代におけるスマートフォンの急速な普及です。家庭内や企業内で PC がなくても、手のひら上の高性能な端末でインターネットにアクセスできるようになりました。しかも、ネットワークさえ接続できれば、場所を問わず 24 時間インターネット上のサービスが利用可能となります。スマートフォン内では「ストア」というアプリ配信プラットフォームの普及により、アプリを通じて、サービスとしてのインターネット利用を加速することになりました。

アプリの登場により、スマートフォンの活用シーンが拡がることになります。これまでのインターネットの Web サービスは、常にネットワークに接続してオンラインで使う必要がありました。操作はブラウザを通してが前提であり、UI/UX 面でも一定の制約を受けました。しかし、アプリであれば利用者の UX を最大限高めることができ、また、ネットワークに接続していない環境ではオフラインでも利用できます。

日本においては 2016 年の時点[2]でスマートフォンの普及率は 71.8％に達し、PC の普及率 73.0％に迫る状況になっています。ハードウェアとしては、PC とは異なり、高性能なカメラや音声認識機能、FeliCa 等のカード対応機能の普及など、私たちの生活上、欠かせないインターネットのサービスを利用するため

---

[1] 日本では 1993 年から。
[2]「情報通信端末の世帯保有率の推移」http://www.soumu.go.jp/johotsusintokei/whitepaper/ja/h29/html/nc262110.html

の端末という位置付けになりつつあります。

　このようにして、この 20 数年で、ソフトウェアとは納品物（プロダクト）として使うのではなく、サービス（アプリ）として利用する時代へと変遷を遂げています。

## 1.1.2　システム基盤を準備する時代から利用する時代へ

　かつては、完成されたソフトウェアを丁寧に作る流れ（ウォーターフォール方式に代表される、計画型の開発手法）が一般的でした。これが、2000 年のアジャイルソフトウェア開発宣言[3]に見られるように、継続して素早く開発サイクルをまわし、動くソフトウェアやサービスを作る流れに変わっています。

　このような流れになったのは、純粋にソフトウェア開発力の強化という側面もありますが、インターネットの普及も欠かせない要素です。インターネット上のサービスやアプリを通じたサービスであれば、24 時間動くのが当たり前であり、新サービスの迅速な提供が他サービスに対する差別化となり、ビジネスにおける成長をもたらすからです。

　そして課題となるのが、柔軟さと安定性の両立です。ソフトウェアやサービスの利用形態が変われば、開発／運用の在り方や、サーバーやネットワークなどのシステム基盤（インフラ）に対する考え方も従来とは変わることになりました。

### 物理環境からサーバー仮想化の時代へ

　1990 年代から 2000 年代にかけては、物理サーバーがインターネット用サーバーの主役を担いました。サービスを拡大し、より多くの利用者に快適なサービス体験をもたらすためには、ネットワーク帯域が潤沢でセキュリティ面などの管理が行き届いたデータセンターで多くのサーバーを運用する方法が広まります。

　しかし、サーバーにはハードウェア故障が発生するリスクがまずありますし、製品サポート期間、耐用年数といった課題があります。これはソフトウェアや OS についても同様です。また、サーバーを利用するには、何よりもまず調達のためのコスト（費用と時間）が必要でした。

　どれだけ早くサーバーが欲しくても、納品や設置まで数日から数週間要する場合もあります。また、利用期間が定かでない場合でも、サーバーの初期費用に対して投資することは、ビジネス上のリスクにも成り得ました。

　そこで注目を集めたのが、ハードウェア仮想化の技術です。2001 年に VMware 社が発表したプロダクトはハイパーバイザを通じてハードウェアを仮想化する技術で、1 つの物理サーバーで複数の仮想サーバーを並列に実行できるようにしました。また、Xen[4]や KVM（Kernel-based Virtual Machine）[5]のように、Linux 環境上で簡単にハードウェア仮想化ができるようになった影響もあります。加えて、2007 年にリリースされた VirtualBox[6]の登場により、個人レベルの PC といった開発環境でも、仮想化の利用

---

[3] http://agilemanifesto.org/iso/ja/manifesto.html
[4] https://www.xenproject.org/about/history.html
[5] https://www.linux-kvm.org/
[6] https://www.virtualbox.org/

が一般的になりました。

　仮想化が注目を集めたのは、計算資源を物理サーバーよりも効率的に扱えたからです。たとえば、OSの環境セットアップやネットワーク設定など、物理環境であればほぼすべてを手作業で行う必要があります。さらに、サーバーがあったとしても、OSや各種設定が何も入っていない状態では、実際にネットワーク上で利用可能なるようにセットアップするまでの時間がかかりがちでした。仮想化技術を使う仮想マシンであれば、この問題を解決できます。

　また、仮想サーバーではハードディスクを仮想ディスクイメージとして扱えます。そのため、利用予定のオペレーティングシステムや、ミドルウェア、アプリケーションをイメージとして作成しておけば、それをコピーするだけで素早くサーバーを利用できるようになります（図1.1）。

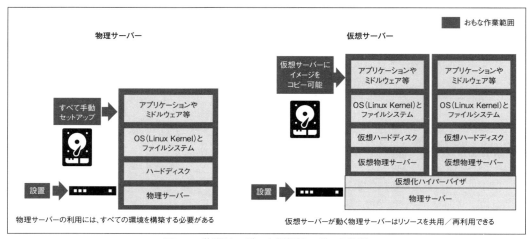

図1.1　物理サーバーと仮想サーバーの比較

　このような仮想化技術を活用し、素早くサーバーの利用ができることから、必要に応じてスケールアップやスケールダウンがしやすくなったのが大きな利点です。物理サーバーでもスケールアップは可能ですが、アクセスの増加が見込めるときだけCPUやメモリの割り当てを増やしたり、減らしたりすることはできません。仮想サーバーであれば、サービスに対して柔軟にインフラを増減できます。また、物理サーバー側のCPUやメモリなどのリソースに余裕があれば、複数の仮想サーバーを集約し、ハードウェアの効率的な利用が進む面もありました。さらに、ロードバランサー配下に複数の仮想サーバーを並べることにより、処理能力のスケールアウトやスケールインも物理サーバーに比べ柔軟に行えるようになりました。

　一方、これら仮想化のメリットを享受するためには、前提として自らハードウェア資産を持つ必要があります。仮想化の活用は、開発や運用現場では迅速に計算資源が利用できるようにしますが、ビジネス面では物理サーバーと同様に初期投資が必要であり、リスクを持ち続ける状態が続いたのです。この状態に風穴を開けたのが、インフラとして利用できるクラウドコンピューティングの登場です。

## 仮想化からクラウドコンピューティングへ

インターネットの利用とスマートフォンの普及により、いかに品質の高いサービスを迅速に提供できるかどうかが、ビジネス面やサービス面においても重要度を増してゆきます。

現実社会のニーズに対して、どのようにすればインフラを柔軟に調整できるのでしょうか。答えの1つは自社設備内かデータセンターに巨大なリソースプールを作成し、そのなかで柔軟なオペレーションを行う方法です。そしてもう1つが、クラウドコンピューティングを活用することです。これは一般的に、事業者が提供する大量の計算資源を使えるようにするものです。

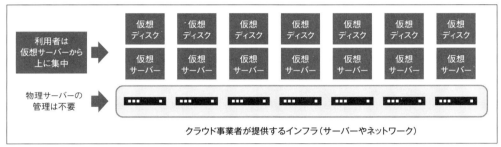

図 1.2　クラウドコンピューティングの利用

クラウドコンピューティングとは何でしょうか。NISTが定める定義[7]によりますと、次の5つの特長を持つ計算機資源の提供モデルと言えます。単純に仮想サーバーを並べるだけでは、クラウドの要素を満たしません。

**オンデマンドなセルフサービス**　利用者はサーバー時間やネットワークストレージなどを、サービス提供者とは人と人とのやりとりなく、必要なときに自動的に利用できること

**広帯域のネットワークアクセス**　標準的な仕組みが、さまざまな機器（携帯電話／タブレット／ノートPC／ワークステーション）を使い、ネットワークを通じて利用可能であること

**リソースプール**　事業者の計算資源はマルチテナント形態で提供されており、複数の利用者が存在する。また、計算資源は抽象化されており、実際にどこに物理資源が置かれているかを気にせず利用できる

**迅速な柔軟性**　計算資源の利用が柔軟にできることで、必要に応じて迅速に自動的なスケールができる。利用者に取っては利用可能なリソースは無制限であり、いつでも任意のタイミングで増減できる

**測定可能なサービス**　どれだけシステムを利用したかはクラウドシステム側が自動的に記録する。また、リソースの利用状況は監視可能であり、制御でき、事業者および利用者どちらも適切に参照できる

そしてクラウドには、次の3つの区分があります。

**SaaS（Software as a Service）**　サービスとしてのソフトウェア。利用者はクラウドのインフラ上で実行するアプリケーションを利用できる。アプリケーションはブラウザを始めとした、さまざまなイン

---

[7] 米国政府の資材調達局であるNISTが定めたクラウドコンピューティングの定義であり、2011年に策定されたもの。「The NIST Definition of Cloud Computing」https://csrc.nist.gov/publications/detail/sp/800-145/final

第1章　コンテナ技術とオーケストレーションを取りまく動向

ターフェイスを通して使えること。利用者はどのようなシステム基盤なのか、あるいはネットワークなのかといった計算資源に対する意識を持つ必要がない

**PaaS（Platform as a Service）**　サービスとしてのプラットフォーム。利用者またはアプリケーションが作成したクラウドインフラ上で、事業者が提供するプログラミング言語／ライブラリ／サービス／ツールを利用できる。利用者はシステム基盤を管理する必要がないものの、アプリケーションのデプロイや、場合によっては実行環境の設定変更もできる

**IaaS（Infrastructure as a Service）**　サービスとしてのインフラストラクチャ。計算機／ストレージ／ネットワークなど、コンピュータの基本的なリソースの作成や利用が可能であり、その環境でソフトウェアをデプロイ／実行できる。システム基盤を管理できないものの、オペレーティングシステムやストレージやアプリケーションのデプロイは利用者自身が行える

　つまり、仮想サーバーやネットワークなどのインフラに相当するのが「IaaS」となります。たんに仮想サーバーなど各種の計算資源を利用できるだけでなく、時間単位の課金モデルで利用できるのが大きな利点です。これにより、ビジネス的に成功するかどうか分からない環境に膨大な初期投資をすることなく、柔軟に計算機資源を利用できるようになりました。

## 1.1.3　自動化とインフラのコード化、そして解決できない課題

　インフラが柔軟に利用できるなることで、さまざまなオペレーション自動化技術も普及します。たんにクラウドの IaaS が利用できるだけでなく、より効率的にインフラを管理するための自動化技術が広まってきました。これらを支えるのは、クラウドが提供する API（Application Programming Interface）です。REST など Web 経由で容易に操作できるものや、各種プログラミング言語に対応したライブラリも提供されており、あたかもソースコードを扱うかのようにクラウド環境が利用できるようになってきました。

　この動きに加えて、オペレーティングシステムから上のレイヤでも自動化技術が普及します。とくに、構成管理ツール（configuration management tool）やプロビジョニングツールは幅広く使われるようになりました。Chef や Puppet、Ansible のように、サーバーの中のアプリケーションのセットアップやコードのデプロイを自動的に行うツールが登場します。そして、これらのツールはソースコードのような設定ファイルを通して設定変更が可能なため、ファイルをバージョン管理したり、ほかの環境でファイルの再利用ができるなど、OS から上のレイヤも効率的に管理／実装できるようになります。

　そしてまた、インフラとしてのサーバーの扱いも変わり始めます。アプリケーションをクラウドでスケールさせるために「Pets vs Cattle」（ペット対家畜）[8]という概念が広まり始めます。この考えは構成管理ツールやクラウドの活用とも相性が良いものでした。

　このようにサーバー資源を使い捨てにできることで得られた柔軟さもありますが、その一方でまだ足りない要素も出てきます。それは、アプリケーションポータビリティ（移動性）です。

　サービスの開発にあたっては、個人の PC という開発環境、社内やチームにおけるテストや CI（Continuous

---

[8] https://www.slideshare.net/randybias/pets-vs-cattle-the-elastic-cloud-story/9

Integration）/CD（Continuous Delivery）環境、そして、ステージング環境やプロダクション環境など、複数の環境を横断する必要が出てきます。また、CI/CD で継続的にアプリケーション開発を進めるには、このサイクルをいかに速く展開できるかが、サービスの競争力なり品質につながります。

　ところが、プラットフォームを横断して「間違いなく動くアプリケーション」を作ることがコストになり始めます。ひとつは仮想化技術基盤の違いです。仮に開発環境である仮想マシンイメージを使ったとしても、それをそのままクラウド上に持っていくことはできません。同じ仮想化システムを使っているという前提であれば技術的には可能ですが、実際にはイメージ容量の大きさから（小さなものでも数 GB は必要でしょう）、これをネットワーク越しに転送するのは時間もお金もかかり、現実的とはいえません。

　この不利を補うのが構成管理ツールですが、構成管理ツールも必ずしも完全な状態を再現するとはかぎりません。自動セットアップ中にネットワーク通信が途絶すると、望まない状態でリリースされる危険性もありますし、正常性のチェックをするために、さらに別のツールの導入やメンテナンスが必要となり、本来行うべきソフトウェアサービス開発からはかけ離れたものとなりがちです。

　これらの問題を解決する技術要素として注目されたのがコンテナです。環境を問わず、間違いなくアプリケーションを実行できるようにしたい。そして、そのコンテナとしてのプロセスを、開発者や運用担当者が「簡単に」扱えるようなソフトウェアとプラットフォームにまとめたのが Docker です。

# 1.2　コンテナ技術と Docker プラットフォーム仕様

　Docker が目指しているのは、技術面において Linux 上のプロセスを「コンテナ」として動かすためだけではありません。重要な課題はアプリケーションの開発からテスト、本番へのデプロイに至る流れにおいて、共通したワークフローで簡単に動かすことでした。そのために、Docker はコンテナをやりとりするためのプラットフォームを担います。

## 1.2.1　仮想化とクラウドで発生した課題と対処

　仮想化やクラウドの普及により、仮想サーバー環境が素早く作成できるようになっただけでなく、処理できる規模の拡大／縮小（スケーラビリティ）も容易になりました。そうなると、次の新しい課題は、いかにアプリケーションの実行環境（開発言語環境やミドルウェア、データベースなど）を素早く、確実にするかです。この問題を解決するには、おもに 3 つの対策があります（**図 1.3**）。

**仮想マシンイメージの活用**　仮想化システムまたはクラウド上の仮想マシン上で利用するハードディスクに、あらかじめ決まった環境をテンプレート（ゴールデンイメージと呼ぶ場合も）として、繰り返し再利用する方法。初期状態の OS イメージを使うのに比べて、利用開始になるまでの時間短縮が期待できる
**構成管理ツールやデプロイツールの活用**　Chef、Puppet、Ansible などの構成管理ツールで、サーバー上のアプリケーションやタイムゾーンなどの各種ホスト側の設定を定義しておく。ファイルは何度でも再利用でき、環境に応じたカスタマイズも容易。また、Capistrano や Fabric のように、コンテンツを自動

第1章　コンテナ技術とオーケストレーションを取りまく動向

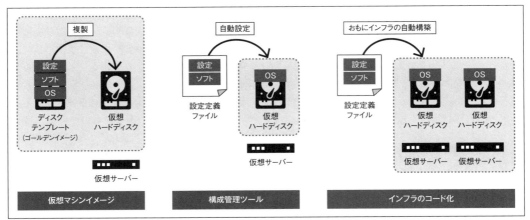

図 1.3　素早くアプリケーションをデプロイするための手法

配信するツールと組み合わせることもできる

**インフラのコード化（Infrastructure as Code）の活用**　HashiCorp Terraform や AWS（Amazon Web Services）が提供する CloudFormation のように、サーバーやネットワークのようなインフラ構成要素を設定ファイルにテンプレート化する。テンプレートは何度でも再利用でき、環境に応じたカスタマイズも容易

これら3つのうち、どれか1つを使う場合もあれば、複数の要素を組み合わせる場合もあります。仮想マシンイメージや構成管理ツールは、1つの仮想サーバー内の設定がメインなのに対し、インフラのコード化が扱う領域はおもに複数の仮想サーバーやクラウド上のリソースだからです。

このように各種ツールの利用により、物理サーバーに比べれば比較的素早く計算資源が利用可能となりました。しかし一方で、開発／テスト／運用の各段階における環境の違いにより、アプリケーションを確実に動かせないという問題も発生してきます。それぞれに異なった OS 環境が存在し、開発言語やライブラリのバージョンで差異が生じる場合がありました。

こうなると、たとえソースコードが同一だとしても、環境によっては動く／動かない問題が発生します。もしも CI やテスト環境で動いていたとしても、プロダクション環境で動かないのであれば、テスト環境の意味を成しません。また、構成管理ツールも設定ファイルどおりに自動設定を試みるだけであり、インストールを試みるツールのバージョンアップや依存関係の変更により、100%動く環境は保証できませんでした。

## 1.2.2　アプリケーションのポータビリティ問題を解決する Docker

Linux ホスト上における環境の差異があったとしても、確実にアプリケーションを実行するためのプラットフォームを目指したのが Docker のプロジェクトです。

Dockerとは当時のdotCloud社（現Docker社）が始めたプロジェクトです。Dockerが初めてて公開されたのは2013年3月に開催されたPythonカンファレンスUSのライトニングトークでした。発表したのはdotCloud社の社員であり、PaaS（Platform as a Service）利用者からのフィードバックから着想を得て、開発したものでした。

利用者が必要としたのは、開発環境から本番環境上でも、間違いなく動作することです。この問題を解決するには、当時としては仮想マシンイメージを使うか、構成管理ツールを使うかが一般的でした。

ここにLinuxのコンテナ技術のLXC（Linux Container）を使い、アプリケーションをコンテナとして動かすことで、どこでも実行できる状態を目指したのがDockerです。そして、アプリケーションのポータビリティを確保するためにプロジェクトが取りかかったのは、イメージ形式（フォーマット）／標準的な操作コマンドや／実行環境の決定です。

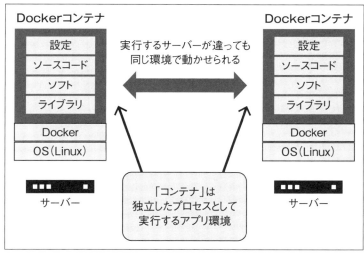

図1.4　Dockerによるアプリケーションのポータビリティ

これらの基本機能によって、コンテナとして実行するアプリケーションが何であろうと、あるいはインフラ（仮想化やクラウドなどのシステム基盤）が何であろうと、対象となるアプリケーションがどこでも正しく動作することを目指します。こうして、Dockerに対応したアプリケーションであれば、開発から運用に至るまでどこでも実行できるような環境が整ったのです。

なお、GitHub上では、初めてDockerがリリースされたのは2013年3月13日[9]です（タグは`debian/0.1.1-1`）。当時のドキュメント[10]からも、仮想化技術なり、クラウドでもポータビリティの問題が解決できなかった様子が窺えます。

---

[9] https://github.com/moby/moby/releases/tag/debian%2F0.1.1-1
[10] https://github.com/moby/moby/tree/debian/0.1.1-1/README.md

第1章　コンテナ技術とオーケストレーションを取りまく動向

# 1.3　Docker コンテナと Docker イメージ

## 1.3.1　コンテナの利点

　Docker の利点はアプリケーションのポータビリティに加え、素早く実行できる点です。この「素早く」には 2 つの意味があります。

　ひとつはポータビリティを実現するための Docker イメージです。このイメージのなかに必要なすべてのファイルやライブラリ、設定が入っています。つまり Docker イメージを移動することで、開発環境の PC 上でも、テスト環境やプロダクション環境ですら（ホストが Linux であれば）まったく同じ状態でコンテナを起動できるのです。仮想サーバーであれば、OS のセットアップやマシンイメージのコピーに時間がかかりますが、コンテナが必要なのは、あくまで動かしたいプログラムでしかありません。そのため、環境を準備するディスク容量は少なくなりますし、ネットワーク上で転送する時間も短縮できます。

　もうひとつは、Docker がアプリケーション（ソフトウェア）をコンテナ状態で実行するプログラムである点です。Docker が動くホスト上では 1 つまたは複数のプロセスが新しく起動している状態にすぎませんが、コンテナとして動作しているプロセスは、ホスト側のプロセスやほかのコンテナのプロセス状態を見ることができません。つまり、あたかも仮想サーバーのようにホスト上に独立した環境を作りながら、仮想サーバーよりも素早く隔離（isolate）した環境を作るのです。

　このように、コンテナそのものは Linux Kernel に含まれる名前空間と cgroup（コントロールグループ）の技術、その他周辺の技術要素を組み合わせています（詳細は後述）。

　なお、一般的な誤解として、コンテナと Docker は同義ではありません。サーバー上でコンテナとしてアプリケーションを動かすためソフトウェア（ランタイム）のひとつが Docker です。同様に、オーケストレーションツールである Kubernetes もコンテナを指すものではありません。また、オーケストレーションツールにもさまざまな選択肢がありますが、CNCF プロジェクトの中核にあるのが Kubernetes であり、複数のホスト上で動くコンテナランタイムを統合して管理／動作する役割があります（オーケストレーションについての詳細は後述します）。

## 1.3.2　コンテナの技術要素と発展の経緯

　Linux カーネルに組み込む過程で「コンテナ」と呼ばれた技術はありましたが、そもそも「コンテナ」と呼ばれる単一の技術ではありません。

　コンテナとは、複数の Linux カーネル等の技術を用い、Linux 上で起動するプロセスを、あたかも「コンテナ」のように隔離した状態で起動することです。このコンテナを実現するためには、いくつかの重要な技術要素があります。そのひとつは、プロセス空間や名前空間の分離です（図 1.5）。

　そもそもコンテナという概念が登場したのは、プロセスコンテナ（process container）と呼ばれる Linux カーネルに対するパッチセット[11] でした。これは、Linux 上のプロセスをコンテナと呼ぶ階層下にグルー

---

[11] 2006 年 9 月 14 日に投稿された Rohit Seth's container patch。`https://lwn.net/Articles/199643/`

10

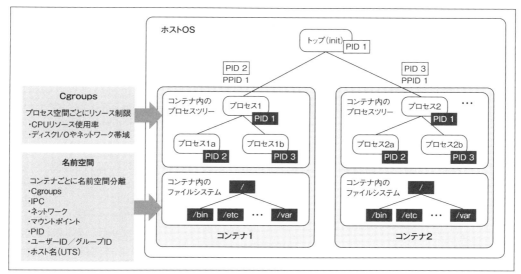

図 1.5 cgroups と名前空間によるプロセスとファイルシステムの分離

プ化するための技術です。そして、このプロセスグループの周りに「壁」を作る働きこそが、コンテナと呼ばれる技術の実装にあたります。このコンテナを実現するために、Linux カーネルの名前空間と cgroup の各機能を用います。どちらもプロセス間に「壁」を作り分離（isolate）するものですが、それぞれがカバーしている制限の範囲は異なります。

◆ 名前空間は、プロセス空間内で何が（ソフトウェア的に）見えるか制限する
◆ cgroups は、プロセスグループが（ハードウェア的に）どれだけ利用できるかを制限する

具体的な実装については、以降で見ていきましょう。

## 1.3.3 名前空間（namespaces）

Linux カーネルの名前空間（namespace）を制御し、複数のプロセスが 1 つのマシン上にある 1 つの Linux カーネルを共有可能にします。具体的には、ホスト上で実行するプロセス空間（ユーザー空間）を分離（isolate）します。名前空間には、次の種類があります（http://man7.org/linux/man-pages/man7/namespaces.7.html）。

**Cgroup** プロセスの cgroup 名前空間を分離するために、ルートディレクトリを扱う（Linux 4.6〜）
**IPC** System V プロセス間通信（IPC：Inter Process Communication）と POSIX メッセージキューを分離（Linux 3.0〜）
**Network** ネットワークデバイス、ルーティングテーブル、ファイアウォールルール、ポート等を分離

第 1 章　コンテナ技術とオーケストレーションを取りまく動向

（Linux 3.0〜）

**Mount**　マウントポイント、ファイルシステムを分離（Linux 3.8〜）

**PID**　実行するプロセス ID の分離（Linux 3.8〜）

**User**　ユーザー ID（UID）とグループ ID（GID）の分離（Linux 3.8〜）

**UTS**　ホスト名（uname および hostname コマンドで取得できる名前）の分離（Linux 3.0〜）

　名前空間は、たんにプロセスを分離するだけではありません。複数の名前空間を組み合わせ、いわゆる「コンテナ」としてさまざまな名前空間を隔離した状態のプロセスを実行できるようにします。

### 1.3.4　cgroups（コントロールグループ）

　cgroups（コントロールグループ）はリソース管理とリソースの集計／追跡を行います。これは Linux カーネルの機能であり、プロセスの集まりに対し、リソース使用を制限／割り当て／分離します。リソースとは Linux ホストマシン上の CPU、メモリ、ディスク I/O、ネットワークを指し、それぞれの使用状況を管理します。

　この技術の基礎となったのは、「プロセスコンテナ（Process Containers）」として 2006 年に Linux カーネルに送られたパッチでした。そして 2007 年には「Control Groups」へと名称が変更され、2008 年に Kernel 2.6.24 で取り込まれたものです。

# 1.4　コンテナからオーケストレーションへ

　これまで見てきたコンテナの実行とは、あくまでも 1 つの Docker ホスト上で Docker イメージを実行することです。しかし、実際にはコンテナとしてアプリケーションを動かすために複数のプログラム（ランタイム）があります。

　また、複数台のサーバー上でコンテナを一斉に実行／管理するために、オーケストレーションという概念の必要性と実装の機運が高まります。

### 1.4.1　コンテナ規格統一の流れ

　これまで見てきたように、プロセスをコンテナ状態として動かすには Linux カーネルの名前空間や cgorup などの機能を用います。基本的にコンテナは Linux カーネルの技術を使っていますので、Docker 以外にもコンテナを作るための実装があります。

　Docker が登場するまではコンテナとしてアプリケーションを扱うための LXC[12] が開発途上でした。ほかにも、以前からある有名なものとしては、2005 年にオープンソースとしてプロジェクトが発足した

---

[12] https://linuxcontainers.org/ja/lxc/

OpenVZ[13] が挙げられます。また、Linux ではありませんが、Solaris Container や、BSD の Jail もコンテナを作るための技術といえます。

Docker はリリース当初、コンテナのランタイム（コンテナ実行に必要なライブラリや実行プログラム）として LXC を用いていました。LXC は当時バージョン 1.0 に達しておらず、Linux カーネルのメインラインに取り込まれるべく開発中の段階でした。

そのような状況下、Docker は 2014 年 3 月に提供開始したバージョン 0.9 から方針を変更します[14]。コンテナを扱うためには、従来の LXC に加え、独自に開発したライブラリ libcontainer[15] の提供が始まりました。libcontainer は Go 言語や C 言語、C++ 言語で書かれていました。

これにより、LXC やそのほかのライブラリに依存しなくても Docker のみでコンテナを実行可能になります。libcontainer 自身はオープンソースのプロジェクトとして一般公開されたため、開発者が自由にコンテナを動かせるよう、機能拡張が可能だったためです。

当時、docker コマンドの実行時、LXC 用のドライバと libcontainer は入れ替え可能でした。とはいえ、libcontainer が扱うコンテナ技術の範囲は幅広く、基本となる Linux の名前空間や cgroup だけなく、ファイルシステム、コンテナのネットワークやインターフェイスなど広範囲にわたっていました[16]。このような状況から、Docker が Linux カーネルの標準から離れ、独自にコンテナの仕様を決めてしまう可能性が出てきました。

## 1.4.2　CoreOS、appc、rkt の登場

コンテナと言えば Docker 一色と見られる状況に異を唱えたのが CoreOS 社とオープンソースのプロダクト群です。そのなかのひとつに、コンテナを実行するための CoreOS という名称（当時）のディストリビューションがありました。Docker は開発者がアプリケーションの構築／移動／実行を簡単にするためのプラットフォームを指向していました。それに対し、CoreOS はイメージと安全性とポータビリティを重視するものとして登場しました。そして、このなかからライブラリとしての appc と、イメージのランタイムとして rkt[17] の開発が始まります。

rkt の開発思想は、たんにコンテナランタイムを作るだけではありません。クラウドネイティブなプロダクション環境でアプリケーションを実行するのを目標としていました。複数台で安全かつ規模の対象の変更を可能として、サービスを利用できるようにするためです。この頃、コンテナのランタイムあるいはコンテナ実行プラットフォームとしては、CoreOS のほかにも Red Hat 社の Linux Atomic Host や、RancherOS が発表され、コンテナを実行可能な環境が整えられてきます。

---

[13] https://openvz.org/

[14] 「Docker 0.9: introducing execution drivers and libcontainer - Docker Blog」https://blog.docker.com/2014/03/docker-0-9-introducing-execution-drivers-and-libcontainer/

[15] https://github.com/docker/libcontainer

[16] https://github.com/docker/libcontainer/blob/4940cee052ece5a8b2ea477699e7bb232de1e1f8/SPEC.md

[17] https://coreos.com/rkt/

### 1.4.3 Open Container Project 発足

このような混乱が続くかと思われた状況下、OCP（Open Container Project）[18]が発足します。これは Linux ファウンデーションが母体となり、創設時のメンバーには Docker 社や CoreOS 社だけでなく AWS、Google、IBM、Microsoft といったクラウド事業者も参加しています。

発表が行われたのは、2015 年 6 月にサンフランシスコで開催された DockerCon 15 の会場でした。この発表と合わせ、Docker は libcontainer を OCP に寄贈し、名称を runC へと変更します。これによりコンテナの仕様策定は Docker の手を離れ、業界団体を通して策定される流れが作られました。

また、OCP 創設メンバーには CoreOS の appc メンテナも含まれており、ここにコンテナランタイム間での機能互換性や、イメージ企画を標準化する動きが進みました。

### 1.4.4 イメージ標準規格の策定

OCP はのちに OCI（Open Container Initiative）と改められます。まず実装の 1 番目となったのは、OCI 発足時（2015 年 6 月）に Docker がプロジェクトに寄贈[19]した runC（旧名称 libcontainer）でした。ほかにも、標準仕様の策定にあたっては、CoreOS が寄贈した APPC（App Container spec）が基礎となりました[20]。

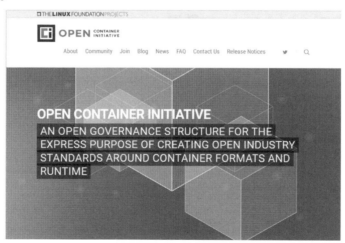

図 1.6　OCI（https://www.opencontainers.org/）

---

[18] 現在の Open Container Initiative。https://www.opencontainers.org/
[19] https://blog.docker.com/2015/06/open-container-project-foundation/
[20] 「App Container spec gains new support as a community-led effort — CoreOS」https://coreos.com/blog/appc-gains-new-support.html

1.4 コンテナからオーケストレーションへ

　一番初めに動き出したのはランタイムとイメージ形式の規格統一です。イメージはコンテナとしてアプリケーションを実行するために必要であり、どこでもコンテナを動かすためには土台となるイメージの仕様策定が求められました。ワーキンググループやオンラインのコミュニティを通じて調整が進み、OCI の発足から 2 年を経て Container Standards（コンテナ標準規格）v1.0 の発表に至ります[21]。

　コンテナ標準規格では、ランタイムとイメージ形式の仕様を定めています。ランタイムの仕様とは、コンテナのライフサイクルの定義です。また、イメージ形式の仕様とはコンテナイメージそのものの定義です。これらの規格統一により、規格に従ったイメージであれば、ベンダーロックインの怖れもなくどこでもコンテナを実行可能になります。

- ◆ ランタイム仕様（OCI Runtime Specification）v1.0 → `https://github.com/opencontainers/runtime-spec/`
- ◆ イメージ形式（OCI Image Format）v1.0 → `https://github.com/opencontainers/image-spec`

　また、標準規格策定と並行し、Go 言語で書かれたイメージの整合性をハッシュ値で確認する周辺ツールやセキュリティを堅牢にする SELinux や AppArmor に対する機能への取り組みも進みます。

## 1.4.5　OCI が扱う範囲

　標準規格の策定により、プロダクション環境で採用できる下地が整いました。今後の OCI は公式認定プログラムの発足や対応プラットフォームの追加、仕様策定に進みます。プロジェクトのサイトによれば、コンテナのフォーマットおよびランタイムの基準として OCI の基本となる範囲は[22]、現時点で次のとおりです。

- ◆ ランタイムのリファレンス
- ◆ ランタイムの仕様
- ◆ イメージのバンドル形式
- ◆ 内容を完全に表すハッシュ
- ◆ ハッシュをコンテナ整合性に利用する
- ◆ アーカイブ可能な形式
- ◆ コンプライアンスに関するテストスイート
- ◆ 署名方式
- ◆ DNS を基本とした名前付けと配布
- ◆ Cannonical な名前空間
- ◆ 配布方式

---

[21] 「Open Container Initiative (OCI) Releases v1.0 of Container Standards - Open Containers Initiative」
`https://www.opencontainers.org/announcement/2017/07/19/open-container-initiative-oci-releases-v1-0-of-container-standards`

[22] `https://www.opencontainers.org/about/oci-scope-table`

第 1 章　コンテナ技術とオーケストレーションを取りまく動向

## 1.4.6　さまざまなオーケストレーション

　オーケストレーションには厳密な定義がありませんが、複数台の物理／仮想サーバー環境上のリソースを使い、アプリケーションを実行するために必要な技術を表す言葉として用いられます。アプリケーションをコンテナ化する／しないに関わらず、サービスを規模に応じて増やしたり減らしたりするには、クラスタを管理する 2 つの機能が必要になります。

**クラスタを構成するノードとリソースの管理**　どのノードがどのホスト名または IP アドレスを持つかどうかや、ノードが正常かどうか、正常であれば現在どれだけの計算資源（CPU ／メモリ等）を利用可能かどうか把握する

**アプリケーションのスケジューリング**　アプリケーションに必要な計算資源を割り当て可能なノードを探しだし、実行する

　もともとオーケストレーションツールはコンテナだけのものではありません。コンテナが登場する以前から、分散環境上でジョブやプロセスを実行するような流れがありました。ここでは主要なプロダクトを紹介します。

### Docker Swarm と Swarm モード

　Docker Swarm[23] は Docker が 2014 年より開発／提供を開始した、Docker エコシステムにおけるオーケストレーションツールです。Docker が動作する複数のホストを 1 つのクラスタとし、docker コマンドで簡単に扱えるようにしたのが特徴です。また、Docker Compose[24] とも連携でき、あらかじめ YAML 形式のファイルでサービスを定義しておけば、クラスタ上で複数のコンテナ群を実行可能になります。

　また、Docker Engine v1.12 からは Swarmkit[25] が新たに取り込まれ、Docker Engine 単体でクラスタ管理とオーケストレーション機能を提供できるようになりました。Swarmkit の機能を使うには Docker Engine から Swarm モード専用のコマンドを使う必要があります。なお、Docker Swarm および Swarm モードについては、第 2 章で扱います。

### Apache Mesos

　Apache Mesos[26] は複数のマシン上でさまざまなアプリケーションを動かすために、API を使ってリソース管理やスケジューリングを行うソフトウェアです。もともとは Docker が普及する以前から、分散環境上でリソースを割り当てスケジュールするためのオープンソースソフトウェアとして注目を浴びていました。Apache Mesos をインテグレーションしたサービスの例は第 3 章を参照してください。

---

[23] https://github.com/docker/swarm/
[24] https://github.com/docker/compose/
[25] https://github.com/docker/swarmkit
[26] http://mesos.apache.org/

### Rancher

Rancher[27]はプロダクションでのDockerコンテナの運用を想定したプラットフォームであり、オープンソースで開発されています。複数のDocker実行マシン環境をGUIで管理できるだけでなく、コンテナのサービス群を管理するためのスケジューラ機能も備えています。Docker MachineやDocker Swarmの連携だけでなく、独自のネットワークレイヤ管理機能も持ち、現在開発中（執筆時）のRancherは次期バージョンのv 2. 0に向けて、Kubernetes対応が発表されています。Rancherについては第6章を参照してください。

### OpenShift

コンテナはあくまで技術要素のひとつであり、実際の開発環境での利用や、本番環境においてスケールするためには、実行するプロセス群をサービスとして束ね、管理する仕組みが必要となります。具体的には、オーケストレーション、リソースのスケジューリング、そして分散システムの管理です。コンテナを統合的に管理する仕組みとしては、Red Hat社よりOpenShiftの開発／提供が行われています。OpenShiftに関する詳細は第8章および第9章を参照してください。

# 1.5 コンテナとオーケストレーションの共通規格化

さまざまなハードウェアベンダーによる製品の違いをLinuxというオペレーティングシステムで統一したように、異なる物理サーバーやクラウドプロバイダで共通のアプリケーションを実行／スケジュールするための基盤として、オーケストレーションツールが登場してきました。そして、オーケストレーションを含むコンテナ全般に関する共通した課題解決の概念として、クラウドネイティブという考え方が生まれています。

## 1.5.1 クラウド事業者ごとに異なる実装

OCIのような業界団体が発足する2015年まで、コンテナの実行に関しては各社ごとに独自に実装が進みます。たとえば、コンテナを実行するには、DockerコンテナかCoreOSのrktを使ったコンテナかという選択肢がありました。また、サービスのオーケストレーションではKubernetes/OpenShift/Rancherなど、さまざまな選択肢が生まれつつありました。しかし、クラウド事業者もコンテナを使ったサービスの展開を始めたことで、混乱が生まれてきました。

### ECS

Amazon Web Servicesは、ECS（Amazon EC2 Container Service）[28]を2014年に提供開始します。Dockerコンテナに対応したアプリケーションをAmazon EC2インスタンス上で実行でき、AWS

---

[27] https://github.com/rancher/rancher
[28] 現在の名称は、Amazon Elastic Container Service。

第1章　コンテナ技術とオーケストレーションを取りまく動向

が提供するサービスとの連携やクラスタを管理するスケジューラを提供しました。

### ACS

Microsoft Azure は、ACS（Azure Container Service）[29] を 2015 年から提供します。Docker Swarm または DC/OS[30] をフレームワークとして、オーケストレーションツールを選択できる環境構築サービスです。

### GKE

Google は、Google Cloud Platform 上で Docker イメージに対応したコンテナを動作できる GKE（Google Container Engine）[31] を 2015 年から提供開始しました。GKE は、Kubernetes を基盤とするクラスタ管理とオーケストレーションを行うのが特徴です。GKE については第 5 章で解説します。

このように、クラウド事業者ごとに独自にコンテナを動かすサービスが提供されるようになると、今度はコンテナのランタイム／イメージ仕様／オーケストレーションの各レイヤで互換性が保てなくなる懸念が出てきます。開発から本番環境における運用に至るまでシームレスに利用できるのがコンテナの利点であり、ビジネスにおけるスピードも加速します。それが、各事業者による囲い込み戦略や、いわゆるベンダーロックインに対する懸念を生み出すことになったのです。

## 1.5.2　オーケストレーションツールとしての Kubernetes

Kubernetes はコンテナに対応したアプリケーションクラスタ環境上へ自動的にデプロイするためのオープンソースのフレームワークです。

Kubernetes を開発したのは Google の Borg や Omega を開発したのと同じエンジニアチームです。その開発意図は、10 年にわたるコンテナの運用経験を誰でも利用可能なプラットフォームとして提供することでした。当初は Google がプロジェクトをホストしていましたが、現在 Kubernetes は Linux Foundation に寄贈されています。

## 1.5.3　CNCF 発足

2015 年 7 月 21 日、CNCF（Cloud Native Computing Foundation）[32] の設立が発表されました[33]。CNCF は非営利組織であり、組織の母体は Linux Foundation です。Linux Foundation はほかにもさまざまなプロジェクトを持っています。

---

[29] 現在の名称は AKS（Azure Container Service）。
[30] DC/OS は分散スケジューラ Apache Mesos をベースとしたオープンソースの分散システム。Mesosphere 社が開発／メンテナンスをしています。https://dcos.io/
[31] 現在の名称は GKE（Google Kubernetes Engine）。
[32] https://cncf.io
[33] https://www.cncf.io/announcement/2015/06/21/new-cloud-native-computing-foundation-to-drive-alignment-among-container-technologies/

## 1.5 コンテナとオーケストレーションの共通規格化

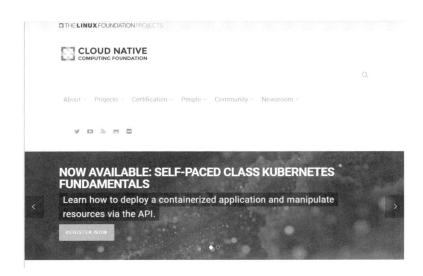

図 1.7　CNCF（https://www.cncf.io/）

　CNCF 設立の目的は、最先端のクラウドネイティブなアプリケーションやサービスの開発を促進することです。そのため、開発者が既存あるいは新規に開発するオープンソース技術を最大限に活用できるように整えることを目指しました。

　創設時のメンバーにはコンテナランタイムを開発する Docker や CoreOS だけでなく、クラウド事業者からは Google や IBM、PaaS レイヤでは Cloud Foundry や Red Hat など、加えてハードウェアベンダーやエンドユーザーも参画しました。こうして、クラウドネイティブなアプリケーションやサービスを開発／運用するにあたり、調整の場としての役割を担うこととなります。CNCF には技術監督委員会（Technical Oversight Committee）とエンドユーザーアドバイザリー審議会（End User Advisory board）で構成されており、技術面と利用者面での利害関係の調整にもあたる役割を担います。

　CNCF はその目的を実現すべく、OCI とも連携して動くことになります。OCI はあくまでコンテナイメージ規格そのものを策定するための業界団体です。一方の CNCF は OCI が定める規格に則り、コンテナをどのように実行するべきかを調整し、コンテナを取りまく共通の動作環境を策定することになります。

　2015 年 7 月 21 日に Kubernetes v1.0 がリリースされ、これに合わせて Google は CNCF との提携を発表し、中心となるオーケストレーション技術として Kubernetes を寄贈しました。

### 1.5.4　クラウドネイティブ

　CNCF が提唱するクラウドネイティブとは、オープンソースソフトウェアのスタックを使い、コンテナ化を実現し、マイクロサービスのアプリケーションを動かせるようにすることです。具体的には次のよう

に定義しています[34]。

1. コンテナ化（containerised）。各パート（アプリケーション／プロセス等）を自身のコンテナにパッケージ化する。これにより、再利用性（reproducibility）／透明性（transparency）／リソースの分離（resource isolation）を容易に（facilitates）する
2. 動的編成（orchestrated）。コンテナはアクティブにスケジュールされ、リソース使用率が最適になるよう管理される
3. マイクロサービス指向。アプリケーションはマイクロサービスへと分割される（segmented）。全体の敏捷性（agility）とアプリケーションのメンテナンス性が著しく増加

現在、CNCF が扱う領域は広範囲に亘ってます（図 1.8）。

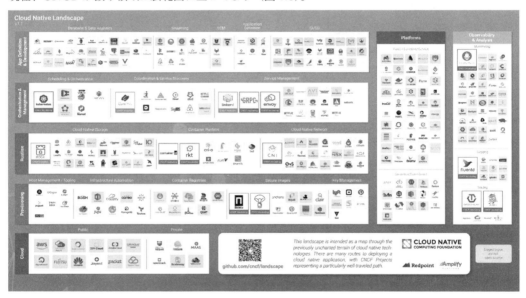

図 1.8　CNCF が関わる領域（https://github.com/cncf/landscape、2018 年 2 月現在）

このなかでも中心的な役割を果たしているのは、ランタイムとオーケストレーションの標準化です。

2017 年 3 月 29 日、CNCF の技術監督委員会（technical oversight committee）が、Docker の中心となるコンテナランタイム containerd の参加を承認しました[35]。containerd はマイクロサービスを構成するコンテナのオーケストレーションとなる技術をオープンソースで提供しています。これにより、Kubernetes など CNCF が扱うプロジェクトと並行することになります。

contained は Docker Engine 単体として使う想定ではなく、Kubernetes のコンテナランタイムイン

---

[34] https://www.cncf.io/about/faq/
[35] https://www.cncf.io/announcement/2017/03/29/containerd-joins-cloud-native-computing-foundation/

ターフェイス（CRI）としての利用も想定し、開発が進んでいました。CNCF の参加後、containerd v1.0.0 がリリースされ Kubernetes の CRI に対応しました。また、CRI-O が RedHat 社から発表されるなど、Docker 以外にも用途や目的に応じたランタイム実装の動きが進みます。

　Docker Engine 本体としても、2017 年 12 月にリリースした v17.12 より containerd v1.0 を組み込んだ状態での提供が始まっています。Dockercon EU 17 では、これまで提供していたスケジューラの Docker Swarm だけでなく、Kubernetes にも対応することが発表されました。今後は docker コマンドで Kubernetes 環境上のサービスを管理できることが期待されています。

## 1.5.5　CNCF に協調してクラウド事業者が Kubernetes を採用

　各クラウド事業者も CNCF に加入する流れが進みます。これまでは各クラウド事業者ごとに独自のコンテナ実装が進んでいました。しかし、CNCF 加入により、クラウドベンダーも Kubernetes によるオーケストレーションを中心とし、コンテナをどこでも動かせるような環境作に取り組むこととなります。

**Amazon Web Services**　2017 年 8 月 9 日加入
**Microsoft**　2017 年 7 月 25 日加入（すでに Kubernetes に対してコードの貢献をしているだけでなく、containerd では Windows コンテナ機能の開発／拡張のため、エンジニアが参画）
**IBM**　2015 年 6 月に Open Container Initiative 発足時から参画

＊　＊　＊

　コンテナという概念の登場により、実行するホスト環境が変わったとしても（OS が同じであれば）、どこでもアプリケーションを実行できるようになりました。また、コンテナの特性であるポータビリティと素早い移動は、クラウド環境上での実行と相性もよく、オーケストレーションと組み合わせると、従来の仮想化やクラウドよりも素早いサービス開発につながることも期待できます。

　また、コンテナを実現するには Linux カーネルに含まれる名前空間と cgroup の機能を使います。コンテナの統一規格を策定する OCI と、クラウドネイティブなコンテナ活用を進めるプロジェクト群である CNCF の働きにより、業界において規格統一の動きがありました。これにより、アプリケーションを動かすインフラがどこであろうとも、同じイメージを使い、どのような環境でもサービスとしてのコンテナを動作できる環境が整いつつあります。CNCF は中立性の高い組織のため、今後も参画するプロジェクトも増えていくのが予想されます。

　業界全体で規格の統一が進んでいるため、用途や目的あるいはサポート体制の有無やサポート期間に応じ、ランタイムの使い分けが可能となります。またオーケストレーションツールとしては Kubernetes を通じて、どのような環境でも実行可能となるでしょう。それだけでなく、Kubernetes と gRPC[36] を通じて、Istio など Kubernetes をプラットフォームとした互換性のあるソフトウェアが利用できる体制も整いつつあります。

---

[36] `https://grpc.io/`

第 1 章　コンテナ技術とオーケストレーションを取りまく動向

　このように、コンテナ化したアプリケーションを活用するクラウドネイティブの流れが進行しています。マイクロサービスとして開発されたアプリケーションであれば、どのようなクラウドでも、どのような環境でも実行できるようになります。これはたんにコンテナを技術として使うためではなく、ビジネス面でインフラを意識せず、ソフトウェアやサービスの開発に集中することができ、結果として高品質なサービスを提供できる機会が高まりつつあるといえるでしょう。

# 2
# Docker コンテナの基礎とオーケストレーション

　本章の目的は、Docker を使うシンプルなオーケストレーションの理解です。Docker の概要と Docker Engine の役割をはじめとし、イメージとコンテナの関係性やライフサイクルを扱います。そして、Docker が提供するオーケストレーションツールを使い、コマンドラインでアプリケーションをスケールする方法を解説します。

## 2.1　Docker 概要

　Docker はアプリケーションをコンテナとしてさまざまな環境で実行するためのプラットフォームです。このプラットフォームの中心となるのが Docker Engine（エンジン）であり、マシン上で Docker イメージの管理と、Docker コンテナの実行を担います。

### 2.1.1　Docker プロジェクトとコンテナ

　Docker のスローガンは「Build、Ship、Run」です（図 2.1）。Docker そのものが提供する基本機能は、アプリケーションを Docker イメージとして簡単に開発／移動／実行できる環境（プラットフォーム）を作ること。開発の動機は、アプリケーションの実行環境が変わると、OS やミドルウェアの違いにより、確実な実行が保証できないことや、環境構築に時間がかかることでした。

　この問題に対処すべく、Docker は既存の Linux カーネルが持つコンテナ関連技術を組み合わせ、コンテナとしてアプリケーションを実行できるようにしたのです。それだけでなく、Docker Hub を通じて Docker イメージを公開／共有／管理する場所を設けました。これで、Docker イメージはどこにでも移動しやすくなり、コンテナ化したアプリケーションがどこでも動作するのを現実のものとしました。

　この Docker が初めて登場したのは、2013 年 3 月にアメリカで開催された Python カンファレンスで

23

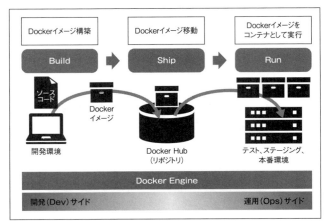

図 2.1　Docker の基本的な役割

す。DotCloud 社（当時）[1] の Solomon Hike 氏が、5 分間のライトニングトーク[2]で、コンテナをコマンドラインで簡単に使う方法として、Docker を使ったデモを行いました。

　その Docker の発表から 1 ヶ月後、Docker のソースコードは GitHub 上でオープンソースとして公開（Apache License 2.0）されました。これを契機として、世界中からコントリビュータが集い、Docker 本体の開発／改良が進みます。さらに、2014 年 6 月には Docker 1.0 のリリースにあわせ、イメージを無料で保管し、世界中で共有できる場所としての Docker Hub が無料公開されました。この Docker Hub を通じて、各種の公式 Docker イメージの配布が始まり、Docker プラットフォームの基本要素がそろいます。また、Docker Hub は自動ビルド機能や、チームやグループによるコラボレーション機能、Webhook 機能を提供していました。そして、コンテナを使っての開発や、CI（継続的インテグレーション）におけるテストを効率的に行う手法が広まり、実環境でもコンテナ使う契機が増してしていきます[3]。

　Docker の根本を支えるのは、「Docker イメージ」と「Docker コンテナ」という新しい概念と実装です。これらを管理するのが Docker Engine です。Docker Engine は、Docker コンテナを動かす Linux カーネルの名前空間や cgroup などの諸機能を使い（詳細は第 1 章を参照）、プロセスを管理／実行します。そして、アプリケーションを Docker イメージ化しておけば、Docker Engine が動作する Linux 環境上のどこにでも素早く移動し、実行できるようになります。

　これにより、Docker イメージは、ローカルの開発環境から、仮想マシン環境、クラウド、ベアメタル（物理サーバー）環境へスムーズに移動できるようになりました。また、Docker コンテナは仮想マシンでアプリケーションを実行するのに比べ、軽量な性質（イメージの容量が小さいので移動が速い、プロセスを隔離するだけなので起動時間が速い）があります。そのため、開発だけでなく、テストや本番環境への移動

---

[1] 後に Docker, Inc. と社名を変更。
[2] 「The future of Linux Containers」https://www.youtube.com/watch?v=wW9CAH9nSLs
[3] DataDog 調べ。2017 年 1 月で、Docker を稼働しているホストは全体の 15％まで成長。https://www.datadoghq.com/docker-adoption/

や実行が非常に簡単になりました。この利点が、2010年代前半の開発文化を後押しします。DevOpsのような開発者と運用担当者の壁をなくすための文化的活動や、マイクロサービス化、自動化など、より素早いサービス開発がプロダクトの品質向上や競争力につながるため、コンテナを使った開発を後押ししました。

　その後、一時期のDockerは独自仕様で開発が進みます。開発当初のDockerは、コンテナ管理にLinux取り込まれているLXCを使っていました。しかし、2014年4月リリースのDocker 0.9からはLXCを切り離します。これは、LXCに依存せず安定性を高めるためとして[4]、独自にlibcontainerをコンテナ実行ドライバとして使い始めていました。

　しかしながら、現在のDockerはクラウドネイティブコンピューティング業界と歩調をあわせています。Dockerコンテナを実行するデーモンであるDocker Engineは、一部を`containerd`という独立したコンポーネントとして切り離しました。containerdはコンテナ実行用のランタイムの1つという位置付けであり、コンテナランタイムとして世界中で広く使われています。そして、Dockerイメージの形式（フォーマット）は業界共通規格であるOCI（Open Container Initiative）の仕様に則ったものです。また、CNCF（Cloud Native Computing Foundation）がオーケストレーションツールとして位置付けるKubernetesのプライマリフォーマットの位置付けです。

　このように、Docker Engineはオーケストレーション分野でも開発が続いており、Swarmkitを通したSwarmモードの開発や、Kubernetesとの互換性対応が進んでいます。

## 2.1.2　Docker Engineのアーキテクチャ

　通常、DockerとはDocker Engine（エンジン）を指します。Docker Engineの役割はDockerイメージの管理と、Dockerイメージを使ったDockerコンテナの実行です。Docker Engineはクライアントサーバー型のアーキテクチャで、Dockerコンテナを動かすには、DockerクライアントがDocker Engineデーモン（dockerd）のAPIに命令を送ります。Docker EngineはLinuxカーネルが持つ名前空間、cgroupなどの諸機能を使ってプロセスを動かします（図2.2）。このプロセスの元になるファイルや設定を持つのが、Dockerイメージです。Docker EngineはこのDockerイメージを管理する機能も持ちます。

### macOSやWindowsへの対応

　macOSやWindows上では、Linux用のDockerイメージ（Linuxバイナリ）を直接実行できません。利用するには、Docker for Mac[5]またはDocker for Windows[6]を導入するか、Docker Toolbox[7]に含まれるDocker Machine[8]を使う必要があります（図2.3）。

　Docker for Mac/WindowsはOSが持つ仮想化ハイパーバイザを使います。そのなかでDockerの

---

[4] 当時のブログ記事より。 `https://blog.docker.com/2014/03/docker-0-9-introducing-execution-drivers-and-libcontainer/`

[5] `https://www.docker.com/docker-mac`

[6] `https://www.docker.com/docker-windows`

[7] `https://docs.docker.com/toolbox/`

[8] `https://docs.docker.com/machine/`

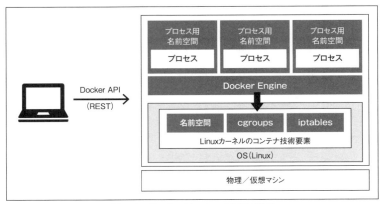

図 2.2　Docker Engine の基本構成

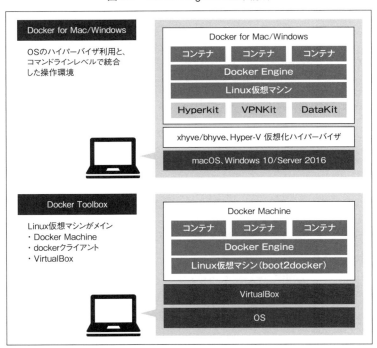

図 2.3　Docker for Mac/Windows と Docker Toolbox

　HyperKit、VPNKit、DataKit の各コンポーネントが、仮想マシンやネットワーク、ファイルシステムを管理します。そのため、利用者は Linux 仮想マシンの存在を意識することなく、コマンドラインから Docker をシームレスに操作できます。現在、活発に開発が進められています。

一方の Docker Toolbox は Docker Machine など Docker 関連ツールと、仮想マシン管理ツールの Oracle VM VirtualBox をパッケージにしたものです。Docker Machine は、VirtualBox の API にアクセスし、OS 上に Linux 仮想マシンを起動します。これは TinyOS をベースとした boot2docker という名前の Linux ディストリビューションであり、Docker Engine 起動に特化した OS 環境を作ります。そして、環境変数を通し、Windows のコマンドラインや macOS のターミナルから `docker` コマンドを通じて仮想マシン内の Docker Engine を操作可能にします。Docker for Mac の場合は、OS のハイパーバイザである xhive を通じて、Linux 対応の Docker イメージを実行可能です。

なお、Docker Machine を使わなくても、何らかの仮想化技術やハイパーバイザを使い、ホスト OS 上に Linux のゲスト OS 環境を作れば、通常の Linux 環境上と同じ操作で、Docker 実行環境を作ることもできます。

## 2.1.3　Docker プラットフォームとオーケストレーション

当初の Docker は、複数台のサーバー上でコンテナをスケジューリングする機能を提供していませんでした。その後、スケジューリングを担うツールとして、Docker Swarm が発表されました。Docker Swarm は複数の Docker Engine を1つのリソースプール（計算資源の集まり）とみなし、`docker` コマンドを使い、クラスタ全体を制御できるようにしたものです。ただし、Docker Swarm は Docker Engine とは異なるスタンドアロンのツールであり、KVS（Key-Value ストア）を別途導入する必要があるなど、管理や運用が煩雑になりがちでした。

そこで、Docker 1.12 以降では、Docker Engine は Docker 本体だけで簡単に Docker を実行できるようなりました。それが Swarmkit（`libswarm`）のライブラリ導入です。これにより、Docker Engine（dockerd）単体でスケジューリングできるようになります。Swarmkit は Docker Swarm やほかのオーケストレーションツールと違い、KVS やサービスディスカバリ機能、DNS 機能を内蔵しています（図 2.4）。これは、複雑さを回避するための設計思想によります。

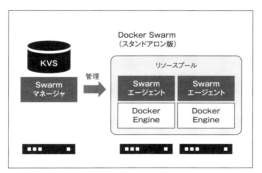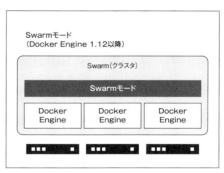

図 2.4　Docker Swarm 比較

2018 年現在では、Docker EngineEnterprise Edition を使うことで、Docker のクラスタのみならず、

Kubernetes クラスタの管理や、コマンド操作の互換性提供につながっています。

## 2.2　Docker コンテナとイメージの理解

### 2.2.1　Docker イメージ

　Docker イメージとは Docker コンテナ作成時に必要となるファイル群の総称であり、読み込み専用（read-only）のテンプレートです。この Docker イメージを構成するのは、ルートファイルシステム（/以下の /etc や /bin/ や /var などのディレクトリ）と、コンテナ実行時のパラメータです。パラメータとは、Docker コンテナ実行時、どのファイルを自動的に実行するか、どのポート番号を公開するのかや、環境変数は何かなどの指定があります。

　仮想マシンイメージの場合は、Linux カーネルや実行に必要なシステムライブラリ群に加え、空き容量を含む OS 全体の仮想ディスク容量を必要とするため、数百 MB～数 GB に至るなど、容量が大きくなりがちです。そのため、仮想マシンイメージをネットワーク越しに移動するのには時間がかかります。また、仮想化システム間でイメージ形式に互換性がない場合もあります。仮想マシンイメージは移動性に欠けるため、歴史的に Chef や Puppet、Ansible など、OS 内のセットアップを自動的に行うための構成管理ツールが普及しました。

　Docker イメージは仮想マシンのディスクイメージとは異なり、アプリケーションの実行に必要な最低限のファイルやパラメータしか必要ありません（図 2.5）。

図 2.5　Docker イメージと仮想マシンイメージの違い

　たとえば小さな Linux ディストリビューションである Alpine Linux[9] であれば、実行に必要な容量は約 4MB です。また、読み込み専用であり、変更できない状態で入っているため、開発者が適切に Docker イメージを作成していれば、誰でも意図したとおりに Docker コンテナを実行できます。たとえば、開発

---

[9] https://alpinelinux.org/

チームであれば、言語の開発環境やフレームワークが入った共通イメージの共有も容易です。あるいは、テストや運用の各担当者も、アプリケーションの実行環境を意識することなく、イメージ開発者の意図したとおりに適切にアプリケーションのテストや実行を素早く確実に行えます。

## 2.2.2　Docker イメージの実装とイメージレイヤ

　Docker イメージを構成するのは、イメージレイヤ（層）の積み重ね（スタック）です。Docker は、この複数のイメージレイヤを積み重ねて、1 つのファイルシステムとして見えるようにします（図 2.6）。レイヤに保持する情報は、コンテナとしての実行に必要なファイルシステムを構成するファイルやディレクトリです。また、イメージ実行時のパラメータであるメタ情報も含みます。

　レイヤには親レイヤの情報を持つ場合もあり、依存関係があります。一般的に特定の Docker イメージとは最上位にあるイメージレイヤであり、このイメージレイヤの ID が Docker イメージの ID となります。Docker イメージの送受信や実行時には、この最上位レイヤの ID を指定したら、依存関係のある下位の親イメージレイヤも自動的に送受信の対象になります。

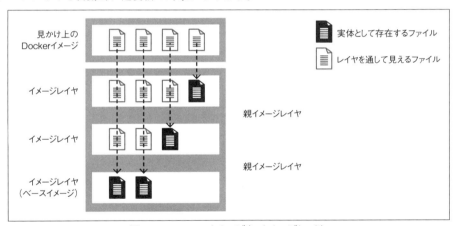

図 2.6　Docker イメージとイメージレイヤ

　一方、親情報を持たないイメージレイヤはベースイメージと呼ばれます。ベースイメージは、Docker Hub を通じて公式配布される Linux 用ディストリビューション用の Docker イメージだけでなく、自分で作成することも可能です。

　なお、実際の Linux ホスト上では UnionFS を使い、別々のディレクトリにあるファイルを 1 つに重ねて見えるようにします。後述する Docker コンテナ用のイメージレイヤや、ボリューム領域のいずれも、UnionFS の機能を用いています。この UnionFS の実装は、Docker のストレージドライバが担います。ストレージドライバは各 Linux ディストリビューション向けにデフォルト値の指定がありますが、用途に応じて切り替えられます。

## 2.2.3 イメージとコンテナの関係

　Docker コンテナの実行とは、Docker イメージに含まれるファイルを用い、ホストシステム上で Linux コンテナ状態としてプロセスを起動することです。Docker コンテナの実行時、Docker Engine はコンテナ用の読み書き可能なイメージレイヤが追加されます。このコンテナ用レイヤの親となるのが、コンテナ実行時に指定するイメージレイヤです。

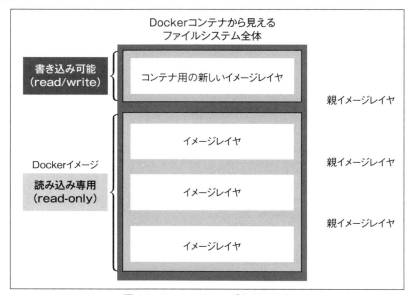

図 2.7　Docker イメージとコンテナ

　複数のイメージレイヤで構成される Docker イメージ内のファイルやディレクトリに対する変更は、すべてコンテナ用のイメージレイヤで行います。そのため、ファイルに対する変更を行う場合は、ファイルそのものをコピーする処理を行います[10]。

　一度に複数の Docker コンテナを実行しても、ホストマシン上で必要となるディスク容量はコンテナ用レイヤに対する変更情報のみです。このような実装のため、仮想マシン上で環境を構築するのに比べて、必要となるディスク容量を減らせられます。

　変更を終えたコンテナ用レイヤは、コミット（`docker image commit` コマンド）することで、読み込み専用のイメージレイヤへと変更できます。そして、再び新しい Docker イメージとして、ほかのコンテナのためのテンプレートとして再利用可能になります。

　なお、Docker は Docker イメージの自動構築（ビルド）機能があります。`Dockerfile` という名前の設

---

[10] コピーオンライト（Copy-On-Write）処理のこと。実際のホスト上での挙動は、Docker Engine のストレージドライバによって異なり、パフォーマンスにも影響を与える。

定ファイルで、イメージレイヤをどのように記述するか命令を指定できます。各行は命令（ディレクティブ）とパラメータで構成され、1行1行がイメージレイヤに相当します。

```
FROM centos:latest
RUN yum update
RUN yum -y install curl
CMD ["https://get.docker.com"]
ENTRYPOINT ["curl"]
```

たとえば、この Dockerfile であれば centos:latest イメージを使い、yum update、curl のインストールを行い、オプションがなければ curl https://get.docker.com を実行する Docker イメージを自動生成できます。

### 2.2.4　Docker ボリューム

Docker のデータの読み書きは、イメージレイヤを通じて行います。イメージレイヤは読み込み専用のため、イメージの中のファイルは直接編集できません。この仕組みのために、イメージレイヤの親子関係が維持でき、アプリケーションのポータビリティを実現しています。

一番に課題となるのは、データの扱いです。Docker イメージは読み込み専用であり、コンテナ実行時のコンテナ用イメージレイヤへの書き込みはコピーオンライト処理が走るため、ストレージドライバによってはディスク I/O 性能に大きな影響を与える場合があります。

この性能劣化を避けるために、Docker にはボリューム機能があります。ボリューム機能を使えば、コピーオンライト処理を行わず、Docker を実行するホストマシン上のディレクトリに対し、直接読み書きができます。コンテナの実行時、コンテナ内のディレクトリにボリュームをマウント可能です。通常のコンテナ間はお互いのディレクトリが、chroot のために見えません。複数のコンテナで同一マシン上のファイルやディレクトリを共有する場合は、このボリューム機能を使う必要があります。

## 2.3　Docker のセットアップ

以降は、Docker が動作する環境を構築しながら、詳しい機能の理解を深めます。

### 2.3.1　Docker Engine のインストール

Docker コンテナを実行するには Docker Engine（dockerd デーモン）の準備が必要です。現在対応しているプラットフォームは Linux です。動作条件は Linux カーネル 3.10 以上で、Ubuntu、Debian、CentOS、RHEL 等のディストリビューション向けパッケージが提供されています。

また、WindowsやmacOSでコンテナを動かすためのツールも提供されています。ただし、Dockerコンテナはあくまでも Linuxカーネルの技術を使います。そのため、Docker for Windows/MacやDocker Toolboxを通じてDockerを使うためには、必ず何らかの仮想化技術を用いる必要があります。Windows 10およびWindows Server 2016では、Windowsに対応したコンテナを実行可能ですが、Linuxのイメージをネイティブに実行できません。

なお、DockerにはCE（コミュニティエディション）とEE（エンタープライズエディション）の2つが存在します。エディションごとに提供されている機能は異なります（表2.1）。通常、開発環境や小規模なチームでの利用に必要なのはCEのみです。商用サポートが必要な場合や、より大規模な環境で使いたい場合にはEEの利用が推奨されています。

表2.1 Projectとサービス構成（OpenShift SDN）

| 機能 | Docker CE | Docker EE Basic | Docker EE Standard | Docker EE Advanced |
| --- | --- | --- | --- | --- |
| コンテナ実行エンジン | ○ | ○ | ○ | ○ |
| 認定プラグイン | — | ○ | ○ | ○ |
| イメージ管理 | — | — | ○ | ○ |
| コンテナアプリ管理 | — | — | ○ | ○ |
| イメージセキュリティ検査 | — | — | — | ○ |

## 2.3.2　リリース間隔とサポート期間について

従来のDockerのバージョン表記は、v1.00〜v1.13のように連番が降られていましたが、2017年3月以降、バージョンは「年.月」の形式での表示に切り替わりました。たとえば、2018年1月リリースのバージョンは「Docker 18.01」です。また、Docker CEにはEdgeとStableの2つのリリース用チャンネルで、それぞれ提供が始まりました（図2.8）。

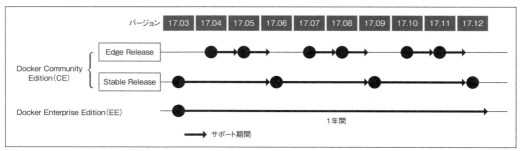

図2.8　Dockerリリース

2つのチャンネルの違いは、リリース間隔とサポート期間です。Edgeチャンネルは、おもにDockerの開発者向けであり、より新しい機能を取り入れて、開発のフィードバックに活かすためです。Edgeは毎月リリースされる次々に新しい機能や改善が行われる一方、セキュリティ対応などを含めたサポート期間

は、次の Edge がリリースされるまでです。もう 1 つの Stable チャンネルのリリースは 4 ヶ月ごとです。Stable という「安定版」の意味するとおり、Edge とは異なり定期的に利用できる環境としてのリリースです。Stable のサポート期間は、次の Stable が公開された翌月までです。また、Stable として提供される Docker Engine は、Docker EE に取り込まれるベースにもなります。

このように、各バージョンとチャンネルによって利用可能な機能やコマンドの差異があるため、注意が必要です。とくに、複数の環境を使い分ける場合や、グループなど複数人で開発環境が分かれる場合には、どのバージョンを使うべきかや、アップデートに関するポリシーを整えておく必要があります。

## 2.3.3　Linux のセットアップ方法

Linux では開発環境向けに、簡単にセットアップ可能なスクリプト[11] が提供されています。Docker の動作条件を満たしている Linux ディストリビューションであれば (**表2.2**)、自動的にどのディストリビューション利用しているか判別し、自動セットアップ可能です。次のコマンドを実行したら、インストール用のスクリプトをダウンロードし、自動的に Docker CE Stable のインストールを試みます。なお、インストールには root 権限が必要です。

```
$ curl -fsSL get.docker.com -o get-docker.sh
$ sh get-docker.sh
```

表 2.2　Docker が動作可能なバージョン

| ディストリビューション | バージョン情報 |
| --- | --- |
| CentOS | 7 |
| Fedora | 25、26、27 |
| Debian | Wheezy、Jessie、Stretch、Buster |
| Ubuntu | Trustly、Xenial、Zesty、Artful |

※：とくに記載がなければ、対応アーキテクチャは x86_64 のみ。詳細は対応表を参照。
https://docs.docker.com/engine/installation/#server

ただし、スクリプトの実行には注意が必要です。

- ◆ スクリプトの実行には root 権限または sudo の実行権限が必要
- ◆ スクリプトを実行したら、Docker CE を実行するために必要となる依存関係を持つパッケージを自動セットアップする (セットアップにあたり正確なインストール情報を把握したい場合は、手作業でのセットアップを推奨)
- ◆ スクリプトではバージョンや各種のオプションを指定したセットアップはできない (細かな調整が必要な場合は、手作業でのセットアップを推奨)

---

[11] https://github.com/docker/docker-install

第 2 章　Docker コンテナの基礎とオーケストレーション

◆ すでに Docker がインストールされている環境では、スクリプトの実行によって不整合が発生する可
　能性がある（やむを得ず利用しなければいけない場合は、事前に削除してから実行）

　正式なセットアップ方法は、ドキュメント Install Docker[12]にある各 Linux ディストリビューション
の説明を参照してください。

　パッケージのインストール後は、Docker デーモンの起動が必要です。また、デフォルトでは自動的に
Docker を実行するホストのブート時に Docker デーモンを起動しません。自動起動する場合には、必要
に応じてコマンドを実行します。コマンドは `systemctl` 系であれば、一般的に次のとおりです。

**`systemctl` 系の場合**

```
# systemctl start docker
# systemctl enable docker
```

　なお、本章ではとくに明示しないかぎり、**$** は一般ユーザー権限での実行、**#** は root 権限での実行（su
- でユーザー権限の切り替え、あるいは、sudo コマンドとしての実行）を意味します。

　Docker が利用可能かどうかを確認するためには、**`docker version`** コマンドを実行します。コマンド
実行後、次のようにクライアント（**`Client:`**）とサーバー（**`Server:`**）の両バージョンが表示されていれ
ば問題ありません。

```
# docker version
Client:
 Version:       18.01.0-ce
 API version:   1.35
 Go version:    go1.9.2
 Git commit:    03596f5
 Built: Wed Jan 10 20:07:19 2018
 OS/Arch:       linux/amd64
 Experimental:  false
 Orchestrator:  swarm

Server:
 Engine:
  Version:      18.01.0-ce
  API version:  1.35 (minimum version 1.12)
  Go version:   go1.9.2
  Git commit:   03596f5
```

---

[12] https://docs.docker.com/installation/

```
Built:          Wed Jan 10 20:10:58 2018
OS/Arch:        linux/amd64
Experimental: false
```

## 2.3.4　Linuxで使う場合の注意点（セキュリティ）

　dockerコマンドの実行は、rootユーザー権限が必要です。これはdockerdデーモン（Docker Engine本体）にアクセスするためには、dockerコマンドはデフォルトでUNIXソケットドメイン（unix:///var/run/docker.sock）にアクセスを試みるためです。docker.sockは所属グループがdocker、所有者がrootです。

　そのため、一般ユーザーでdockerコマンドを利用したい場合は、sudoコマンドを利用可能にする必要があります。あるいはdockerグループに追加[13]することでもコマンドが利用可能になります。

```
$ sudo usermod -aG docker <対象ユーザー名>
```

　ただし、この設定はセキュリティ上のリスクを伴います。dockerコマンドはrootユーザー権限としてコンテナを実行可能です。あらゆるプロセスをroot権限を持つコンテナとして実行可能なため、dockerグループに所属するユーザーとは事実上のrootユーザーです。そのため、意図する／しないに関わらず悪意を持つプログラムの実行や、意図しないホスト側ファイルの変更や閲覧リスクを伴います。

　以上の理由から、一般ユーザーに対しては何らかの必要姓がなければコマンドの実行許可するべきではありません。あるいは、セキュリティ上の危険性を理解したうえで使う必要があります。

### HTTP/HTTPSプロキシ配下で使う場合の注意

　DockerイメージはHTTPを経由してイメージを取得するため、HTTPプロキシを通じてしか通信できない環境では、そのままではDockerとDocker Hubとのやりとりができず、利用範囲が制限されてしまいます。プロキシを通すためにはDocker起動時のオプションで指定する必要があります。

　オプションの指定は次のように行います。まず、systemdの設定用ディレクトリを作成します。

```
# mkdir -p /etc/systemd/system/docker.service.d
```

---

[13] docker.sockのグループがdockerのため、dockerグループに追加しているユーザーであればdockerコマンドを常に実行可能となります。

第 2 章　Docker コンテナの基礎とオーケストレーション

**HTTP プロキシの場合：`/etc/systemd/system/docker.service.d/http-proxy.conf`**

```
[Service]
Environment="HTTP_PROXY=http://proxy.example.com:80/"
```

**HTTPS プロキシの場合：`/etc/systemd/system/docker.service.d/https-proxy.conf`**

```
[Service]
Environment="HTTPS_PROXY=https://proxy.example.com:443/"
```

設定ファイルの設置後は、変更内容をフラッシュし、Docker デーモンを再起動します。

```
# systemctl daemon-reload
# systemctl restart docker
```

ローカルネットワーク上の Docker レジストリを参照したい場合は、プロキシを経由しないオプション（`NO_PROXY`）もあります。詳細についてはプロキシ設定のドキュメント[14]を参照してください。

## 2.3.5　Windows

Windows は Linux カーネルを持たないため、仮想化技術またはハイパーバイザを通じてコンテナを起動する必要があります。

◆ **Docker for Windows**：Hyper-V 上に仮想マシンを作成し、そのなかで Linux コンテナを実行可能にする。また、Windows に対応した Docker コマンドラインを使い、このコンテナを操作できる
◆ **Docker Toolbox for Windows**：VirtualBox 上に Linux（Tiny Core Linux をベースとした Boot2Docker）の仮想マシンを作成し、そのなかで Linux コンテナを実行可能にする

## 2.3.6　macOS

macOS も Windows 同様、Linux カーネルを持たないため、直接 Docker コンテナを実行できません。選択肢は、次の 2 つがあります。

◆ **Docker for Mac**：macOS のネイティブなハイパーバイザ xhyve を通じてコンテナを操作可能にする
◆ **Docker Toolbox for Mac**：VirtualBox 上に Linux（Tiny Core Linux）の仮想マシンを作成し、そのなかで Linux コンテナを実行可能にする

---

[14] https://docs.docker.com/engine/admin/systemd/#httphttps-proxy

# 2.4　Docker コンテナとイメージのライフサイクル

オーケストレーションについて本格的に学ぶ前に、まずは Docker イメージを使った Docker コンテナの作成／実行／終了に至るまでの流れを理解します。

## 2.4.1　ライフサイクルの概要

ライフサイクルの基本は、Docker イメージの取得と Docker コンテナの操作です。コンテナとしてプロセスを実行するためには、実行する元になるファイルを含む Docker イメージが必要です。また、コンテナの実行にあたり、環境に応じた各種のパラメータ指定や、実行ファイルに対するオプションを指定します。

ただし、コンテナのライフサイクルから独立している要素として、Docker のネットワークと、データを管理するボリュームがあります。これらは、コンテナの起動／削除とは独立しています。

また、コンテナには名前を付けることもできますが、名前を指定しなくてもコンテナごとにユニークなコンテナ ID が割り振られます。このコンテナ ID があれば、コンテナの実行や停止など、各種の操作を行えるのが特徴です。名前を付けることで人間による手動操作は楽になりますが、同じ名前で重複してコンテナを起動できないので、注意が必要です。

## 2.4.2　Docker イメージの取得

Docker コンテナを実行するためには Docker イメージが必要です。Docker イメージを準備するには、次の方法があります。

- ◆ `docker image pull` コマンドで、リポジトリからイメージを取得する
- ◆ `docker image build` コマンドで、新しいイメージを作成する

ここでは簡単に実行できる、`docker image pull` [イメージ名:タグ] コマンドを使います。たとえば、Alpine Linux[15] のイメージを取得するためには、次のように実行します。

```
# docker image pull alpine:latest
latest: Pulling from library/alpine
ff3a5c916c92: Pull complete
Digest: sha256:7df6db5aa61ae9480f52f0b3a06a140ab98d427f86d8d5de0bedab9b8df6b1c0
Status: Downloaded newer image for alpine:latest
```

---

[15] Alpine Linux は実行に必要な最小容量が約 4MB であり、小さく、シンプル、安全を指向する、busybox をベースとした軽量 Linux ディストリビューションです。Docker Hub 上では最も小さな Linux 環境として、開発／本番環境向けに、公式イメージだけでなくコミュニティからもさまざまな Docker イメージが公開されています。https://alpinelinux.org/

第 2 章　Docker コンテナの基礎とオーケストレーション

　ここでは Docker Hub の **alpine** リポジトリ上にあり、**latest** タグを持つ Docker イメージをローカルにダウンロードしました。この背後では、まずローカルに alpine:latest イメージがあるかどうかを確認します。ここではローカルにファイルが存在しませんので、Docker Hub から対象のイメージをダウンロードしています。仮にローカルにイメージが存在した場合は、ローカルと Docker Hub にあるイメージハッシュ値を比較し、違っていた場合（リモートの方が新しいため）はローカルにダウンロードを試み、既存のイメージを上書きします。ダウンロードしたイメージの情報は **docker image ls** コマンドで確認します。コマンドを実行したら、リポジトリ名とタグに加え、イメージ名（イメージごとにユニークに割り当てられるイメージ ID ですが、実際には一番上にあるイメージレイヤの ID です）、そのイメージ（レイヤ）がいつ作成されたか、イメージの合計容量がどれくらいかを表示します。

```
# docker image ls
REPOSITORY          TAG             IMAGE ID        CREATED         SIZE
alpine              latest          3fd9065eaf02    7 days ago      4.15MB
```

## 2.4.3　Docker コンテナの実行と名前空間

　Docker コンテナの操作には **docker container** 系のコマンドを使います。コンテナの実行には、コンテナの作成（**docker container create**）と起動（**docker container start**）を処理するコマンド **docker container run** を使います。先ほどの Alpine イメージを実行するには、次のように実行します。

```
# docker container run -it alpine:latest
/ #
```

　ここでは **alpine:latest** イメージを使ってコンテナを実行しています。また、プロンプトが「**/ #**」に変わっています。これは Docker を実行しているホストでの操作ではなく、Alpine イメージに含まれている**/bin/sh** を実行しています（通常、ほとんどの Docker イメージには、デフォルトで実行するコマンドが指定されています。Alpine Linux の場合は**/bin/sh** ですが、イメージによって異なります。また、デフォルトのイメージでコマンド指定が**/bin/sh** だとしても、任意のコマンドの実行に書き換えできます）。
　この時点では、Alpine Linux 上の**/bin/sh** プロセスが、コンテナとして名前区間を分離した状態で起動しています。ここで **ps** コマンドを実行したら、次のような結果になります。

```
/ # ps a
PID   USER      TIME    COMMAND
   1 root       0:00  /bin/sh
   8 root       0:00  ps a
```

　実際のホスト上には Docker Engine（dockerd）を始めとしたさまざまなプロセスが実行中です。しかし、このコマンドを実行したのは**/bin/sh** を PID 1 とするコンテナ名前空間内のため、ホスト上のプロ

38

セスは一切見えません。また、ほかのコンテナの名前空間内も同様に隔離されているため参照できません。

また、`ls` コマンドを実行すると、通常の Linux ファイルシステム階層と同様のディレクトリ一覧が表示されます。プロセスと同様、ファイルシステムが隔離されているため、ホスト上の階層やほかのコンテナの階層は参照できません。

```
/ # ls -al
total 60
drwxr-xr-x    1 root     root          4096 Jan 17 11:11 .
drwxr-xr-x    1 root     root          4096 Jan 17 11:11 ..
-rwxr-xr-x    1 root     root             0 Jan 17 11:11 .dockerenv
drwxr-xr-x    2 root     root          4096 Jan  9 19:37 bin
drwxr-xr-x    5 root     root           360 Jan 17 11:11 dev
drwxr-xr-x    1 root     root          4096 Jan 17 11:11 etc
drwxr-xr-x    2 root     root          4096 Jan  9 19:37 home
drwxr-xr-x    5 root     root          4096 Jan  9 19:37 lib
drwxr-xr-x    5 root     root          4096 Jan  9 19:37 media
drwxr-xr-x    2 root     root          4096 Jan  9 19:37 mnt
dr-xr-xr-x   78 root     root             0 Jan 17 11:11 proc
drwx------    1 root     root          4096 Jan 17 11:15 root
drwxr-xr-x    2 root     root          4096 Jan  9 19:37 run
drwxr-xr-x    2 root     root          4096 Jan  9 19:37 sbin
drwxr-xr-x    2 root     root          4096 Jan  9 19:37 srv
dr-xr-xr-x   13 root     root             0 Jan 17 11:11 sys
drwxrwxrwt    2 root     root          4096 Jan  9 19:37 tmp
drwxr-xr-x    7 root     root          4096 Jan  9 19:37 usr
drwxr-xr-x   11 root     root          4096 Jan  9 19:37 var
```

プロセスツリーの関係性は以上のとおりです。しかし、あくまでも名前区間が分けられているだけのため、`free` コマンドや `df` コマンドでは、ホスト側のメモリ容量やディスク利用量を表示します。これは、/proc/以下はコンテナの名前空間内からも参照できるためです。

なお、コンテナ実行時、もしローカルに対象イメージが存在しない場合は、自動的に Docker Hub からイメージのダウンロードを行ったあと、コンテナを作成／起動します。

## 2.4.4　コンテナの終了

Docker コンテナを停止するには、コンテナ実行時に指定したプロセス（コンテナ内では PID 1 で動作）を停止させます。コマンドは `docker container stop` または `docker container kill` を使います。

第 2 章　Docker コンテナの基礎とオーケストレーション

なお、停止したコンテナ（のプロセス）は再起動できます（`docker container restart` を使用）。

　ただし、注意が必要なのは、コンテナの停止／再起動は仮想マシンの停止／再起動とはまったく異なる点です。仮想マシンの再起動は OS のブートプロセスを再処理します。しかし、コンテナの場合は、あくまでも停止しているプロセスを起動しなおすことしかできません。また、再起動時に、コンテナ起動時に指定したオプション（ポート番号やマウント場所）を変更できないという制約もあるため、注意が必要です。

### 2.4.5　リファレンス

　Docker に関する情報は、公式ドキュメント（`https://docs.docker.com/`）が役立ちます。過去バージョンも公開されていますので、より詳しい挙動や情報を知りたい場合には有用です。

# 2.5　Docker とオーケストレーション

　これまでは、1 つのホスト上にあるコンテナをどのように作成／実行するかを見てきました。次は、複数のコンテナを一括して実行する方法や、複数の Docker Engine クラスタを使ってアプリケーションをスケールさせる方法を解説します。

## 2.5.1　Docker Compose

　Docker Compose は複数の Docker コンテナをサービスとして定義／実行するための、コマンドライン／ツールです。コマンドラインは Docker Engine の API にアクセスできます。`docker-compose` コマンドで、複数コンテナ／イメージの同時構築、同時実行、ログ表示などを行えます。

　また、サービスの各種設定を定義する Compose ファイルは、Doker Compose で使えるだけでなく、後述する Docker Engine の Swarm モードでも利用可能な共通の書式です。コンテナをサービスとして動かすイメージ名を指定できるだけでなく、ネットワークやボリュームの指定も可能です。

　Docker Compose の利用に適しているのは、同じホスト上でもコンテナの実行環境を分けたい場合です。Doker Compose は実行時、デフォルトで現在のディレクトリ名をプロジェクト名にします。そして、Compose で実行するコンテナ名やネットワーク名、ボリューム名には、名前の先頭にプリフィックスとしてプロジェクト名が付きます。そのため、ディレクトリ（あるいはプロジェクト名）を分ければ、同じ YAML ファイルを使ったとしても、同一ホスト上で複数の環境を簡単に準備できます。

#### Docker Compose のインストール

　Docker Compose は Linux/Windows/macOS に対応したバイナリが配布されています。GitHub のリポジトリ（`https://github.com/docker/compose/releases`）から、実行したい環境に合わせたバイナリをダウンロードします。

　次のコマンドは Linux 用の Doker Compose をダウンロード／実行する例です。なお、安定版のバー

2.5 Docker とオーケストレーション

ジョン番号はリリース時期によって異なります。最新のものかどうか、GitHub 上を確認してください。

```
# curl -L https://github.com/docker/compose/releases/download/1.18.0/docker- ⇒
compose-`uname -s`-`uname -m` -o /usr/local/bin/docker-compose
# chmod +x /usr/local/bin/docker-compose
```

ファイルの設置後は、次のようにバージョン番号が表示されれば利用可能です。

```
# docker-compose version
docker-compose version 1.18.0, build 8dd22a9
docker-py version: 2.6.1
CPython version: 2.7.13
OpenSSL version: OpenSSL 1.0.1t  3 May 2016
```

### Docker Compose の実行例

Docker Compose でアプリケーション実行するには、コンポーズファイル（compose file）の準備が必要です。デフォルトでは `docker-compose.yml` という YAML 形式のファイルのなかに、実行するサービスやネットワーク、ボリューム等の情報を記述します。

Docker Engine の場合、Docker イメージの自動構築は `Dockerfile` とイメージが 1 対 1 の対応でした。一方、Docker Compose のファイルの場合は、1 つのファイルを元にスケーラブルにサービスを扱えます。次の設定情報は、WordPress を動かすために、WordPress と MySQL コンテナをサービスとして動かすための記述です。

```
version: '3'

services:

  wordpress:
    image: wordpress
    ports:
      - 80:80
    environment:
      WORDPRESS_DB_PASSWORD: example

  mysql:
    image: mysql:5.7
```

第 2 章　Docker コンテナの基礎とオーケストレーション

```
    environment:
      MYSQL_ROOT_PASSWORD: example
```

　Compose でアプリケーションを起動するには、新しい作業ディレクトリを作成／移動し、Compose
ファイルを作成し、`docker-compose up -d` コマンドを実行します。実行すると、バックグラウンドで
サービスを実行します。

```
# docker-compose up -d
（省略）
920c7ffb7747: Pull complete
Digest: sha256:7cdb08f30a54d109ddded59525937592cb6852ff635a546626a8960d9ec34c30
Status: Downloaded newer image for mysql:5.7
Creating compose_wordpress_1 ... done
Creating compose_mysql_1     ... done
```

　初回実行時にイメージがローカルになければ、`docker run` を実行したときと同様、Docker Hub から
Docker イメージを自動起動したあとサービスとして自動起動します。サービスの稼働状態を確認するに
は `docker-compose ps` を実行します。

```
# docker-compose ps
      Name                    Command               State           Ports
--------------------------------------------------------------------------------
compose_mysql_1          docker-entrypoint.sh mysqld     Up      3306/tcp
compose_wordpress_1      docker-entrypoint.sh apach ...  Up      0.0.0.0:80->80/tcp
```

　`State` が `Up` であれば、WordPress と MySQL それぞれのコンテナがコマンド 1 つで実行できること
が分かります。この状態で Web ブラウザから実行したホストのポート 80 にアクセスすると、WordPress
の初期設定画面を表示できます。また、サービスの停止／削除も次のコマンドで行えます。

```
# docker-compose stop
Stopping compose_wordpress_1 ... done
Stopping compose_mysql_1     ... done
# docker-compose rm
Going to remove compose_wordpress_1, compose_mysql_1
Are you sure? [yN] y
Removing compose_wordpress_1 ... done
Removing compose_mysql_1     ... done
```

2.5 Docker とオーケストレーション

以上が Doker Compose の基本操作です。その他のコマンドの詳細や YAML ファイルの記述方法については、Docker のマニュアル（`https://docs.docker.com/compose/`）を確認してください。

### Docker Compose の課題

このように Doker Compose を使えば、複数のコンテナを動かすサービスも簡単に起動／管理できます。しかしながら、コンテナの状態を常時監視する機能が Doker Compose にはないため、障害時の対応に弱い問題があります。また、複数のクラスタにデプロイするには Docker Swarm を使う必要があります。

1 つのホスト上で簡単に複数のコンテナを操作したい場合は、Docker Compose は良い選択肢です。しかし、複数のホスト環境で、コンテナをスケールしたい場合には対応していません（正確には、レガシーの Docker Swam であれば対応していますが、現在は推奨されていません）。

この問題を解決するのが、Docker Engine 本体に内蔵されている Swarm モードを使い、分散環境でサービスをスケールできるようにする手法です。

## 2.5.2　Docker のオーケストレーション

Docker でクラスタを管理するためのプロジェクト純正オーケストレーションツールは 2 つあります。1 つは Docker Swarm で、もう 1 つが Swarm モードです。

### Docker Swarm から Swarm モードへ

Docker Swarm は Docker プロジェクトが最初に開発したオーケストレーションツールであり、バージョン v1.0.0 がリリースされたのは 2015 年 11 月です。Docker Swarm はマネージャーとノードによって構成されます。ノードは専用のバイナリまたはコンテナを実行し、Swarm というリソースプールを作成します。Docker 以外にもオーケストレーションツールは存在していましたが、Docker Swarm は、あくまでも `docker` コマンドラインを使い、1 つの Docker Engine を操作するような感覚で、Docker Swarm で構成されるクラスタ全体を簡単に管理できることを指向していました。

しかし、Docker Swarm の構成は複雑でした。各ホスト所で Docker Engine のインストールが必要なだけではなく、エージェントのセットアップや登録、マネージャーの管理設定やセキュリティに関する諸設定が必要です。さらに、クラスタのノード情報（IP アドレスやポート番号）を管理するには etcd や HashiCorp Consul 等の KVS（Key-Value ストア）を別途セットアップ／管理する必要がありました。

当時 Docker が商用サポートをしていたのは Docker Swarm のみだったため、エンタープライズへの導入も進んでいます。しかし、その構成の複雑さや障害耐性を高めるため、別のプロジェクト Swarmkit[16] が開始されました。Swarmkit は単体でも動作しますが、これをコンポーネントとして Docker に取り込んだ成果が Swarm モードです。

---

[16] `https://github.com/docker/swarmkit`

43

第 2 章　Docker コンテナの基礎とオーケストレーション

### Swamkit/Swarm モード

　Swarmkit は、あらゆる規模の分散システムでオーケストレーションを行えるようにしたツールキット
であり、ノードの検出、Raft をベースとした合意システム[17]、タスクスケジューリング機能を備えていま
す。Docker Engine v1.12 以降はこの Swarmkit が取り込まれています。そのため、Docker Swarm の
ような外部ツールを使わなくても、Docker Engine が動作するあらゆる環境で、クラスタの形成やオーケ
ストレーションが可能になりました。現行バージョンで使われている「Docker Swarm」という呼称は、
一般的に Swarm モードを指します。Swarm モードが提供するのは、オーケストレーション、スケジュー
リング、クラスタ管理とセキュリティです。

### Swarm モードの主要概念

　クラスタ管理とオーケストレーションに対する拡張機能は Docker Engine に組み込まれている Swarmkit
が行います。Swarmkit は Docker のオーケストレーションレイヤを担うことを目的としており、Docker
Engine とは独立したプロジェクトとして開発が進められています。Swarmkit は Docker Engine に組
み込み済みのため、Docker が利用可能な環境であれば、追加セットアップの必要なく利用できます。ま
た、Docker Engine のコンテナランタイムである containerd は CNCF プロジェクトに参画しているた
め、開発中の Docker for Mac/Windows では Kubernetes の一部機能統合を実現しています（`kubectl`
コマンドラインとの互換性や、YAML ファイルを使ったアプリケーションを Kubernetes にデプロイ）。
　Swarm モードでは複数の Docker Engine が動作するホストを、1 つのクラスタとして管理します。こ
のクラスタを「Swarm」と呼びます。そして、Swarm が動作してクラスタを管理している状態を、Swarm
モードと呼びます。
　Swarm モードでは、Docker のホストに対してマネージャー（manager）とワーカー（worker）のロー
ルを割り当て可能です。そして、docker コマンドラインを通じて、サービスを管理します。通常の Docker
コマンドが Docker Engine に対する操作だったのに対し、`docker service` や `docker node` 系のコマ
ンド使い、サービス処理状況や、タスクとして、どのように個々のノード上で分散してコンテナをサービ
スとして実行するか定義できます。
　そしてまた、重要なのは `docker` のコマンドライン操作を通じて、これらクラスタの作成やアプリケー
ションを分散ホストで構成されるクラスタ上にもデプロイ可能な点です。

### オーケストレーションと宣言型のサービスモデル

　Swarmkit におけるオーケストレーションとは、目標状態（desired state）を自動的に調整する機能で
す。Swarmkit は、クラスタの目標状態と現在の状態を定期的に比較します。もし 2 つの機能に差分があ
れば、自動的に調整を行います。たとえば、コンテナ（のタスク）を実行しているノードで障害が発生し
たら、対象ノード上で実行していたコンテナを別ノード上で起動し、目標状態を維持しようとします。
　Swamkit では 2 つのサービスタイプがあります。1 つは Replicated Service といい、指定した数の複
製（replica）を作ります。もう 1 つは Global Services といい、クラスタで利用可能なノードすべてにお
いて、それぞれタスクを実行します。また、設定は必要があれば随時更新可能です。この時、並列にどれ

---

[17] https://github.com/docker/swarmkit

だけ更新するかや、更新実行の遅延秒数の指定も可能です。

さらに、障害発生時のタスク再起動時に何回まで再起動するか、再起動開始までの遅延タイミングといったポリシーを指定できます。

### スケジューリングとスケール

スケジューリングとは、タスクをノード上で実行するための機能です。Swarmkit は、どのノード上でどれだけのリソースを利用可能か把握し、タスク実行時の条件付けを行えます（例：CPU ／メモリなどのリソース）。また、タスク実行時のどのノードで処理をするか条件指定（constraint）も指定できます（例：node のホスト名や IP アドレス指定、アーキテクチャや OS や Label 等の指定）。

さらに各サービスにあるタスクのなかで、コンテナの実行数を指定でき、必要に応じてコンテナ数を増減できます。ノードを増減すると、クラスタの規模に応じたサービスのスケールアップやスケールダウンも容易に行えます。

### クラスタ管理

マネージャーノードでは、マネージャーノードが複数の場合でも、クラスタを構成する各ノードに関する一貫した情報の維持、高速な複製を行います。そのため、マネージャーノードのいずれかで障害が発生したとしても、迅速なスケジューリング決定が可能です。

### セキュリティ

すべてのノードはお互いに TLS を使った通信を行います。Swarm マネージャーは Root CA（Certificate Authority）として機能し、新しいノードの追加時に自動的に証明書を発行します。また、クラスタにノードを追加するには、トークンを使った自動登録の仕組みを取り入れています。そのため、同じネットワーク上に関係のないサーバーがあったとしても、自動的に参加することはできない仕組みになっています。さらにセキュリティを高めるために、TLS 証明書は自動的に更新する仕組みもあります（デフォルトは 3 ヶ月ですが、最小で 30 分にも設定できます）。

Swarm モードの利点は、個々のコンテナを管理するのではなく、サービス群として複数のコンテナやネットワーク、ボリュームの情報をまとめられることです。

Swarm におけるサービスと通常コンテナとのおもな違いは、Swarm では Swarm マネージャーのみがクラスタを管理可能であり、通常のコンテナは 1 つの Docker Engine しか操作できないことです。

また、Docker Compose と同じ書式の YALM 定義ファイルで、サービスやノード、ネットワーク、ボリュームを定義できます。そして、`swarm service stack` コマンドで YAML ファイルを指定し、ファイルに記述されたサービスを望ましい状態で（ノード数やリソースを割り当て）実行／管理できます。

### ノード

ノードとは、Swarm で Docker Engine を扱う単位（インスタンス）です。ノードの実体は Docker が動作するホストです。このノードにはマネージャーノード（manager node）とワーカーノード（worker node）の 2 つの役割（ロール）があります（**図 2.9**）。アプリケーションを Swarm クラスタにデプロイするには、サービスの定義情報をマネージャーノードに渡します。マネージャーノードは処理の単位を「タスク」に分割し、ワーカーノードに処理を引き渡します。

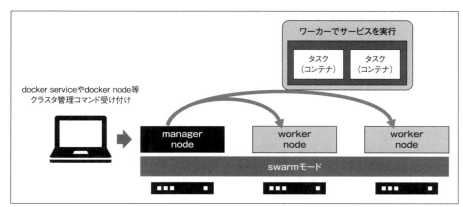

図 2.9　マネージャーとワーカーノードの関連性

　また、マネージャーノードは Swarm クラスタ上で目標状態を維持するために必要な、オーケストレーションとクラスタ管理機能を持ちます。さらに、複数のマネージャーノードでは、タスクをオーケストレーションするため、1つのリーダーを必ず選びます。もしリーダーに障害が起これば、残ったマネージャーノードのなかからリーダーを選びます。このような仕組みのため、マネージャーノードは奇数台の設置が必要です。

　ワーカーノードはマネージャーノードからタスクを受信し、タスクを実行します。デフォルトでは、マネージャーノードでもワーカーノードとしてタスクを実行可能です。また、設定によってマネージャーノードの機能のみ実行を制限させることも可能です。ワーカーノードではエージェントが起動しており、ワーカーノードに割り当てられたタスクの状態を監視します。そして、ワーカーノードでは割り当てられたタスクに対する、現在の状態（current state）をマネージャーノードに伝えるため、結果としてマネージャーが各ノードの状態を知ることができます。

### サービスとタスク

　サービスとは、マネージャーまたはワーカーノード上で実行するタスクの定義にあたります。サービスに対する操作が Swarm クラスタ全体の操作における中心となります。サービスを作成するとき、どのイメージを使い、どのコマンドをコンテナ内で実行するかを定義するのが YAML ファイルの役割でもあります。

### 負荷分散とルーティングメッシュ、内部 DNS とサービスディスカバリ

　swam モードではサービスをスケールできるようにするため、Ingress ロードバランサーとルーティングメッシュ機能が利用できます。これにより、複数のノード上に共通の Ingress ネットワークが作成されます。アプリケーションのサービスが何らかのポートを公開するとき（PublishPort の指定）、未使用ポート（同一ホスト上では重複不可）であれば、どのノード上でもポートを受け入れできます。また、アクセスを受け付けたノード上に対象となるサービス（のタスク）が動いていなければ、自動的に対象ノードに

トラフィックをルーティングします。公開用のポートを指定しなければ、Swarm マネージャーは自動的にポート 30000 から 32767 の範囲にある空きポートを割り当てます。

また、Swarm モードでは内部の DNS コンポーネントを使い、自動的にクラスタ上で参照できる DNS エントリを追加します。そのため、外部からのコンテナに対する通信だけでなく、内部でもサービス名をベースとした負荷分散が可能です。

### ローリングアップデート機能

サービスの目標状態を変更したら、自動的にノードに対して変更が実行されます。たとえば、バージョンやタグの違うイメージを指定して、新しいアプリケーションをデプロイしたい場合に役立ちます。オプションを指定したら、どれだけ並列に更新するかや更新の遅延時間を指定できます。また、何かしら問題が発生した場合はロールバック用のコマンドも準備されているので、元に戻すのも簡単です。

## 2.5.3　Swarm モードでサービスの実行

Swarm モードでアプリケーションを実行するには、次の流れで進めます。

1. Docker Engine を Swarm モードで動かすために、クラスタを初期化
2. Swarm クラスタにノードを追加
3. Swarm クラスタにアプリケーションをサービスとしてデプロイ
4. 実行中のサービスの管理

### 事前準備

以降の設定例では 3 台のホストで動作する Docker Engine で Swarm クラスタを形成します。そのため、あらかじめ 3 台のサーバーに Linux が動作する環境を用意し、Docker Engine をセットアップします。Swarm モードで動作するため、Docker Engine 1.12 以上が動作する必要があります。また、前提条件として、3 台のホストがネットワーク間で疎通でき、ホスト上のポートは制限されておらず、それぞれのホストに IP アドレスが割り振られているものとします。

---

**ローカルの VirtualBox 上に Docker Machine で 3 台の仮想マシンを作成**

Windows や macOS などで、VirtualBox の Linux 仮想ホスト環境上で Docker 動作環境を作成する方法を紹介します。ここでは Docker Machine を使用します。Docker Machine とは仮想化もしくはクラウド環境上に仮想マシンを作成し、Docker Engine を自動的にセットアップするためのツールです。操作はコマンドライン上で docker-machine コマンドラインツールを使うだけで、自動的に仮想化やクラウドの API にアクセスし、Docker Engine のセットアップや、リモートから操作可能な環境を構築します。

---

第 2 章　Docker コンテナの基礎とオーケストレーション

---

**Docker Machine（Docker Toolbox）のセットアップ**

　各 OS ごとにセットアップ方法が異なります。ダウンロード用のページから、各 OS に対応したパッケージを
ダウンロードし、インストールします。Docker Toolbox は Docker Machine をはじめとして、Docker Compose
や VirtualBox を一括して自動セットアップします。

**仮想環境の作成**

```
$ docker-machine create -d virtualbox manager1
$ docker-machine create -d virtualbox worker1
$ docker-machine create -d virtualbox worker2
```

**IP アドレスの確認**

　次のコマンドを実行し、各ノードのホスト名と IP アドレスを確認します。URL に表示される IP アドレスは
クラスタ初期化のために必要なため、控えておきます。

```
$ docker-machine ls
manager1   -   virtualbox   Running   tcp://192.168.99.100:2376        v18.02.0-ce
worker1    -   virtualbox   Running   tcp://192.168.99.101:2376        v18.02.0-ce
worker2    -   virtualbox   Running   tcp://192.168.99.102:2376        v18.02.0-ce
```

**ホスト上のポート公開**

　なお、VirtualBox を使わずに Linux にセットアップする場合、Docker Engine を動かすホスト間では、次の
ポートを公開する必要があります。

**TCP ポート 2377**　クラスタ管理用の通信のため
**TCP と UDP ポート 7946**　ノード間の通信のため
**UDP ポート 4789**　オーバーレイ・ネットワークのトラフィック用

---

### クラスタ初期化

　ここでは、各ホストに次の役割（ロール）を持たせます。

◆ **manager1**： マネージャーおよびワーカー
◆ **worker1**： ワーカー
◆ **worker2**： ワーカー

　Swarm クラスタの管理を行うのは `manager1` であり、Swarm のノードやサービス管理用のコマンド
は、すべて `manager1` 上で行います。また各ノードをワーカーとして扱いますので、各ノード上の Docker

Engine を通じてコンテナを実行します（図 2.10）。

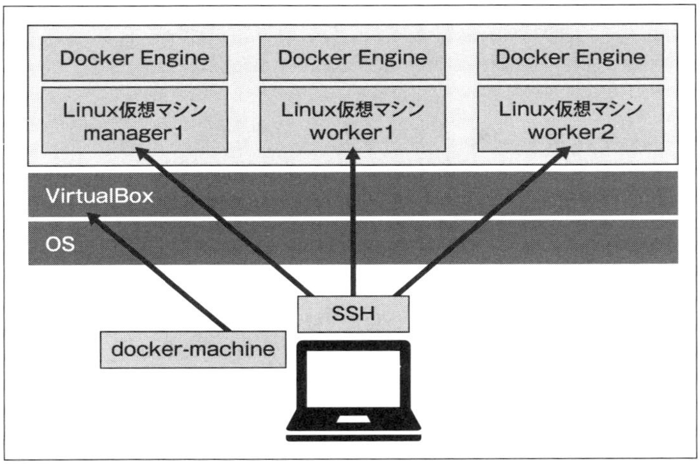

図 2.10　Docker Machine で Swarm モードの環境を作成

　仮想マシン環境の構築後は、Swarm クラスタを初期化します。始めに、`manager1` ホストにログインします。Docker Machine を使ってセットアップした場合は、次のコマンドを実行します。これは、Docker Machine でホストを作成したら、自動的に SSH ログイン用の鍵ペアを作成し、`docker-machine ssh <`ホスト名`>` コマンドを実行するだけで、簡単にログインできる環境が整うためです。

```
$ docker-machine ssh manager1
```

　`manager1` にログインしたら、すぐに Docker Engine を操作可能です。`manager1` ホストをマネージャーとして扱います。始めに Swarm クラスタを初期化するために `docker swarm init` コマンドを実行します。また、VirtualBox やクラウド環など、ホスト上で複数のネットワークインターフェイスを持つ場合、任意のインターフェイスの IP アドレスを使うには `docker swam init --advertise-addr <IP` アドレス`>` のオプションを指定し、クラスタを初期化します。

　初期化コマンドを実行したら、次のように初期化が完了した情報と、ワーカーノードを追加する際の情報を表示します。

```
# docker swam init --advertise-addr <192.168.99.100などのIPアドレス>
Swarm initialized: current node (qxdddrys2b6xwm96e5plpvu9t) is now a manager.

To add a worker to this swarm, run the following command:

    docker swarm join --token SWMTKN-1-4hmppgtpd3lvrakcjsw1k242dzqy8ovfuo7lihur
zxwa5yzc9g-8z996orcv2z5e3au07vuyyc9m 192.168.100.1:2377
```

第 2 章　Docker コンテナの基礎とオーケストレーション

```
To add a manager to this swarm, run 'docker swarm join-token manager' and follow
  the instructions.
```

　ここで注意が必要なのは `--token` の後ろにある `SWMTKN-` で始まる文字列であり、クラスタ参加用のトークンです。これはトークンごとにユニークに発行されるもので、ワーカーノードからは表示されているコマンド（およびトークン）を使って、自動的にクラスタに参加します。もし、共有ネットワークでアクセス制限が施されていなければ、このトークンを使って誰でもクラスタに参加できてしまうため、セキュリティ上、取り扱いには注意が必要です。

　また、今回はマネージャーの追加は行いませんが、複数台のマネージャーを追加する時も、ワーカー追加時と同様にトークンが必要です。このトークンはワーカー用とは異なります。マネージャー用のトークンを表示するには `docker swarm join-token manager` コマンドを実行します。

```
# docker swarm join-token manager
To add a manager to this swarm, run the following command:

    docker swarm join --token SWMTKN-1-4sfjfi3tt3wspehsdzauae15zeu28fdqzshenbl9a
8id0cbba1-1rhwyvc6i4wf1o9typluos4ad 192.168.100.1:2377
```

　なお、この例では join 先ホストの IP アドレスが 192.168.100.1 ですが、Docker Machine を使わずに環境を用意されている場合は環境によって IP アドレスが異なりますので注意してください。

　この状態で Swarm クラスタを構成するノード情報を確認するには、`docker node ls` コマンドを実行します。実行したら、ノードに対してユニークに割り当てられる ID ／ホスト名／状態／利用可能かどうか／マネージャーの状態を表示します。

```
# docker node ls
ID                            HOSTNAME      STATUS      AVAILABILITY    MANAGER STATUS
cdvqijdim4iw0m4140sw5olok *   node-01       Ready       Active          Leader
```

　ほかにも `docker system info` コマンドでシステム情報を確認し、Swarm の状態を参照することもできます。コマンドを実行し `Swarm: active` が表示されていれば、対象の Docker Engine は Swarm が有効と分かります。

```
# docker system info
（省略）
Swarm: active
 NodeID: qxdddrys2b6xwm96e5plpvu9t
```

50

2.5　Docker とオーケストレーション

```
Is Manager: true
ClusterID: 7dwhevdie1gtkdp0o4qnjh9ud
Managers: 1
Nodes: 1
Orchestration:
 Task History Retention Limit:
（省略）
```

### ワーカーノードをクラスタに追加

　マネージャーノードでクラスタの初期化後、ワーカーノードをクラスタに追加できます。クラスタに追加するには、worker1 にログインします。ここでは manager1 で exit コマンドを実行して一度 SSH を終了するか、新しくターミナルを開きます。

```
$ docker-machine ssh worker1
```

　それから、先ほどマネージャーノードで docker swarm init 実行時に表示したコマンドを実行します。

```
# docker swarm join --token SWMTKN-1-4sfjfi3tt3wspehsdzauae15zeu28fdqzshenbl9a8
id0cbba1-1rhwyvc6i4wf1o9typluos4ad 192.168.100.1:2377
This node joined a swarm as a worker.
```

　正常に処理されれば、このように「This node joined a swarm as a worker」（Swarm クラスタをワーカーノードとして参加）のメッセージが表示されます。
　また、同様に、もうひとつのワーカーノード worker2 にログインし、同様にクラスタ参加用のコマンドを実行します。
　ノード追加後の動作確認として、再びマネージャーノードに戻ります。戻ったあと、ノード一覧表示コマンドを実行すると次のように 3 つのノード情報が確認できます。

```
# docker node ls
ID                            HOSTNAME   STATUS   AVAILABILITY   MANAGER STATUS
cdvqijdim4iw0m4140sw5olok *   manager1   Ready    Active         Leader
xsve8b787eo4ygni4zat367q6     worker1    Ready    Active
9dlg828skrhnc43rnqblx4yl5     worker2    Ready    Active
```

　ここで * マークは、現在どのマネージャーノードを操作しているかを表しています。また MANAGER STATUS が空白のノードはワーカーノードとして参加しているとも分かります。

51

第 2 章　Docker コンテナの基礎とオーケストレーション

　また、サービスのデプロイやノード一覧表示など、Swarm クラスタを操作するコマンドは、マネージャー
ノード上で行う必要があります。ワーカーノードでコマンドを実行しても、マネージャーノードではない
ためコマンドを実行できないというエラーを表示します。

```
# docker node ls
Error response from daemon: This node is not a swarm manager. Worker nodes can't
be used to view or modify cluster state. Please run this command on a manager no
de or promote the current node to a manager.
```

### サービスをデプロイ

　サービスをデプロイするには、manager1 にログインした状態で docker service create コマンドを
実行します。次のコマンドを実行したら docker.com に対して ping を実行するサービスを起動します。

```
# docker service create --replicas 1 --name helloworld alpine ping docker.com
twjjrupzjkim67gdviil2dzx8
overall progress: 1 out of 1 tasks
1/1: running
verify: Service converged
```

　コマンド実行後に表示される 25 文字はサービス ID です。サービスごとにユニークに割り振られま
す。サービスの操作は、このサービス ID または --name オプションで指定するサービス名（この例では
helloworld）と指定します。コマンド中の --replicas 1 では、このサービスのタスクとして実行す
るコンテナ数を 1 にしています。また、alpine ping docker.com は、サービスの元となるイメージに
alpine:latest を使い、コンテナの中で ping docker.com コマンドを実行することを意味しています。
　Swarm クラスタ上のサービス状態を確認するには、docker service ls コマンドを使います。

```
# docker service ls
ID              NAME          MODE           REPLICAS         IMAGE              PORTS
twjjrupzjkim    helloworld    replicated     1/1              alpine:latest
```

　この結果からも alpine:latest イメージを使い、サービスが実行中だと分かります。
　サービスの詳しい状態を調べるには docker service inspect <サービス名> コマンドを実行します。
この時オプションで --pretty を付けると読みやすい形式となり、付けなければ JSON 形式での出力とな
ります。

```
# docker service inspect --pretty helloworld
```

2.5　Dockerとオーケストレーション

```
ID:             twjjrupzjkim67gdviil2dzx8
Name:           helloworld
Service Mode:   Replicated
 Replicas:      1
Placement:
UpdateConfig:
 Parallelism:   1
 On failure:    pause
 Monitoring Period: 5s
 Max failure ratio: 0
 Update order:      stop-first
RollbackConfig:
 Parallelism:   1
 On failure:    pause
 Monitoring Period: 5s
 Max failure ratio: 0
 Rollback order:    stop-first
ContainerSpec:
 Image:         alpine:latest@sha256:7df6db5aa61ae9480f52f0b3a06a140ab98d427f86d
8d5de0bedab9b8df6b1c0
 Args:          ping docker.com
Resources:
Endpoint Mode:  vip
```

　ほかにも、サービス内でどのようなコンテナを実行しているか調べるには、docker service ps <サービス名> コマンドを実行します。

```
# docker service ps helloworld
ID             NAME          IMAGE          NODE     DESIRED STATE   CURRENT STATE
ERROR  PORTS
9fmh2w9kxsjp   helloworld.1  alpine:latest  node-01  Running         Running 9 minutes ago
```

## サービスのスケール
　実行するサービスのタスク数（コンテナ数）を変更するには、レプリカ数を変更します。レプリカ数を変えるには、docker service scale コマンドを使います。先ほどの helloworld イメージを増やすには、

53

第 2 章　Docker コンテナの基礎とオーケストレーション

次のように実行します。

```
# docker service scale helloworld=5
helloworld scaled to 5
overall progress: 2 out of 5 tasks
1/5: running
2/5: running
3/5: preparing
4/5: preparing
5/5: preparing
```

実行直後は preparing と表示されています。これは、タスクを実行するために、ノード上に Docker イメージがない場合に表示されます。最終的には、次のように 5 つのタスクすべてが running（実行中）に切り替わります。

```
helloworld scaled to 5
overall progress: 5 out of 5 tasks
1/5: running
2/5: running
3/5: running
4/5: running
5/5: running
verify: Service converged
```

この状態で docker service ps コマンドを実行したら、各ノード上でタスク（コンテナ）を実行しているのが分かります。

```
# docker service ps helloworld
ID             NAME          IMAGE          NODE      DESIRED STATE  CURRENT STATE
ERROR  PORTS
9fmh2w9kxsjp   helloworld.1  alpine:latest  node-01   Running        Running 14 minutes ago
uw09diwr7ojk   helloworld.2  alpine:latest  node-01   Running        Running 3 minutes ago
74qx80nee4ii   helloworld.3  alpine:latest  node-02   Running        Running 3 minutes ago
yq9oczsphtw7   helloworld.4  alpine:latest  node-03   Running        Running 3 minutes ago
r8zl1774mxc3   helloworld.5  alpine:latest  node-03   Running        Running 3 minutes ago
```

また、サービス一覧画面でも、レプリカ数が 5 になっていることが確認でき、同様にサービスをスケー

54

2.5 Docker とオーケストレーション

ルできたのが分かります。

```
# docker service ls
ID              NAME            MODE            REPLICAS        IMAGE           PORTS
twjjrupzjkim    helloworld      replicated      5/5             alpine:latest
```

この scale コマンドは、必要に応じて何度でも実行できます。

### サービスの削除

サービスを削除するには docker service rm <サービス名> コマンドを実行します。先ほど作成した
サンプルを削除するには、次のように実行します。

```
# docker service rm helloworld
helloworld
```

サービスの削除後は、サービス一覧コマンドの結果からも確認できなくなります。

```
# docker service ls
ID              NAME            MODE            REPLICAS        IMAGE           PORTS
```

ここでは docker service 系コマンドを使う方法を紹介しましたが、ほかにも Docker Compose と共
通の YAML ファイルを使い、docker stack 系コマンドでサービスのデプロイやスケール行うことも可
能です。

### クラスタからのノード離脱と Swarm の削除

ノードから離脱するには docker swarm leave コマンドを実行します。マネージャーノードからの離
脱や、Swarm クラスタそのものを無効化するには docker swarm leave --force を実行する必要があ
ります。いったんクラスタを削除したら、トークンの情報等もリセットされるため、注意が必要です。

## 2.5.4　Docker のオーケストレーションと課題

これまでのように、Docker と Swarm モードを通したオーケストレーションを見てきましたが、Docker
は必ずしも万能とはかぎりません。なぜならば、Docker の開発思想は、開発者がどこにでもアプリケー
ションを簡単に実行するためという設計方針に基づいています。これは、コンテナへの対応を前提とした
アプリケーションであれば、スケールアップ、スケールダウンしやすいだけでなく、さまざまな環境への移
行、高速な自動テスト、あるいはプロダクション環境におけるブルーグリーンデプロイメントやカナリア方
式を実現できるようするためです。その一方で、実際のプロダクション環境での運用を鑑みて、数百／数

55

第2章　Dockerコンテナの基礎とオーケストレーション

千以上のコンテナを使うためには、現在の Docker では足りない／扱っていない領域があります。それが分散環境上におけるオーケストレーションです。現在の Docker は Swarm モードを通して Kubernetes 対応を進めていますが、用途によっては Kuberntes のみの利用や、ほかのオーケストレーションの利用も選択肢となり得るでしょう。

　また、レガシーアプリケーションのコンテナ対応にも注意が必要です。従来のアプリケーションは、アプリケーションとデータベース間など、内部の通信に IP アドレスを指定している場合があります。コンテナでは毎回 IP アドレスが変わるため、書き換えは必須です。サービスとしてスケールするためには、ホスト名でお互いに通信可能にしなくてはいけません。あわせて、データの保管場所にも注意が必要です。Docker イメージはステートフルで状態を保存しません。ボリューム機能との連係などを考慮して、アプリケーションやコンテナの運用を考える必要もあります。

# 2.6　Docker プロジェクトの現状と今後の展望

　Docker は 2013 年にオープンソースとして GitHub で公開されて以来、常に開発が続けられています。GItHub の Docker 開発用リポジトリ[18] には、2018 年 1 月の段階で 116 のプロジェクトが存在しています。

## 2.6.1　標準規格への対応とコンポーネントの分割／独立

　リリース当初の Docker は、コマンドラインも Docker Engine デーモンも `docker` という単一のバイナリで提供されていました。これが 2016 年 4 月リリースの Docker 1.11 からは、containerd、containerd-shim、runc の各モジュールへと切り替わりました。

　2015 年 6 月、OCI 仕様に従った、コンテナを作成／実行するためのコマンドラインツール、runC の発表がありました。runC の前身は Docker のコンテナ用ライブラリ libcontainer です。開発当初の Docker は、コンテナの作成や制御に LXC を用いていました。しかし、必要となる機能や開発速度の違いから、Docker プロジェクトは独自に libcontainer の開発を進めます。一方、OCI の発足と、コンテナ規格統一の流れに則り、Docker は OCI に対して libcontainer を寄贈し、名称を runC と改めました。

　続いて、2015 年 12 月、runC を制御するデーモンとしての containerd がリリースされました。runC は単体としてのコンテナを実行／管理するバイナリあり、複数のコンテナを同時に管理できません。実際にコンテナを実行するのは runC ですが、複数のコンテナの状態やサービスを管理するプログラムの役割が containerd です。つまり containerd は runC のマルチプレキサであり、内部に runC を統合しています。runC は 1 つのコンテナしか操作できないのに対して、containerd は複数のコンテナに対するライフサイクルを操作します。たとえば、コンテナのプロセスに対してシグナルを送ったり、停止／再開、イベントの送信は containerd を通じて行います。

---

[18] https://github.com/docker/

また、containerd と runC の仲介は、containerd-shim デーモンが行います（図2.11）。さらに containerd-shim[19] の役割は、Docker Engine デーモン（dockerd）の停止や再起動をしても、実行中のコンテナには影響を与えなくなりました。

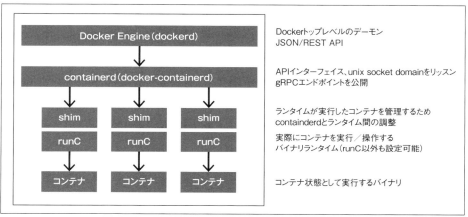

図 2.11　Dokcer Engine と各コンポーネントの関連性

runC と containerd は、2016 年 4 月にリリースした Docker 1.11 から同梱されました。さらに、2016 年 12 月、containerd プロジェクト[20] の独立を発表しています。このほかにも、InfraKit、Swarmkit、VPNkit などのプロジェクトの独立が続きます。この動きはコンポーネントだけでなく、Docker Engine 本体もプロジェクトとしては独立します。

## 2.6.2　Moby プロジェクトと Docker

Docker Engine 本体の開発は、2017 年から Moby プロジェクト[21] に移行しています。Moby プロジェクトに至った背景は、2016 年に発表された containerd 独立や、ほかのプロジェクトとの協調などの延長線上にあります。

2017 年 4 月に開催された DockerCon 17 では、基調講演で新しい Moby プロジェクトが発表されました。これは従来の Docker Engine の開発プロジェクトを分割し、Docker Engine のコアにあたる部分が Moby プロジェクトとなり、GitHub のリポジトリ名の変更が行われました。あわせて、Docker 本体からオーケストレーションにあたる部分は containerd プロジェクトとして独立しました。ほぼ時期をあわせ、containerd 以外にも、複数のプロジェクトが Docker Engine 本体から切り離されました。

そのなかでも Moby の位置付けは、独立している各プロジェクトのコンポーネントを「Moby」という名前のフレームワークにまとめるプロジェクトです。これはオープンなフレームワークであり、車輪の再発明

---

[19] 「shim」は詰め木の意味。その名前のとおり、containerd とランタイムに挟まれて両者の仲介を担います。
[20] https://containerd.io/
[21] https://mobyproject.org/

第 2 章　Docker コンテナの基礎とオーケストレーション

をすることなくコンテナに特化したシステムを組み上げるためです。これにより、Docker のようにコンテナを動かすプラットフォームが必要であれば Moby を活用できます。Moby は開発者向けのリポジトリです。開発段階では Moby がベースとなりますが、通常のユーザーが使うのは Docker CE（Community Edition）です。また、Moby のデフォルトのコンテナ・ランタイムは containerd です。

## 2.6.3　CNCF/Kubernetes 対応とプロジェクトの民主化

containerd は Docker Engine のオーケストレーションを担うコンポーネントに相当するプロジェクトです。containerd は Kubernetes 等が参画している CNCF のプロジェクトに参画しています。

プロジェクトの成果として containerd 1.0.0 が 2017 年 12 月にリリースされました。また、Docker for Mac および Windows は、Edge channel リリース（ベータ版）として Kubernetes の `kubectl` コマンドの互換性と、docker CLI で Docker for Mac 上の Kubernetes クラスタの操作が可能になりました。

また、もともと Docker の各プロジェクトは Docker 社の監督下に置かれていました。しかし、2017 年夏[22]、ユーザーとの話し合いの結果、このガバナンスモデルを変更し、クラウドネイティブの多種多様なリーダーによって構成されるコミュニティを中心とするものへと変更されました。2017 年 11 月には TSC（Technical Steering Committee）の技術運営委員（6 名で構成、任期は 2 年）が選出されています[23]。

このように、現在は Docker 社がプロジェクト全体を管理／統括するのではなく、コミュニティの委員会が主導し、各プロジェクト間の調整や CNCF などほかのコミュニティとの対応にあたる体制が整っています。

＊　＊　＊

Docker とは、Docker イメージを使い Docker コンテナとしてアプリケーションを開発／移動／実行するためのプラットフォームです。そして、この中心にあるのが Docker Engine であり、Docker イメージの管理と Docker コンテナの実行を扱います。アプリケーションを簡単に実行できる Docker Engine ですが、処理できるのは 1 つのホストのみです。複数のホストを 1 つのクラスタに見立て、アプリケーションのスケーラビリティ（拡大／縮小）をするためには、別途オーケストレーション機能を使う必要があります。

オーケストレーションとは、クラスタのノードを管理する仕組みと、アプリケーションの実行をスケジューリングする機能の集合体です。Docker にはクラスタを管理する Docker Swarm（スタンドアロン）と Swarm モード（Docker 内蔵機能）の 2 つのオーケストレーションツールがあります。現在標準である Swarm モードの処理の中心となるのが containerd です。こちらは CNCF プロジェクトに参画しており、今後は Kubernetes クラスタへのデプロイも発表されています。

このように、単純に Docker Engine が動く環境であればどこでもコンテナを動かせる時代から、コン

---

[22] 経緯についてのブログ。https://blog.mobyproject.org/announcing-the-moby-technical-steering-committee-8b721842fd88
[23] https://github.com/moby/tsc

テナのオーケストレーションに対応した環境であれば、どこでもコンテナをスケーラブルに実行できる環境が整いつつあります。小さな環境で始める場合は Docker を使い、あとからクラウドやリモート環境上でスケールさせたい場合は Kubernetes へ移行するといった運用も、今後はスムーズになると期待されています。

# 3
# CaaS(Container as a Service)

## 3.1　コンテナの活用とスケール

　テスト環境や開発環境などでの利用を目的として 2 台から 3 台程度のコンテナを稼働させるだけであれば、Docker によって提供される標準的なビルド手順と、ビルド済みコンテナイメージを正しく起動する手順を覚えるだけでも十分です。

　すこし付け加えるならば、GitHub や DockerHub などによるバージョン管理可能な手法で Dockerfile やコンテナイメージをチームメンバー間で共有したり、コンテナを実際にデプロイするためのいくつかのパターンや方法を学習すれば、おそらくほとんどの目的を果たすことができます。

　しかし、10 コンテナや 100 コンテナ、あるいは 1000 コンテナ……さらにより多くのコンテナを展開して運用管理していくことを要件とする場合には、さまざまな課題や思いがけない困難が伴います。

　本章では、CaaS（Container as a Service）の本質的な部分の解説を中心に、Build、Ship、Run ワークフローの簡単なサンプル、CaaS が目指すゴール、CaaS を運用していくうえでの課題や困難、CaaS のフレームワークとして利用可能な Mesos や Marathon のテクノロジーやアーキテクチャについて触れていきたいと思います。

## 3.2　CaaS という新たな選択肢の登場

　アプリケーション開発者は、他社よりも優れた機能や価値あるプロダクトを、より迅速に、より高い品質で世の中に展開していくミッションを持っています。他方、開発されたアプリケーションの持続的稼働には、インフラ全般を運用管理するオペレーターが欠かせません。これらのエンジニアは、より可用性が高く、よりメンテナンス性に優れた環境を整備し、インフラの維持に必要なルールやポリシーを定めることで、高品質で安定したサービスを継続的に提供するというミッションを持っています。

　それらのミッションの両立を組織横断的に試みるために、開発（Dev）と運用（Ops）のコラボレーションを目指す DevOps や、ソフトウェアエンジニアリング手法を取り入れた自動化によって現場の運用改善を促進していく SRE（Site Reliability Engineering）といったエンジニアリング文化的なアプローチが

適用されることがあります。

しかし、そのようなミッションを達成していくには、先進的でプログラマブルな手法を取り入れていきたいアプリケーション開発者側のニーズと、構成管理だけではなく、ルールや管理ポリシーも整備していかなければならないオペレーター側の要件を相互に満たす必要があります。したがって、柔軟性の高いプラットフォーム環境が求められます。

こうしたプラットフォームでは、開発からリリースまでのサイクルやリードタイムの短縮が可能で、従来よりも低コストかつ機動的なアプリケーション開発を実現できる必要があります。また、APIやコンテナを直観的に操作できるWebインターフェイスを備え、さらに本番環境においてもアプリケーションを十分にスケールできる能力が求められます。

これまでは、クラウド事業者によって提供されるIaaSやPaaSのような環境を利用するか、オンプレミスでサーバー仮想化ソリューションなどを使用して独自のプラットフォームを構築することがベストプラクティスとされてきました。

今後、大規模なコンテナ活用を検討する場合には、クラウド事業者が提供するCaaSプラットフォーム、あるいはオンプレミス環境上で独自のCaaSプラットフォームを構築できるDocker Swarm、Kubernetes、DC/OS（あるいは、Mesos/Marathon）などのコンテナオーケストレーターを利用することが有力な選択肢となっていくでしょう。

ここから、IaaSとPaaSについてすこしだけおさらいをしていきます（図3.1）。

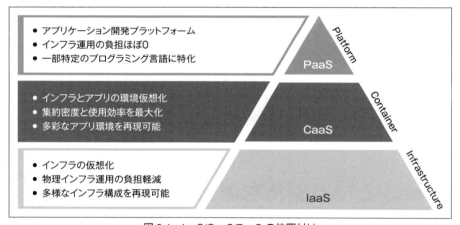

図3.1　IaaS/CaaS/PaaSの位置付け

IaaSは、IaaS事業者によって提供されるインフラストラクチャ仮想化プラットフォーム上にセルフサービスでインフラ環境を構築するクラウドサービスです。IaaSを利用すると、仮想サーバーや仮想ネットワークを自由度の高い構成で構築可能です。インフラ運用に関する多くの管理業務をIaaS事業者にアウトソーシングすることで、現場の運用負担を大幅に削減できます。また、IaaSユーザーは物理サーバーや物理ネットワーク機器などの在庫リスクを抱える必要がなく、ビジネス的にも迅速で柔軟な意思決定が可能です。

IaaS の利用における課題としては、次のような点が挙げられます。

- ◆ インフラストラクチャは抽象化されているが、操作感は各 IaaS によって異なる
- ◆ 高度に抽象化されてはおらず、API からの操作はやや煩雑で学習コストや開発コストが肥大化しがち
- ◆ インフラの構築や運用に関する知識が必要

もう一方である PaaS は、PaaS 事業者によって提供されるプラットフォーム上にセルフサービスでアプリケーションを展開できるサービスです。マシン構成やインフラに詳しくないアプリケーション開発者でも、PaaS 事業者が提供する環境上にアプリケーションを展開する方法を学習するだけでサービスを迅速に開始できます。

PaaS の利用における課題としては、次のような点が挙げられます。

- ◆ PaaS 事業者ごとにアプリケーションのビルドやデプロイ方法が大きく異なる
- ◆ 上記の理由から、特定の PaaS にノウハウが固定化してしまいがち
- ◆ 結果として、ほかの PaaS 環境への移行コストが大きくなりがち

## 3.2.1 CaaS を利用することで現場に起きる変化

CaaS（Container as a Service）は、コンテナイメージのビルドからデプロイ、そしてコンテナインスタンスの廃棄までに関する一連のライフサイクルプロセス（Build/Ship/Run）をサポートする新たなプラットフォームです。

リソースプール全体のキャパシティ管理、オーケストレーション全体の監視、コンテナ化されたアプリケーションのスケジューリングやスケーリング、アクセス権の設定、イベントログの管理など、大規模なコンテナ環境を管理していくうえで直面するさまざまな課題をサポートします。

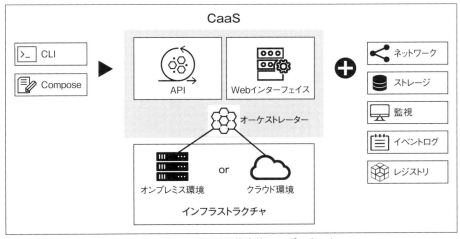

図 3.2 CaaS における代表的コンポーネント

第 3 章　CaaS（Container as a Service）

　CaaS の目的（ゴール）は、アプリケーション開発者やインフラを運用するオペレーターが、より重要な業務やビジネスに集中できるようにすることです。CaaS プラットフォームは、

- ◆ コンテナの実体であるコンテナインスタンスを収容するインフラストラクチャ
- ◆ コンテナインスタンスのデプロイやスケールイン／スケールアウト機能
- ◆ 長期持続的な稼働を保証するクラスタ管理機能を持つコンテナオーケストレーター
- ◆ スクリプトによる自動操作や外部サービス連携などを受け付ける API
- ◆ コンテナオーケストレーターの実装を詳しく知らなくとも簡単にコンテナのデプロイを実現できる Web インターフェイス

などから成ります。また、必要なアプリケーション環境や構成を定義するための Compose、API 操作を抽象化してコマンドライン形式で提供する CLI ツール、コンテナイメージのカタログであるレジストリなどの多種多様なコンポーネント類がプラガブルに統合連携されることによって実現されます。

　コンテナオーケストレーターは、インフラストラクチャが物理的あるいは仮想的、もしくはクラウド上に存在するような場合でも、特定の OS やプラットフォームなどに依存することなく、ビルドからデプロイまでの一連の手続きを従来よりも簡単に実現します。コンテナアプリケーションのデプロイまでの複雑な手続きを抽象化し、デプロイ作業や運用管理に不慣れなアプリケーション開発者でも簡単に利用可能な標準機能として提供します。

　運用サイドのオペレーターであれば、コンテナインスタンスが実際に稼働する CaaS プラットフォームのインフラストラクチャの運用管理に集中しやすくなります。最初に CaaS 環境のセットアップさえ完了してしまえば、あとは必要に応じてコンピューティングリソースを追加したり、故障したノードを切り離すだけで安定的な稼働と柔軟なスケーラビリティを両立できるようになります。

　数年間にも渡る長期的な運用のなかでは、インフラストラクチャの移設作業やアップグレード作業、インフラストラクチャの一時的なメンテナンスを目的としたコンテナの収容変更作業などは避けて通れません。しかし、ポータビリティに優れたコンテナ技術を最大限活用できる CaaS を利用することで、そうした業務のいくつかは従来よりも簡単になります。

## 3.2.2　Build/Ship/Run

　コンテナのビルドからデプロイまでの各ステップは、Build/Ship/Run と呼ばれる 3 段階のフェーズで実現されます（図 3.3）。

### Build

　Build のフェーズでは、コンテナイメージを構築（ビルド）するために必要となる手続きに注目します。

　テスト環境での利用などを目的として、Docker を使ってコンテナイメージのビルドを行うだけならば、Dockerfile に構成情報を定義したあと `docker build` コマンドを実行するだけでも十分です。しかし、本格的な商用利用などを目的としたアプリケーション環境をコンテナイメージ化して管理する際には、次のようなポイントに関しても検討が必要になります。

64

## 3.2 CaaS という新たな選択肢の登場

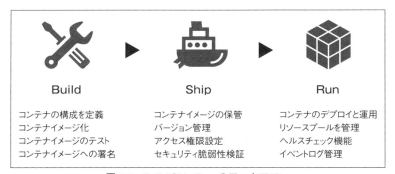

図 3.3 Build/Ship/Run のワークフロー

- ◆ コンテナイメージのバージョン管理
- ◆ コンテナイメージのビルド手順
- ◆ ビルドしたコンテナイメージのテスト
- ◆ コンテナイメージへの署名

ビルド手順ひとつをとっても、さまざまなオプションがあります。docker build コマンドを使ってビルドしたり、Docker Hub の標準機能である Automated Build などを利用してコンテナイメージをビルドすることもできます。また、Travis CI や CircleCI などの CI/CD サービスを利用して、ビルドからテスト、さらにはデプロイまでを一気通貫で実行することも可能です。

また、安価で高性能／広帯域な VPS（仮想専用サーバー）を別途レンタルして、CI/CD サービスと連携するような工夫を施すことでコンテナイメージのビルドからテストまでの工程にかかる時間を大幅に短縮することもできます（図 3.4）。

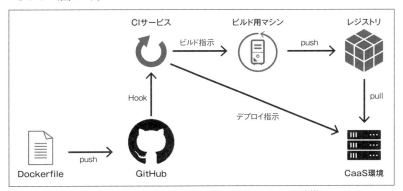

図 3.4 CI/CD サービスとビルド用マシンとの連携

コンテナのバージョン管理では、アプリケーション環境をコンテナイメージ化するためのビルド手順が定義されている Dockerfile、アプリケーション環境の構成を定義するための Compose ファイルなどを git の作法で管理するのがベターです。Dockerfile などの構成定義ファイルは、GitHub や Bitbucket のよう

なコード管理プラットフォーム上に保管されていれば、ほとんどのレジストリサービスや CI/CD サービスと連携させることもできます。

### Ship

Ship のフェーズでは、ビルド済みコンテナイメージの保管やバージョン管理、保管済みコンテナイメージの安全性などに注目します。

- ◆ ビルド済みコンテナイメージの保管場所（レジストリ）
- ◆ レジストリに保管した各コンテナイメージへのアクセス権設定
- ◆ ビルド済みコンテナイメージの定期的な脆弱性検査

レジストリは、利用可能なコンテナイメージを永続的に保管し、コンテナイメージをバージョン管理していくために使用されるデータストアです。レジストリを利用することで、ビルド済みコンテナイメージをインターネット上で公開したり、特定のメンバーのみを対象にしたコンテナイメージの限定公開などができます。

ユーザーは、レジストリサービスとして提供されている無償あるいは有償のサービスを別途契約して利用できます。あるいは、Docker 社公式の registry コンテナイメージ[1] を使用することでユーザー独自のリポジトリを構築して運用することもできます。

しかし、レジストリ上に一度保管して共有したコンテナイメージをアップグレードしないまま放置してしまうと、セキュリティホールなどの脆弱性が残された状態で多くのユーザーに何年も利用され続けてしまうようなリスクもあります。

有償のレジストリサービスには、致命的な脆弱性の存在を検知した際に自動メール通知を行う機能が提供されていることもありますが、Ruby や PHP などのアプリケーション環境にインストールされた Ruby Gem や CPAN モジュールなどの脆弱性は検証対象とはされていないため、それらの各種モジュールの脆弱性の検査方法は別途検討する必要があります。

### Run

Run のフェーズでは、デプロイから廃棄までのライフサイクルに注目します。

- ◆ コンテナイメージのデプロイ
- ◆ デプロイ済みコンテナの持続的な稼働を保証
- ◆ コンテナのスケールイン／スケールアウト
- ◆ CPU 使用率やメモリ使用量などのメトリクス
- ◆ イベントログ管理

コンテナをデプロイするために必要となる煩雑な手続きのほとんどは、クラスタ管理プラットフォームであるコンテナオーケストレーターに託されることが期待されています。

---

[1] https://hub.docker.com/_/registry

ユーザーからのデプロイ指示を受けたコンテナオーケストレーターは、レジストリからダウンロード（pull）した任意のコンテナイメージをプラットフォーム環境上にデプロイし、そのコンテナに対する定期的なヘルスチェックを実行します。コンテナの意図せぬ停止が検知された場合は、コンテナオーケストレーターが持つクラスタ管理機能が働き、正常稼働しているほかの収容ノード上にコンテナを再収容するスケジュールがコンテナオーケストレーターのジョブに自動投入されて実行されます。

起動したコンテナが収容されるインフラストラクチャやオーケストレーションツールの詳細について、ユーザーはその中身のほとんどを気にすることなく、それぞれのCaaSによって提供されるAPIやWebインターフェイスを操作することでコンテナを運用管理できます。

## 3.3 Apache Mesos

Mesosは、2009年に米国のカリフォルニア大学バークレー校で開発されたクラスタリソース管理フレームワークです。複数のノードからなるコンピューティングリソースを、仮想的なひとつのコンピューティングリソースであるかのようにすることで、システム全体で利用可能な巨大なソースプールを構築します。そして、必要なときに必要なぶんだけリソースを取り出し、タスクやプロセスの実行時に効率的な割り当てを実現します。

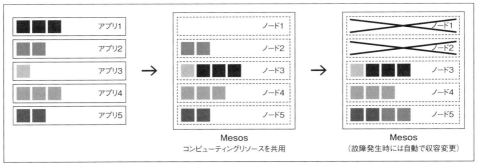

図3.5 リソースプールの動作

Mesosは、Apacheのトップレベルプロジェクトのひとつとして開発が続けられており、Mesosphere社、Microsoft社などが開発に協力しています。これまでに、Twitter、Airbnb、Apple、NETFLIXなどの多くの企業のサービス基盤を支えるサービスプラットフォームとしても採用されてきた実績があります。

Mesosは、Mesos Frameworksと呼ばれる機能フレームワークと連携することで、さまざまな機能を実現できます。たとえば、Marathon/Chronos/Auroraのようなコンテナを動的にデプロイするMesos Frameworksと連携すれば、コンテナオーケストレーション基盤における主要コンポーネントのひとつとして機能します。

また、リソースプールの一部を構成するノードが故障した際には、リソースプールの仕組みによって故障ノード上で稼働していたプロセスをほかの正常なサーバーに自動的に収容／変更でき、障害対応の自動

化を実現することもできます。

　Mesosのアーキテクチャは、Mesos Master、Mesos Slave、Mesos Frameworksという3種類のコンポーネントと、システム全体の構成状態を保持するKey-ValueストアとなるZooKeeperで構成されます。

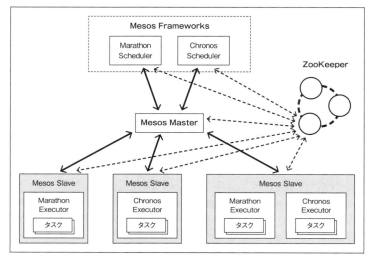

図3.6　Mesosのアーキテクチャ構成概要

### 3.3.1　Mesos Master

　Mesos Masterは、Mesos SlaveやMesos Frameworksなどのコンポーネントを統合／連携させるサービスオーケストレーターとしての役割を持ちます。また、構成されたリソースプール全体を管理します。

　Mesos Frameworsからのタスク実行リクエストを受け付けたMesos Masterは、必要となるコンピューティングリソースを管理しているMesos Slaveにタスクの実行を指示します。Mesos Masterは、Mesos Slaveから実行結果や実行ステータスを受け取ったあと、結果を取りまとめてMesos Frameworksに報告します。

### 3.3.2　Mesos Slave

　Mesos Slaveは、リソースプールを構成する各ノードにインストールされるエージェントです。Mesos Slaveがインストールされたノードが保有している各種コンピューティングリソース（CPUやRAM、ネットワークなど）を、Mesosクラスタ全体で共有可能なリソースの一部として提供します。同時に、リソース使用状況などをMesos Masterに報告する役割も持ちます。

　Mesos FrameworkからのタスクのタスクリクエストをMesos Masterを通じて受信したMesos Slaveは、

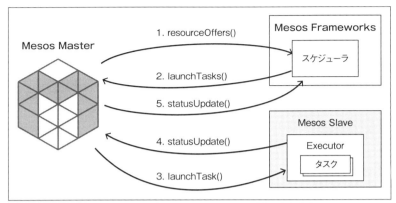

図 3.7 Mesos と Mesos Framework 間のやりとり

リクエストされたタスクの実行に必要なリソースが十分に確保可能であることを確認し、タスクを実行する実体である Executor と呼ばれるプロセスをノード上にデプロイします。Executor によって実行されたタスクは、実行をリクエストした Mesos Framework の管理下に置かれ、タスクの実行結果や実行ステータスは Mesos Master を通じて Mesos Framework に通知されます。

なお、Docker や AppC などのコンテナフォーマットを必要とするタイプのタスクの実行についても、Executor がサポートしています。

### 3.3.3 Mesos Frameworks

Mesos Frameworks は、Mesos Slave 上にデプロイするタスクを統合管理するための実行基盤であり、タスクが必要とするリソースを Mesos に要求するスケジューラでもあります。現在は 30 種類ほどの Mesos Frameworks が存在します。Hadoop、Marathon、Chronos などは代表的な Mesos Frameworks のひとつです。

### 3.3.4 Apache ZooKeeper

ZooKeeper は、クラスタやタスクの状態を保管する Key-Value ストアのような役割を持ちます。ただし、ZooKeeper はたしかに分散型 Key-Value ストアと同じような働きをしますが、もともとはクラスタの設定や構成情報の管理を目的としたソフトウェアであり、Key-Value ストアという用語の登場以前から Hadoop のサブプロジェクトのひとつとして開発されてきました。現在は Mesos と同じく、Apache のトップレベルプロジェクトのひとつとして開発が続けられています。

Mesos は、クラスタやタスクの構成情報を ZooKeeper に保管することを前提として設計されています。etcd や Consul のような Key-Value ストアを ZooKeeper の代わりに利用することはできません。ただし、mesos-consul のようなソフトウェアを Mesos と連携させることによって、ZooKeeper に保管され

た情報を Consul に伝達することは可能です。

　ZooKeeper は、複数台の ZooKeeper ノードによる Master-Slave 方式の冗長構成が可能です。Master ノードの選出は Quorum（クォーラム＝定足数）方式による多数決によって選出され、Master ノードとして選出されたノードのみがデータの更新を担当します。Slave ノードはデータの参照リクエストへの応答のみを返すことが可能です。1 台の ZooKeeper ノードあたり 1 票の投票権を持っており、投票数が故障中のノードも含めた ZooKeeper ノード全体の過半数に満たなかった場合は一時的に機能を停止します。故障中の ZooKeeper は票を投じることができません。

　それぞれの Master ノードと Slave ノードはヘルスチェック機能を備えており、常にお互いのサービスを死活監視しています。何らかのトラブルによる影響で Master ノードが完全に停止したと判断された際には、残っている Slave ノード同士で選挙を行い、新しい Master ノードを選出します。

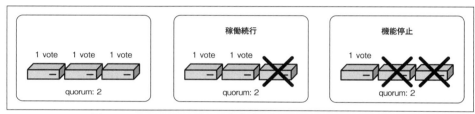

図 3.8　ZooKeeper における多数決選挙（Quorum 方式の概要）

### 3.3.5　Marathon

　Marathon は、運用中に発生するハードウェア／ソフトウェア障害に自動的に対処することを目的として開発されたオーケストレーションプラットフォームです。一般的には、Mesos と連携して使用されることが多い Mesos Frameworks のひとつですが、Mesos をベースとして開発された Mesosphere 社の DC/OS（Datacenter Operating System）と連携することも可能です。

　Marathon は、Docker コンテナの展開をサポートし、ストレージボリュームとの連携、タスクのスケジューリングやスケールイン／スケールアウト機能、稼働中であるタスクの死活を定期的に確認するためのヘルスチェック機能（TCP 監視／ HTTP 監視／ Command 監視）などを備えています。また、運用管理のために必要となる API や、Web ブラウザからタスクの生成や編集などができるインターフェイスも備えています。

　Marathon には、Event Subscription という機能があり、Marathon を通じてデプロイされるコンテナの情報を、ほかのツールやソフトウェアとリアルタイムに連携できます。たとえば、Mesos/Marathon 環境上で展開されるコンテナを、HTTP(S) ロードバランサーに対応させるといったユースケースが考えられます。このようなケースでは、展開されているコンテナの情報を Marathon と HTTP(S) ロードバランサーとのあいだでリアルタイムに同期することで、ロードバランシング先となるコンテナの IP アドレスやポート番号を動的に追跡することができます。

　Mesos と Marathon そして Docker を組み合わせることで、リソースの最適な配置、コンテナを利用

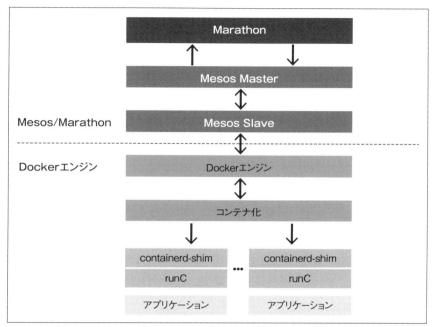

図 3.9 Marathon から Docker コンテナまでのアーキテクチャ間連携

した各種アプリケーションのデプロイ、コンテナの長期持続的な稼働、JSON API を使ったプログラマブルなデプロイなどが実現可能です。これらにより、動的なコンテナのデプロイや管理のために必要となるエコシステム全体のオーケストレーション機能を備えた CaaS プラットフォームを独自に構築することができます。

## 3.3.6 Mesos/Marathon のサンプル

本節では、実際に Mesos と Marathon を体験できるサンプルを用意しました。

リポジトリ URL：https://github.com/43books/mesos-marathon-demo

サンプルの動作要件は次のとおりです。

- Docker Engine 1.13.0 以上
- Docker Compose 1.10.0 以上
- Git コマンドがインストールされていること
- 3GB 程度のディスク空き領域
- （Windows の場合）Windows 10 Pro 以上のエディションが搭載されていること

第 3 章　CaaS（Container as a Service）

このサンプルは、コマンドラインで実行します。Linux や macOS を利用している場合にはターミナル端末から、Windows の場合は Git for Windows をインストールされた際にインストールされる Git Bash から実行してください。

### 3.3.7　サンプルの実行

対象の Git リポジトリを、自分の手元にあるマシンで `git clone` してください。

```
$ git clone https://github.com/43books/mesos-marathon-demo.git
```

ダウンロードしてきた `mesos-marathon-demo` のディレクトリに移動します。

```
$ cd mesos-marathon-demo
```

サンプル環境を起動するために必要となる最新の Docker イメージをダウンロードします。

```
$ sudo docker-compose pull
```

サンプル環境を起動します。

```
$ sudo docker-compose up -d
```

ZooKeeper、Mesos Master、Mesos Slave、Marathon がすべて起動されたことを確認します。

```
CONTAINER ID  IMAGE                           COMMAND            CREATED       STA
TUS        PORTS                               NAMES
a76059a2466e  mesosphere/marathon:v1.5.5      "./bin/start --dis..."  7 minutes ago  Up
7 minutes  0.0.0.0:8080->8080/tcp              mesosmarathondemo_marathon_1
e1e00daa64e7  mesosphere/mesos-slave:1.4.1    "mesos-slave"           7 minutes ago  Up
7 minutes  0.0.0.0:5051->5051/tcp              mesosmarathondemo_mesos-slave_1
9a38cf144529  mesosphere/mesos-master:1.4.1   "mesos-master --re..."  7 minutes ago  Up
7 minutes  0.0.0.0:5050->5050/tcp              mesosmarathondemo_mesos-master_1
5a1ad8268fc6  zookeeper:3.4.11                "/docker-entrypoin..."  7 minutes ago  Up
7 minutes  2888/tcp, 0.0.0.0:2181->2181/tcp, 3888/tcp mesosmarathondemo_zookeeper_1
```

Web ブラウザから次の URL にアクセスすると、Mesos の Web インターフェイスにログインすることができます。

```
http://127.0.0.1:5050
```

Web ブラウザから次の URL にアクセスすると、Marathon の Web インターフェイスにログインすることができます。

```
http://127.0.0.1:8080
```

`mesos-marathon-demo` ディレクトリ内で次のスクリプトを実行して、hello-world コンテナを起動することができます。

```
$ ./sample/hello-world.sh
```

なお、スクリプト内で定義されている `sample/hello-world.json` ファイルには次のような定義が記述されており、この定義に従って `hello-world` という Docker コンテナ型のタスクの実行を Marathon から Mesos に依頼しています。

```
{
  "id": "hello-world",
  "container": {
    "type": "DOCKER",
    "docker": {
      "image": "dockercloud/hello-world",
      "network": "BRIDGE",
      "portMappings": [
        { "containerPort": 80, "hostPort": 0, "protocol": "tcp"}
      ],
      "privileged": false,
      "parameters": [
        { "key": "memory", "value": "32m" }
      ]
    }
  },
  "cpus": 0.1,
  "mem": 16.0,
  "disk": 0.0,
  "maxLaunchDelaySeconds": 600,
  "instances": 1
}
```

MarathonのWebインターフェイスで、`hello-world`コンテナが起動したことが確認できます（図3.10）。

図 3.10　hello-world コンテナの起動を確認

MesosのWebインターフェイスで、`hello-world`というタスクがアクティブ（稼働中）な状態であることが確認できます（図3.11）。

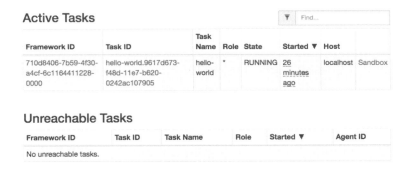

図 3.11　タスクがアクティブであることを確認

起動した`hello-world`コンテナはWebアプリです。MarathonのWebインターフェイス上に、`hello-world`コンテナのWebページにアクセス可能なリンクが表示されています。クリックしてアクセスしてみましょう（図3.12）。

`hello-world`コンテナのWebページが表示されれば成功です（図3.13）。

サンプル環境を停止する場合は、次のコマンドを実行してください。

```
$ sudo docker-compose stop
```

図 3.12　Web インターフェイス上のリンクをクリック

図 3.13　Web ページの表示

# 3.4　CaaS の提供における課題（設計／運用など）

　本格的に CaaS の運用を検討する際には、決して少なくない学習コストと相応の準備期間が必要です。CaaS では、コンポーネント同士を多彩に連携することで、より柔軟でパフォーマンスの高い CaaS プラットフォーム環境を実現できます。しかし、いずれかのコンポーネントで生じた故障の影響がクラスタ全体に波及し、予期せぬ不具合を引き起こしてしまうこともあります。アーキテクチャの構成が複雑になるにつれ、考慮すべきことは指数関数的に増加してしまいます。

　以降では、やや大規模な CaaS 環境を運用する場合において、検討が必要となる課題や注意点についてすこし触れていきます。

## 3.4.1　1 クラスタあたりのサイジング

　1 つのクラスタの規模を際限なく無制限に拡張することはできません。いかなる CaaS テクノロジーを駆使したとしても、どこかに必ず超えられない壁があります。クラスタの規模を大きく拡張しようとすると、何らかの制約やボトルネックに遭遇することがあります。だからといって、クラスタのコンピューティ

ングリソースの増強を惜しんで余剰リソースをギリギリに切り詰めてしまうと、いざというときにサービスを大きくスケールさせることが困難になります。そればかりか、ほんの些細な故障や不具合をきっかけとして、クラスタの機能不全や操作不能につながるようなトラブルを引き起こしてしまう危険があります。

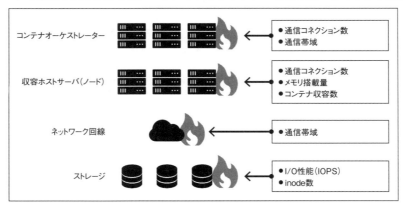

図 3.14　ボトルネックになりやすい箇所

1つのクラスタに10万台のコンテナインスタンスを一時的に収容することは不可能ではありません。しかし、実際にそれほど大規模にコンテナを稼働させると、すべてのコンテナを死活監視するために発生するヘルスチェック通信や、コンテナオーケストレーターとコンテナを収容するノードとのあいだでやり取りされるリソース使用状況の通知など、想定をはるかに上回るデータ量の通信トラフィックが発生することがあります。利用予定であるコンテナオーケストレーターの特性を十分に調査したうえで、1クラスタあたりのコンテナ最大収容数を決めたほうがよいでしょう。

必ずしも1個のクラスタにすべてのコンテナを収めなければならない理由がなければ、複数個のCaaSクラスタを構築するマルチクラスタ構成（図3.15）や、複数のクラウドサービス上で複数個のCaaSクラスタを構築するマルチクラウド構成（図3.16）にすることも有効です。

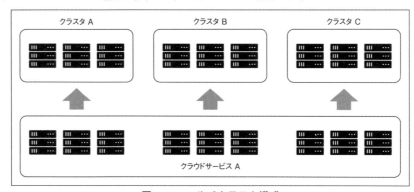

図 3.15　マルチクラスタ構成

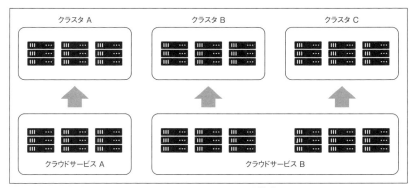

図 3.16　マルチクラウド構成

クラスタをあえて複数個に分割して運用することで、システム全体のスケーラビリティを損なうことなく、クラスタの機能停止につながるような障害がほかのクラスタに波及することを防ぐ効果も期待できます。

## 3.4.2　ヘルスチェック機能

ヘルスチェック機能は、コンテナの長期持続的な稼働を保証する機能です。起動されているコンテナのサービスを死活監視し、コンテナから正常な応答が返っていない場合にはコンテナの再起動を試行します。

一般的に、ヘルスチェックでは次のようなサービス死活監視をサポートしています。

- UDP/TCP ポートの疎通性
- HTTP/HTTPS ポートからの応答
- コマンドの実行結果

ヘルスチェック機能には、次のような実装パターンがあります。

- コンテナオーケストレーターがコンテナに対して個別にヘルスチェックを直接実行するパターン
- 収容ノードにインストールされているエージェントがヘルスチェックを代理実行するパターン

前者の実装では、コンテナオーケストレーターが各コンテナと通信コネクションを確立するため、通信コネクション数や通信帯域がボトルネックになってしまうことがあります。後者の実装では、エージェントがヘルスチェックの結果を取りまとめてコンテナオーケストレーターに報告するまでに、数秒から数十秒程度のタイムラグが生じることがあります。

どちらか一方の実装しか用意されていないことがほとんどですが、どちらの実装を使用するか選択可能なコンテナオーケストレーターもあります。選択可能な場合は、適切な実装をよく検討してから選択したほうがよいでしょう。

第 3 章　CaaS（Container as a Service）

### 3.4.3　サービスディスカバリ

　CaaS 環境上で起動されるコンテナは、動的に収容ノードが変更されます。コンテナの再起動などが発生したとき、コンテナは同一のホスト名を再起動後にも引き継ぐことができますが、割り当てられていた IP アドレス情報やコンテナのポートマッピングは変更されます。

　サービスディスカバリ機能は、展開されているサービス（コンテナ）の場所と状態を認識し、収集した情報を Key-Value ストア上に保持します。そして、DNS、HTTP、API などを経由してサービス情報の問い合わせを受け付けると、問い合わせ時点での各コンテナの適切なサービス情報を返信します。

　従来から、DNS はこのような問題の解決を可能とするテクノロジーのひとつとされています。DNS は、これまでのインターネットを支えてきた実績もあり、数万台ものコンテナに対応することもおそらく可能です。しかし、数秒から数十秒程度の通信断が許容できないようなサービス環境を提供する場合、DNS ベースのサービスディスカバリでは要件を満たせない可能性があります。

　DNS ベースのアーキテクチャには、次のような懸念点があります。

◆ SRV クエリを使用しないかぎり、DNS はサービスポートを識別できない
◆ ほとんどのアプリケーションは、DNS が返す SRV レコードをサポートしていない
◆ DNS レコードは、TTL を持っているとキャッシュされる
◆ DNS は、エンドポイントとなるコンテナの稼働状況を認識できない
◆ 1 ドメインあたり複数の A レコードを持っている場合、一部のアプリケーションやライブラリは正しく処理することができない

　また、サービスディスカバリでは、次のような問題も生じることあります。

◆ コンテナ台数の肥大化とともに、サービス情報の読み込みや検索にかかる負荷や時間が急増する
◆ 負荷が高くなると、情報の同期漏れや更新漏れが発生することがある
◆ サービス情報が大きくなると、サービス情報の問い合わせを行うクライアント側の負荷も高まる

　サービスディスカバリ機能を運用する際にも、適切なコンテナ収容数を見極める必要があります。

### 3.4.4　仮想インスタンスのコネクション数上限

　IaaS などのクラウドサービスが提供している仮想インスタンスは、1 台の物理ホストサーバー上に複数台の仮想インスタンスを収容している仕様です。これらは通信のオーバーヘッドが生じやすい仮想スイッチ技術を使用して仮想ネットワークを構成している都合もあり、1 台あたりの仮想インスタンスの通信コネクション数に厳しい上限値が定められていることがあります。この仮想インスタンスの通信コネクション数の上限に達すると、通信の輻輳や通信遅延などの不具合が発生することがあります。

　CaaS クラスタでそのような通信障害が発生すると、ヘルスチェックに応答を返せなくなってしまったコンテナが再起動を延々と繰り返してしまったり、コンテナオーケストレーターが操作不能に陥ってしまうこともあります。仮想インスタンスを使用してクラスタを構成する場合には、どの程度までの通信コネ

クション数に耐えられるのかあらかじめ検証しておき、必要に応じて通信コネクション数を定期的に監視するなどの対策を加えたほうがよいでしょう。

### 3.4.5 通信トラフィック制御

　静的な環境で稼働するサーバーやコンテナに、通信のルーティング設定やパケットフィルタリングなどのネットワーク設定を投入することは簡単です。しかし、CaaS 環境上で展開される動的なコンテナでは、IP アドレスやポート番号といったネットワーク情報は動的に変化します。CaaS 環境上でネットワーク設定を適用することは簡単ではありません。

　また、CaaS 環境上の異なるノードに配置されているコンテナとのあいだで、暗号化されたセキュアな通信接続を確立したい場合、ユーザーが起動するコンテナのほかに通信をプロキシする役割のコンテナ（ambassador コンテナ）を同時にデプロイします。ambassador コンテナは軽量な VXLAN や GRE などのトンネリングプロトコルで対向の ambassador コンテナと VPN を確立し、この VPN 接続を介して通信を転送するといった複雑な構成が必要です。

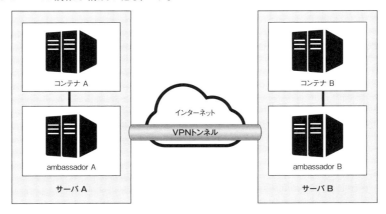

図 3.17　ambassador パターンを使用した通信の例

　これでは、ambassador コンテナのために余計なリソースを割く必要があり、その数が増えるにつれて、無視できないほどのオーバーヘッドが発生してしまいます。そこで、比較的新しい Linux カーネルに実装されている、BPF（Berkeley Packet Filter）と呼ばれる I/O 制御のための仕組みを応用することで、CaaS 環境上で動的に運用されるコンテナでも柔軟な通信トラフィック制御機能を実現する試みに徐々に注目が集まっています。

　BPF を利用すると、ネットワークデバイスにより近いオーバーヘッドの少ないカーネルスペース上で BPF によるプログラマブルな通信制御処理が可能です。さらに、Key-Value ストア上に保管されているコンテナの配置情報とリアルタイムに同期して BPF の通信制御コードを動的に適用し、CaaS 環境上で展開される動的なコンテナにも対応可能な動的通信トラフィック制御が技術的に可能となります。

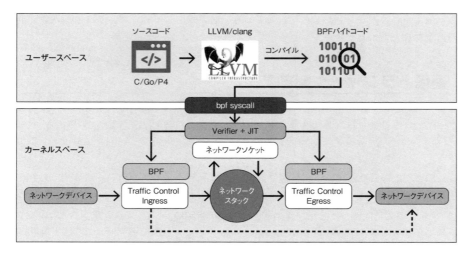

図 3.18 BPF のアーキテクチャ概要

### 3.4.6 従来のアプライアンスとの相性

　コンテナ技術が爆発的に普及するよりも以前に販売されてきたサーバー機器やさまざまなアプライアンス製品では、コンテナの運用はほとんど想定されていませんでした。最近では、コンテナにも最適という触れ込みで販売される製品が徐々に増えつつありますが、静的に稼働するシンプルなコンテナとの相性は十分としても、CaaS 環境上で動的に稼働するコンテナとの相性が良くない製品も存在します。

　とくに、ストレージ製品には落とし穴がとても多く、導入に失敗してしまったり、導入後しばらく経過してから何らかの不具合を起因とするトラブルによって数時間から数十時間にも及ぶストレージ障害を起こしてしまうケースが後を絶ちません。どのような製品を導入する場合でも、導入前の検証やアフターサポートの確認を抜かりなく入念にやっておくのが無難です[2]。

### 3.4.7 監視 SaaS の利用時の注意点

　監視 SaaS では、1 台の監視エージェントあたり 50 から 100 個程度までのメトリクス情報の収集は想定されていますが、監視エージェントあたり 100 台ぶんのコンテナインスタンスのメトリクス情報（CPU やメモリ使用率など）が収集されるような高集約／高密度な運用については想定されていないことがほとんどです。

　監視エージェントであまりにも多くのメトリクス情報を収集してしまうと、収集されたすべてのメトリ

---

[2] アプライアンス製品を使用する際には、ライセンスに関しても確認しておく必要があります。コンテナ向けのライセンスが提供されていないものや、ライセンスの記載内容が不明瞭であることは少なくありません。そのような場合には、製品の提供元にあらかじめ問い合わせをしたほうがよいでしょう。

クス情報の保管場所となる SaaS 事業者の収容設備に対して想定外の過負荷を与えてしまい、監視 SaaS 事業者のサービスを一時的に停止させてしまう恐れがあります。

監視 SaaS のサービス仕様や注意事項をあらかじめよく確認し、収集する必要のないメトリクス情報は収集対象から除外するフィルタリングなどをあらかじめ検討しておく必要があります。

＊　＊　＊

本章における SaaS の要点は次のとおりです。

- ◆ クラスタは、コンピューティングリソースを仮想的に 1 つの巨大なリソースとして集約してプールする
- ◆ クラスタを有効活用することで、対障害性の向上やリソース使用効率の向上が期待できる
- ◆ コンテナオーケストレーターは、クラスタを管理し、最適なノード上にコンテナをデプロイする
- ◆ コンテナオーケストレーターが提供するヘルスチェック機能は、コンテナの持続的稼働を保証する
- ◆ 1 クラスタあたりのスケーラビリティや限界性能は、確実に見極める必要ある
- ◆ 「Container as a Service」は、開発から運用までのライフサイクルプロセス全体の見直しを促す指針ともなる

さまざまなコンテナ、ストレージ、ネットワークが「Container as a Service」でつながっていくことによって、新しい価値が生まれるとともに新たに生じる課題もあります。それらの課題を解消するために、CaaS の理念やビジョンを意識して設計されているコンテナオーケストレーションツールが重要なカギを握ることになります。CaaS の理想的なライフサイクルプロセスのひとつとされる「Container as a Service」を実現するためには、導入検証／リソース管理／ルールの整備、さらにはセキュリティ／人材育成などの組織横断的な課題があります。これらを含めて、コンテナという新しいテクノロジーの潜在的価値を十分に発揮できる環境を整備していくことも大切です。

# 4

# Kubernetes によるコンテナオーケストレーション概要

第2章で説明したとおり、プロダクション環境でコンテナを利用するためには、コンテナオーケストレーションの仕組みが必要になります。本章では、OSS のコンテナオーケストレーションプラットフォーム Kubernetes の概要について説明します。また、ローカル環境で実行可能な Kubernetes（Minikube）を利用して、Kubernetes の基本的な利用方法について学びます。

なお、本章ではとくに記載がないかぎり Kubernets 1.7 を前提バージョンとしますが、ドキュメントのリンクは原則として最新バージョンのものを参照しています。また、パブリッククラウドで提供されるマネージドサービスなどの具体的な内容については、第5章以降で順次紹介しますので本章では扱いません。

## 4.1　Kubernetes（k8s）とは?

Kubernetes は Linux コンテナのオーケストレーションプラットフォームで、CNCF（Cloud Native Computing Foundation）のプロジェクトとして現在も活発にオープンソースでの開発が進められています。

Kubernetes がはじめてリリースされたのは 2014 年 9 月の v0.2 で、ソフトウェアとしては比較的新しいものといえますが、その優れたアーキテクチャとエコシステムの広がりから、コンテナオーケストレーションプラットフォームとして高い人気を得て、本稿執筆時点（2018 年初頭）においてデファクトスタンダード的な立ち位置となっています。本節では、Kubernetes がなぜ優れているのか、その経緯とエコシステムの広がりについて簡単にまとめてみたいと思います。

### 4.1.1　Kubernetes 誕生の経緯とこれまでの発展

Kubernetes の起源は、Google 社が独自に開発して社内で運用していたコンテナ管理システムです。Google は Gmail や YouTube などの自社の大規模サービスを効率よく運用するために 10 年以上もコン

第 4 章　Kubernetes によるコンテナオーケストレーション概要

テナを活用しており、そのために Borg や Omega といったコンテナ管理システムを開発して運用しています[1]。

　Kubernetes は、すでにコミュニティで支持を得ていた Docker コンテナをベースに、Google 社内独自のコンテナ管理システムで培われたノウハウを投入して設計されました。Google が提供するクラウドサービスのスケールで実績のあるアーキテクチャをベースにしているため、プロダクション環境で大規模にコンテナを利用するために課題となるポイントがあらかじめ考慮されています。これが、Kubernetes が比較的新しいソフトウェアであるにもかかわらず、コミュニティの人気を得ている理由のひとつと考えられます。

　Kubernetes は 2015 年 7 月に v1.0 をリリースしたあとも、継続的な機能拡張が続いており、おおむね 3 カ月おきに新しいバージョンがリリースされています。本稿執筆時点（2018 年初頭）での最新バージョンは v1.9 です。とはいえ、Kubernetes の根幹をなす部分はほぼ完成に近づいてきており、今後はセキュリティや運用管理など、より高度なユースケースに対応するための機能拡張が中心になっていくと考えられます。

## 4.1.2　Kubernetes エコシステム

　Kubernetes のおもなコントリビュータは Google ですが、ほかにも Red Hat や Microsoft など多くのプレイヤーが積極的に開発に貢献しており、今後は AWS などさらに多くのプレイヤーが関わることになりそうです。

　Kubernetes は CNCF の最初のプロジェクトとして採択されましたが、現在 CNCF ではその名のとおり「Cloud Native Computing」を推進するために必要となるソフトウェアを次々とサポートしています。また、CNCF のプロジェクト以外にも、パッケージ管理や運用管理など Kubernetes に関連するさまざまなプロジェクトが多数存在しており、これらにはたとえば次のようなものがあります。

**パッケージ管理**　Helm（Linux における `yum/apt-get` のようなもの）
**モニタリング**　Prometheus
**ログコレクタ**　Fluentd
**分散 KVS**　etcd
**コンテナランタイム**　containerd、CRI-O
**サービスメッシュ**　Istio、Linkerd、Conduit
**リソース定義作成支援**　Kompose、ksonnet、Kedge

---

[1] このエピソードに関しては Google Cloud Platform Japan ブログ「Google から世界へ : Kubernetes 誕生の物語」で紹介されています。`https://cloudplatform-jp.googleblog.com/2016/08/google-kubernetes.html`

# 4.2 Kubernetes の基礎

Kubernetes はプロダクション環境でコンテナを運用することを前提に設計されているため、アプリケーションをデプロイするために必要となるコンポーネントや設定項目が多数あります。そのため、Docker で単体のコンテナを動かす場合と比べて、システム構成や使い方がやや複雑になっています。そこで、ここでは Kubernetes を実際に使うという観点から、要点を絞って解説します。理解の助けとなるように、たんに事実を解説するのではなく、なぜそのようなアーキテクチャになっているのか、なぜそのコンポーネントが必要なのか、という点に踏み込んで解説していきたいと思います[2]。

## 4.2.1 Kubernetes のアーキテクチャ

Kubernetes は多数のマシン[3]で構成されるスケールアウト型のアーキテクチャを前提としており、マシンの集合を「クラスタ」という単位でグループ化します。基本的に、Kubernetes の管理はクラスタ単位で行うことになります[4]。そのため、管理情報はクラスタ単位で独立していますし、デプロイしたコンテナのスケールアウトは該当するクラスタ内で行われることになります。

### Kubernetes クラスタの構成

クラスタの構成メンバーとなるマシンには大きく「Master」と「Node」の 2 種類があります[5]。Master がクラスタ全体の管理を担い、Node がアプリケーションのコンテナの稼働先となります（一般的な用語ではワーカーノードと呼ばれることもあります）。Node ではコンテナランタイム（Docker デーモン等）が稼働しており、Master からの指示を受けてアプリケーションのコンテナを実行します。

Master と Node のいずれも、それぞれを複数マシンで構成することができます。

Node は 1 台以上のマシンを必要なぶんだけクラスタメンバーとして追加することができ、スケールアウトを行うことができます。

一方、Master を複数マシンで冗長構成にする場合、3 台以上の奇数台で構成する必要があります。これは、Kubernetes のクラスタ全体の構成情報を管理している分散 KVS（Key-Value ストア）である etcd の特性に起因する制限です。Master の台数にはいくつか考慮事項がありますが、実用上は大規模なプロダクション環境でも 3 台か 5 台で構成することが多いようです。

---

[2] Kubernetes の内部動作に関しては、『Kubernetes in Action』（Manning 刊）の 11 章「Understanding Kubernetes internals」に詳しく解説されています。

[3] 物理マシンや仮想マシンなどを指します。「ノード」という用語は Kubenetes のワーカーノードを表す「Node」と重複して紛らわしくなるため、本章では「マシン」と表記します。

[4] まだ実験的という位置づけですが、複数のクラスタをまとめて管理する ClusterFederation という機能が Kubernetes 1.3 から導入されています。https://cloud.google.com/kubernetes-engine/docs/cluster-federation?hl=ja

[5] 正確には「クラスタ管理の役割を担うコンポーネントを稼働させるマシン」と呼ぶべきですが、本章では簡便に Master と表記します。コンポーネントの配置には自由度があるため、クラスタ管理コンポーネントとワーカーノードを共存させる（例:Minikube）こともできますし、クラスタ管理コンポーネントの役割によって複数マシンを分散配置することも可能です。なお、Kubernetes のドキュメントでは「Control Plane」と表記されています。

## Kubernetes クラスタへのアプリケーションデプロイの概略

Kubernetes クラスタへアプリケーションをデプロイする手順は次のようになります。

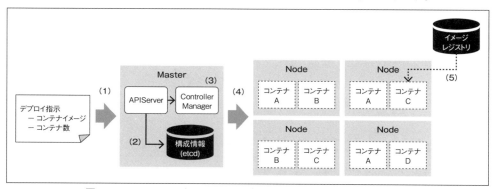

図 4.1　Kubernetes クラスタへアプリケーションをデプロイする手順

- （1）　Master に対してデプロイすべきコンテナのイメージや個数などの情報を指示する
- （2）　Master は指示された構成情報を etcd に永続化する
- （3）　Master は情報に基いて、コンテナをデプロイすべき Node を決定する（スケジューリング）
- （4）　Master は Node に対してコンテナの実行を指示する
- （5）　Node は必要に応じて指定されたコンテナイメージを pull したうえで実行する

　Master に対する指示は、Kubernetes が解釈できる「リソース」のデータ構造に沿って、YAML ないし JSON のテキストとして書き下します。なお、デプロイするコンテナイメージは事前にビルドしたうえで、Node からアクセス可能なイメージレジストリに push しておく必要があります。また、Master に対して指示を送る場合には、Master が提供する API サーバーに対して REST でリクエストを送信する必要がありますが、通常は API をラップした CLI（`kubectl` コマンド）を利用します。

　重要なポイントは、スケジューリングの仕組みによってアプリケーションデプロイの際に具体的なマシンを意識する必要がなくなる点です。これにより、マシンとアプリケーションを分離できるようになり、デプロイだけでなくリソース管理も大幅にシンプル化することができます。

　いったんコンテナがデプロイされると、Kubernetes のオーケストレーション機能によってコンテナの稼働状況が管理されます。具体的には、指定したコンテナが、指定した個数だけ稼働していることを Kubernetes がチェックしてくれます。さらに、プロセス障害やノード障害でコンテナの稼動状態が指定した状態を満たさなくなった場合には、Master が自動的に復旧のためのアクションを実行します。この仕組みをオートヒーリングと呼びます。

　オートヒーリングの仕組みによって、アプリケーションの運用監視が大幅に簡略化できることが分かります。

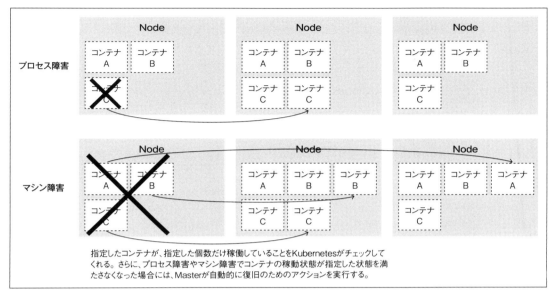

図 4.2　オートヒーリング

### Node

Node はコンテナ化されたアプリケーションを動かすためのマシンです。Node 上では次のコンポーネントが稼働します。

**コンテナランタイム**　Docker や rkt、CRI-O69g などのコンテナ実行エンジン
**Kubelet**　Master と通信し、Node 上のコンテナを制御
**Kube-proxy**　ネットワークトラフィックのプロキシとロードバランスを制御

これらのコンポーネントは同一マシン上で稼働することが必須であり、複数マシンに分散配置することはできません。つまり、Node では上記の 3 コンポーネントが必ず稼働している必要があります。

### Master

Master はクラスタ全体の構成情報を管理するためのマシンです。Master 上では次のコンポーネントが稼働します。

**API サーバー**　Kubernetes クラスタ利用者との通信、および Kubernetes クラスタ内の相互通信の受け口
**Scheduler**　コンテナなどのリソースをどの Node にデプロイするかを決定
**Controller Manager**　Node の稼働状況チェックやコンテナのレプリケーションなど、Kubernetes クラスタのリソース定義情報を具現化
**etcd**　クラスタの構成情報を永続化するためのデータストア

第 4 章　Kubernetes によるコンテナオーケストレーション概要

　構成情報の実体は etcd という分散 KVS に格納されます。etcd はピアツーピアでデータをレプリケーションできるため、複数台の冗長構成にすることで信頼性を担保できます。

　Master の各コンポーネントは同一マシン上に配置することもできますが、異なるマシン上に分散配置することもできます。分散配置する場合、etcd のみ最低 3 台（奇数台）構成、ほかは最低 2 台構成となります。

### API サーバーによる連携

　Kubernetes クラスタ内のコンポーネント間連携は、必ず API サーバーを経由するようになっています。

　API サーバーは Kubernetes が管理するリソースに対する CRUD（Create/Read/Update/Delete）の機能を実行する REST のエンドポイントを提供します。リソースの実体は etcd に格納されており、API サーバー以外のコンポーネントは etcd に直接アクセスすることはなく、必ず API サーバー経由でアクセスすることになります。

　注意していただきたいのは、API サーバーはリソースの状態を etcd に永続化することと、リソースの状態変化をクライアント（リソースのウォッチャー）に通知することにしか責務を負っておらず、リソースの状態変化に対応してクラスタ全体の構成変更を行うわけではないということです。リソースの状態変化に対応してしかるべきコントローラを起動してクラスタ全体の構成変更を行うのは、Controller Manager の責務です。Controller Manager はリソースの変更を監視しており、変更を検知すると必要なコントローラを実行するようになっています。

　このように、Kubernetes は「リソースのあるべき状態定義」による宣言的アーキテクチャと、「リソースの変更監視」をトリガーとしたイベントドリブンアーキテクチャを組み合わせることで、疎結合でスケーラブルなクラスタ管理システムを実現していると考えられます。

### Label と Annotation

　Kubernetes のリソースは一部の例外を除き、Label による分類が可能になっています。

　Label は単純な Key-Value 形式の文字列のメタデータで、1 つのリソースに対して任意の数の Label を付加できます。たとえば、Node に対して Label を付加しておけば、Label セレクターを指定することでコンテナのデプロイ先を明示的に絞り込んだりすることが可能です。

　また、Label とは別に Annotation というメタデータもあります。Annotation も Key-Value 形式のメタデータですが、Label のようにセレクターによる絞り込みに利用することはできません。どちらかというと、Kubernetes そのものや周辺システムが参照することを想定したメタデータです。

　たとえば、アルファ版の API を利用する場合に、API サーバーに送信するリソースに対して「アルファ版で利用されるプロパティである」ということを明示する Annotation を付加したりという使い方をします。また、Annotation の value にはバイナリデータを含めることができます。

### namespace

　Kubernetes はクラスタ内のリソースをグループ化するために「namespace」という機能を提供しています。

88

namespace を指定しない場合、リソースは暗黙的に「default」という namespace に対して作成されますが、複数のアプリケーションをデプロイする場合などを考えると、リソースの名前の衝突を回避する必要があります。この場合、たとえばアプリケーションごとに namespace を指定することで、同じリソース名が利用できるようになります。

クラスタ構築後の初期状態では、default/kube-system/kube-public の 3 つの namespace のみが定義されていますが、次のコマンドで自由に追加することができます。

```
$ kubectl create namespace <namespace名>
```

また、namespace を指定して操作を行う場合、次のようにします。

```
$ kubectl get pods --namespace <namespace名> <操作>
```

もしくは、

```
$ kubectl get pods -n <namespace名> <操作>
```

# 4.3　アプリケーションのデプロイ

本節では、Kubernetes におけるアプリケーションのデプロイを理解するために必要な情報をまとめます。

## 4.3.1　Pod

Kubernetes では、コンテナを素の状態でデプロイせず、1 個以上のコンテナを包含する「Pod」という単位でデプロイします。Pod は Kubernetes における基本的なビルディングブロックであるため、Pod をきちんと理解することが Kubernetes を使いこなすための早道です。

コンテナが「隔離された特殊なプロセス」であることを思い出すと、Pod が導入された理由が直感的に理解しやすいと思います。

一般に、アプリケーションは複数のプロセスが協調動作することでサービスを提供することが多いですが、このようなアプリケーションを単純にコンテナ化すると、1 コンテナ内で複数プロセスを起動する構成になりがちです。コンテナ化のベストプラクティスは「1 コンテナ：1 プロセス」であり、1 コンテナ内で複数プロセスを起動するような構成はさまざまな問題を引き起こす要因になるため、避けるべきです。そこで、Kubernetes では「1 コンテナ：1 プロセス」の原則に準拠しつつ、複数プロセス（＝ 複数コンテナ）を協調動作させるための仕組みとして Pod が導入されています。

Pod には次の特徴があります。

- 1つ以上のコンテナを内包する
- Pod内の全コンテナが同一のNodeにデプロイされることが保証される（図4.3）
- IPアドレスやポートなど、ファイルシステム以外の全リソースを共有する
- localhostでコンテナ間が通信できる
- Persistent Volume（後述）を共有できる
- スケールアウトはPod単位で行われる（個々のコンテナ単位ではない）

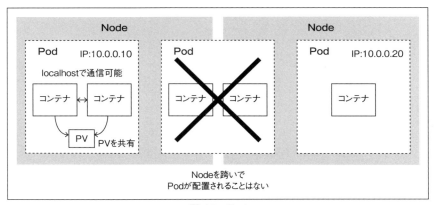

図4.3　Pod

　コンテナをどのようにPodに割り当てるべきかについては、コンテナ同士がどれだけ密接に連携するかや、独立してスケールアウトしたい単位はどれかなど、運用を考慮して検討する必要があります。Podに複数コンテナを入れる例としては、OAuthに対応していないコンテナに対してOAuth Proxyコンテナを追加する場合などがあります（Sidecarパターンと呼ばれます）。

　なお、Kubernetesではデプロイの最小単位がPodになるため、コンテナイメージのみを指定してデプロイを行った場合、自動的に「1コンテナのみを包含するPod」が作成されます。具体例は本章の後半のチュートリアルで紹介します。

## 4.3.2　ReplicaSet

　ReplicaSet[6]はオートヒーリングの機能を実現するためのリソースです。

　KubernetesではPodを直接デプロイすることも可能ですが、その場合はPod内のプロセス障害や、Podの稼働するNodeの障害が発生した際に、Podが自動的に回復することはありません。

　ReplicaSetを利用すると、このような障害からの回復を自動化できるだけでなく、スケール数の調整も

---

[6] 同等の機能を提供するリソースとしてReplicationControllerがありますが、機能的に不足があり、今後はReplicaSetに置き換えられていく方針です。また、現在のKubernetesではコントローラの命名規則が＜リソース名＋Controller＞に統一されており、命名規則上混乱を招くという理由もあったようです。

システマティックに行うことができます。

ReplicaSet は次の要素で構成されます。

**Label セレクター**　監視対象の Pod を特定するためのセレクター
**replicas**　稼働しているべき Pod の数
**Pod テンプレート**　新しい Pod を起動するための Pod 定義テンプレート

　ReplicaSet は、Label セレクターの条件に従って Pod を検索し、稼働している Pod の数が replicas と一致しているかどうかをチェックします。不一致があった場合には、稼働している Pod 数が足りないときには新規に Pod を追加し、Pod 数が過剰なときには余剰ぶんの Pod を停止します。

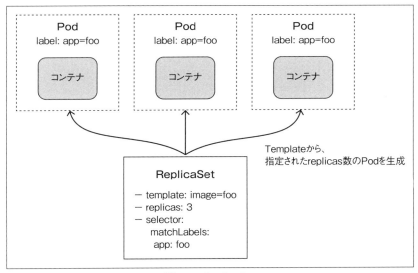

図 4.4　ReplicaSet

　稼働中のアプリケーションの Pod 数を変更したい場合には、ReplicaSet の replicas を修正するだけです。すると、修正された Pod 数に合わせて ReplicaSet が Pod の起動／停止を行います。

　ここで注意しなければならないのは、オートヒーリングによって起動される Pod は、障害などによって停止した Pod の状態を引き継ぐわけではないということです。よく誤解されるポイントですが、オートヒーリングによる回復はあくまで「指定されたコンテナイメージを利用して Pod を再度起動する」機能であり、仮想マシンのライブマイグレーション（たとえば VMware の VMotion）と同じように、停止した Pod の状態をそのまま回復できるわけではありません。これは、コンテナの特徴であるエフェメラリティ（揮発性）に起因します。

第 4 章　Kubernetes によるコンテナオーケストレーション概要

### Pod のヘルスチェック

デフォルトでは、Pod が稼働しているかどうかは、単純に Pod 内のコンテナのプロセスが稼働しているかどうかだけで判断されます。しかし、実際には「コンテナのプロセスは稼働しているが、サービスとしては不正な状態になっている」ということがあります。たとえば、JavaVM ベースのコンテナで、OutOfMemoryが発生している場合などです。

このような状態に対処するために、Kubernetes は「Liveness Probe」という仕組みを提供しています。Liveness Probe は、Pod の定義に対して次のヘルスチェックを追加することで、Kubernetes が自動的に Pod の監視を行ってくれる機能です。

**HTTP GET**　指定された URL に HTTP GET を発行し、レスポンスが正常（HTTP ステータスコードが 2xx か 3xx）であることを確認
**TCP Socket**　指定されたポートに接続し、TCP 接続が確立できることを確認
**Exec**　指定されたコマンドをコンテナ内で実行し、ステータスコードが 0 であることを確認

プロダクションシステムで堅牢なサービスを提供するためには、適切な Liveness Probe を設定しておくことが重要です。

## 4.3.3　Service

ReplicaSet を利用してオートヒーリングやスケールアウトが可能な状態で Pod をデプロイした場合、Pod が提供するアプリケーションへのアクセスパスをどうやって確保するかが課題となります。というのも、Pod にアサインされる IP アドレスは Kuberenetes がランダムに割り振るものだからです。しかも、ReplicaSet によって Pod の回復やスケールアウト／スケールインが発生したタイミングで Pod の IP アドレスは変更される可能性があります。

Service はこのような課題を解決するために導入されたリソースです[7]。概念的には、Service はある「サービス」の入口となり、複数の Pod で構成されるサービスを代表するものです。

Service は次の要素から構成されます。

**clusterIP**　スタティックな IP アドレス（クラスタ内 IP）[8]
**port**　リッスンポート
**targertPort**　コンテナが公開するポート
**selector**　Label セレクター、サービスを構成する Pod を特定

Service は ReplicaSet や Deployment（後述）から生成できます。

```
$ kubectl expose rs <ReplicaSet名>
$ kubectl expose deployment <Deployment名>
```

---

[7] Docker の Swarm モードで利用するサービスとはまったく別物ですので注意してください。
[8] アドオン kube-dns を導入すると、IP アドレスではなくサービス名をホスト名として名前解決できるようになります。

4.3 アプリケーションのデプロイ

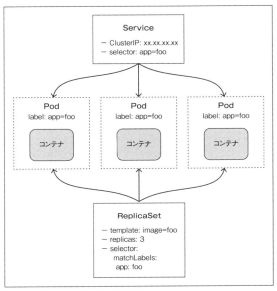

図 4.5　Service-Pod-ReplicaSet

もしくは、次のような YAML ファイルを作って直接生成することも可能です[9]。

```
# create-svc.yaml
apiVersion: v1
kind: Service
metadata:
  name: hogesvc
spec:
  ports:
  - port: 80
    targetPort: 8080
  selector:
    app: hoge
```

```
$ kubectl create -f create-svc.yaml
```

―――――――――――――
[9] ServiceなどKubernetesのリソース定義の具体的な記述方法は、公式ドキュメントに記載されている情報だけだとすこし分かりにくいかもしれません。より具体的なサンプルは、たとえば、「Kubernetes by Example」(http://kubernetesbyexample.com/) などを参照してみるとよいでしょう。

第 4 章　Kubernetes によるコンテナオーケストレーション概要

### Readiness Probe

　デフォルトの挙動では、Service の selector の条件に合致する Pod が起動されると、その Pod は直ちに Service の配下の Endpoint として追加されます。しかし、Pod の初期化処理に時間がかかるなど、Pod の起動からリクエストに応答可能になるまでにタイムラグがある場合があります。

　たとえば、Java ベースのアプリケーションサーバーのコンテナを起動する場合、コンテナのプロセス起動後に JavaVM の初期化やアプリケーションサーバーの起動、アプリケーションのロードなどの処理が行われ、通常サービスに応答できる状態になるまでは早くても数十秒程度かかります。この場合、初期化処理の途中でリクエストを受け付けてしまうと、ユーザーに対する応答としてはエラーが返ってしまいます。

　このような状況を回避するために、Kubernetes は「Readiness Probe」という仕組みを提供しています。Readiness Probe は、Pod の定義に対して以下のヘルスチェックを追加することで、Kubernetes が自動的に「Pod の初期化処理が完了してサービスに応答できる状態になった」ことを判定してくれる機能です。

　設定可能な内容は Liveness Probe と同じですが、Liveness Probe とは目的が異なるため、どちらも適切に設定しておくことが重要です（同じ HTTP のエンドポイントを設定するなど、実際に設定する内容は共通になることもあります）。

**HTTP GET**　指定された URL に HTTP GET を発行し、レスポンスが正常（HTTP ステータスコードが 2xx か 3xx）であることを確認

**TCP Socket**　指定されたポートに接続し、TCP 接続が確立できることを確認

**Exec**　指定されたコマンドをコンテナ内で実行し、ステータスコードが 0 であることを確認

　Readiness Probe を設定しておくと、初期化処理が完了するまで Service 経由での Pod の公開を抑制できます。

### External Service

　マネージドサービスで提供されている RDB に連携するなど、Pod から Kubernetes クラスタ外部のサービスにアクセスしたい場合があります。そのような場合には Service のエンドポイントを手動で設定することで、外部サービスをクラスタ内のサービスと同様に扱うことができて便利です。このような使い方をする場合、とくに「External Service」と呼ぶことがあります。

　External Service を定義する場合は、まず Endpoint リソースを作成しておき、Servcice から Endpoint を参照するようにします。YAML ファイルの例を示します。

### Endpoint リソースの作成

```
# endpoint.YAML
apiVersion: v1
kind: Endpoints
metadata:
  name: external-db  ← EndPoint 名を指定
```

```
subsets:
- addresses
  - ip: 10.10.1.11
  - ip: 10.10.1.22
  ports:
  - port: 5432
```

**Service からの参照**

```
# external-svc.YAML
apiVersion: v1
kind: Service
metadata:
  name: external-db ← Service 名を指定、Endpoint 名と一致させる必要があるので注意
spec:
  ports:
    - port: 5432
```

## 4.3.4 Deployment

ここまで Pod → ReplicaSet → Service と Kubernetes を使うために必要となる基礎知識について説明してきました。単純なアプリケーションのデプロイであれば、ここまでの知識で十分 Kubernetes を使いこなせるはずです。しかし、プロダクション環境でアプリケーションを運用することを考えると、アプリケーションのアップデートについて考える必要があります。

たとえば、あるアプリケーション（ここでは仮に app というコンテナイメージを利用するとします）のバージョン 1（タグ v1）が稼働中の環境に対して、バージョン 2（タグ v2）をデプロイしてアプリケーションを更新する場合を考えます。継続的にサービスを提供するために、v1 から v2 への更新はアプリケーションを構成する複数の Pod を 1 つずつ更新していく、いわゆるローリングアップデート方式を利用します。また、v2 に不具合があった場合は、直ちに v1 にロールバックする必要があるとしましょう。

この場合、Service の仕組みを利用して、次のように実現することができます（図 4.6）。

### 1. app:v1 のデプロイ
◆ アプリケーションに対応する Service を 1 つ定義
◆ app:v1 に対応する ReplicaSet を作成して Pod を起動
◆ Service に app:v1 と app:v2 で共通の Label セレクターを定義しておき、いずれの Pod も Service に対応付けるようにしておく

### 2. app:v2 へのアップデート
◆ app:v2 に対応する ReplicaSet を scale=1 で作成して Pod を起動

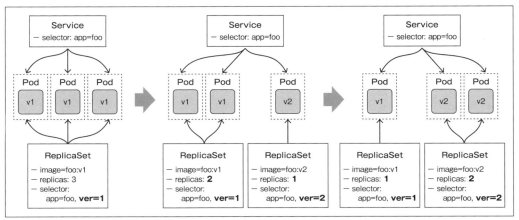

図 4.6　ローリングアップデート

- `app:v1` に対応する ReplicaSet の `scale` を1つ減らして、`app:v1` の Pod を1つ停止
- `app:v2` に対応する ReplicaSet の `scale` を1つ増やして、`app:v2` の Pod を1つ追加
- `app:v1` の Pod がゼロになるまで上記を繰り返す

**3. `app:v2` から `app:v1` へのロールバック**
- `app:v2` へのアップデートと逆の手順で Pod を順次入れ替える

　最後に、`app:v2` へのアップデート完了後には、不要な `app:v1` に対応する ReplicaSet を削除します。
　アプリケーションのバージョンごとに ReplicaSet を定義したり、適切な手順で Pod 数を調整したりと、実作業は意外と煩雑になってしまうことが分かります。また、ロールバック専用の機能はなく、ロールバックを行う場合には旧バージョンを再デプロイすることになります。
　Deployment はこのような問題に対処するために作られたリソースで、アプリケーションのアップデートやロールバックを宣言的に行うことができます。具体的には、ReplicaSet のバージョニングに対応しており、複雑になりがちなアップデートやロールバックのプロセスを Kubernetes に任せられるようになります。逆に、Deployment を利用する場合は、ReplicaSet は明示的に作成せず、Deployment によって自動的に生成されたものを利用するようになります。

### Deployment の構成要素

　Deployment の構成要素は ReplicaSet とほぼ同じですが、デプロイメントストラテジーやアップデートの詳細に関するパラメータが追加されています。

**selector**　　監視対象の Pod を特定するための Label セレクター
**replicas**　　稼働しているべき Pod の数
**template**　　新しい Pod を起動するための Pod 定義テンプレート
**strategy**　　RollingUpdate か Recreate のいずれか

**revisionHistoryLimit**　ReplicaSet の履歴を保持する上限値

strategy のデフォルトは RollingUpdate で、アップデート中は新旧バージョンの Pod が混在して稼働する状態になります。

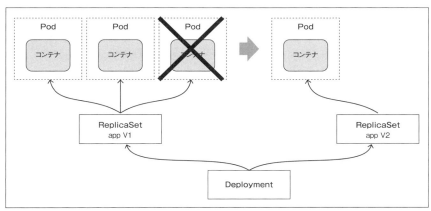

図 4.7　Deployment の strategy の違い（RollingUpdate）

Recreate を指定した場合、アップデート前に旧バージョンの Pod をすべて停止してから新バージョンの Pod が起動されますので、バージョン混在は回避できますが、ユーザーから見ると一定時間のサービス停止が発生します。

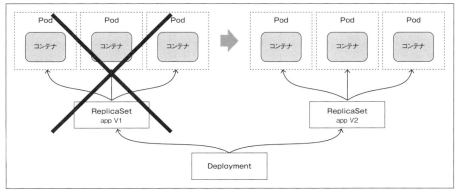

図 4.8　Deployment の strategy の違い（Recreate）

どちらを採用するかはケースバイケースになりますが、これらのパターンに当てはまらない場合には Deployment に頼らず、自前でアップデートの処理を行う必要があります。RollingUpdate strategy を利用する場合、追加フィールドとして maxSurge と maxUnavailable が指定できます。

maxSurge は、ローリングアップデート実行中に、指定された scale よりも余分に起動してよい Pod 数を絶対値もしくは scale に対するパーセンテージ（端数切り上げ）で指定します。デフォルト値は 25％で

す[10]。

　maxUnavailable は、同じくローリングアップデート実行中に稼働状態にある Pod 数と指定された scale との差分を指定します。すなわち、一時的に指定した scale を割り込む状態を許容し、その Pod 数を絶対値もしくは scale に対するパーセンテージ（端数切り捨て）で指定します。

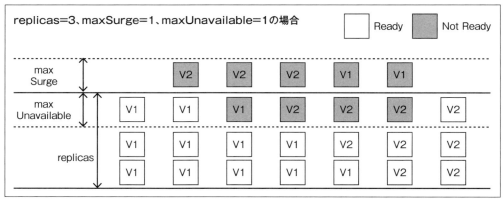

図 4.9　Deployment の maxSurge と maxUnavailable の効果

### Deployment によるアップデートとロールバック

　Deployment を利用してアプリケーションを管理する場合、初回のデプロイ時に Deployment リソースを作成すると、指定した内容にしたがって ReplicaSet が自動的に生成され、そこから Pod が生成されます。以降のアップデートは、Pod テンプレートの更新（たとえばコンテナイメージの変更など）を行うと、更新内容に対応して新たな ReplicaSet が自動的に生成されるようになっています。

　実際の操作に従って、挙動を確認してみましょう。まず、次の内容で Deployment の定義を作成します。

```
apiVersion: apps/v1beta1
kind: Deployment
metadata:
  name: nginx-deployment
  labels:
    app: nginx
spec:
  replicas: 3
  selector:
```

---

[10] Deployment は Kubernetes 1.9 で GA になったため、Kubernetes 1.8 以前のバージョンではデフォルト値が異なりますので注意してください。デフォルト値は `kubectl explain deployment.spec.strategy.rollingUpdate` で確認できます。

4.3 アプリケーションのデプロイ

```
    matchLabels:
      app: nginx
  template:
    metadata:
      labels:
        app: nginx
    spec:
      containers:
      - name: nginx
        image: nginx:1.7.9
        ports:
        - containerPort: 80
```

次のコマンドで Deployment を作成します。

```
$ kubectl create -f nginx-deployment.yaml --record
deployment "nginx-deployment" created
```

Deployment 作成時に `--record` を指定しておくと、アップデートが実行された理由（CHANGE CAUSE）が記録されます。これがないとアップデートの履歴の追跡が困難になるため、なるべく指定しておくことをお勧めします。Deployment が作成できたことを確認します。

```
$ kubectl get deployments
NAME                DESIRED   CURRENT   UP-TO-DATE   AVAILABLE   AGE
nginx-deployment    3         3         3            3           1m
```

Deploymet から ReplicaSet が生成されていることを確認します。

```
$ kubectl get rs
NAME                         DESIRED   CURRENT   READY   AGE
nginx-deployment-6d8f46cfb7  3         3         3       1m
```

ReplicaSet 名が `<Deployment 名 >-6d8f46cfb7` となっていることが確認できます。このサフィックスは Pod テンプレートのハッシュ値で、Pod テンプレートの定義内容に応じて ReplicaSet が一意に特定できるようになっています。

また、ReplicaSet から生成された Pod を確認してみると、Pod テンプレートで明示的に指定した Label に加え、`pod-template-hash` という Label が追加されていることが分かります。

99

第 4 章　Kubernetes によるコンテナオーケストレーション概要

```
$ kubectl get po --show-labels
NAME                                    READY  STATUS    RESTARTS  AGE  LABELS
nginx-deployment-6d8f46cfb7-dq8p5       1/1    Running   0         2m   app=nginx,pod-template-
hash=2849027963
nginx-deployment-6d8f46cfb7-m7qmw       1/1    Running   0         2m   app=nginx,pod-template-
hash=2849027963
nginx-deployment-6d8f46cfb7-qh5f4       1/1    Running   0         2m   app=nginx,pod-template-
hash=2849027963
```

　次に、Pod テンプレートを更新して、アプリケーションをアップデートしてみます。Pod テンプレート
を更新する場合、`kubectl patch` などで直接 Deployment リソースを更新してもよいですが、利用する
コンテナイメージを変更するだけであれば `kubectl set image` を利用するのが簡単です。ここでは、コ
ンテナイメージを nginx:1.7.9 から nginx:1.9.1 に変更してみます。

```
$ kubectl set image deployment/nginx-deployment nginx=nginx:1.9.1
deployment "nginx-deployment" image updated
```

　Deployment の更新を契機として、アップデートの処理が開始されます。アップデートの途中経過は
`kubectl rollout status` で確認できます。

```
$ kubectl rollout status deployment/nginx-deployment
Waiting for rollout to finish: 1 out of 3 new replicas have been updated...
Waiting for rollout to finish: 1 out of 3 new replicas have been updated...
Waiting for rollout to finish: 1 out of 3 new replicas have been updated...
Waiting for rollout to finish: 2 out of 3 new replicas have been updated...
Waiting for rollout to finish: 2 out of 3 new replicas have been updated...
Waiting for rollout to finish: 2 out of 3 new replicas have been updated...
Waiting for rollout to finish: 1 old replicas are pending termination...
Waiting for rollout to finish: 1 old replicas are pending termination...
deployment "nginx-deployment" successfully rolled out
```

　アップデートが完了したら、Deployment の状況を確認してみましょう。

```
$ kubectl get deployments
NAME               DESIRED  CURRENT  UP-TO-DATE  AVAILABLE  AGE
nginx-deployment   3        3        3           3          4m
```

UP-TO-DATE が 3 となっており、最新の Deployment の内容に従って Pod が更新されたことが確認できます。

次に、ロールバックを実行してみましょう。kubectl rollout history で Deployment の更新履歴を確認できます。

```
$ kubectl rollout history deployment nginx-deployment
deployments "nginx-deployment"
REVISION   CHANGE-CAUSE
1          kubectl create --filename=nginx-deployment.yaml --record=true
2          kubectl set image deployment/nginx-deployment nginx=nginx:1.9.1
```

次のコマンドで、リビジョン 1 へロールバックします。

```
$ kubectl rollout undo deployment nginx-deployment --to-revision=1
deployment "nginx-deployment" rolled back
```

再び Deployment の更新履歴を確認すると、リビジョン 1 の状態にロールバックしたことが分かります。ここではリビジョン 3 として記録されています。

```
$ kubectl rollout history deployment nginx-deployment
deployments "nginx-deployment"
REVISION   CHANGE-CAUSE
2          kubectl set image deployment/nginx-deployment nginx=nginx:1.9.1
3          kubectl create --filename=nginx-deployment.yaml --record=true
```

このように、Deployment を利用したアップデートの際には、ロールバックが簡単にできるようにアップデート前の古い ReplicaSet が削除されずに残っています。実際、revisionHistoryLimit で指定した数（デフォルトは 2）だけ ReplicaSet が残っていることが確認できます。

```
$ kubectl get rs
NAME                          DESIRED   CURRENT   READY   AGE
nginx-deployment-58b94fcb9    0         0         0       10m
nginx-deployment-6d8f46cfb7   3         3         3       11m
```

なお、たんに 1 つ前のリビジョンに戻すだけであれば、kubectl rollout undo でも実行できます。

```
$ kubectl rollout undo deployment nginx-deployment
deployment "nginx-deployment" rolled back
```

第 4 章　Kubernetes によるコンテナオーケストレーション概要

また、kubectl rollout pause で、アップデートを一時的に停止することもできます。

```
$ kubectl rollout pause deployment nginx-deployment
deployment "nginx-deployment" paused
```

　この機能は、アップデート中に問題に気づいて緊急停止したい場合などに有用です。また、アップデートを開始する前に一時停止状態にしておくことも可能で、その場合は Deployment に対する変更があっても、一時停止を解除するまでアップデートが実行されません。そのため、Deployment に対する複数箇所の変更（たとえばコンテナイメージの変更と Readiness Probe の変更）をまとめて反映したい場合などにも利用できます。
　一時停止状態のアップデートは、resume で再開できます。

```
$ kubectl rollout resume deployment nginx-deployment
deployment "nginx-deployment" resumed
```

# 4.4　ボリューム

　2.2.4「Docker ボリューム」（P. 31）で説明したとおり、コンテナにおけるファイルシステムはコンテナごとに独立しており、コンテナ間でファイルを受け渡すことはできません。また、コンテナは揮発性であり、コンテナの稼働中に追記や変更を行ったファイルはコンテナイメージに含まれないため、コンテナプロセスの停止時に消失してしまいます。
　このような課題に対処するため、Kubernetes はボリュームという機能を提供しています。ボリュームは、コンテナ間や Pod 間でデータを共有したり、Pod のライフサイクルを超えて永続的にデータを格納したい場合に利用します。
　ボリュームは Pod 単位で定義することができ、Pod 内のコンテナから任意のファイルパスにマウントして利用できます。また、ボリュームには実体となるバックエンドストレージ（ファイルシステムやブロックデバイス）が必要となります[11]。

## 4.4.1　emptyDir による Pod 内データ共有

　emptyDir は、Pod と同じライフサイクルを持つボリュームで、Pod が生成されるタイミングで確保され、Pod の消滅時に削除されます。実体は Pod がデプロイされたマシンのファイルシステム上に確保され

---

[11] 利用可能なバックエンドストレージについては Kubernetes のドキュメントを参照してください。https://kubernetes.io/docs/concepts/storage/volumes/

ますが、パフォーマンスを要求する場合には格納先としてメモリ（tmpfs）を指定することもできます[12]。

emptyDir はその特性上、おもに同一 Pod 内の複数コンテナ間でのファイル共有のために利用されます。また、大容量のデータを扱う際に、一時的にテンポラリファイルを置く場所として利用することもあります。

実際に、emptyDir を利用して同一 Pod 内のコンテナ間でファイルを共有してみましょう。まず、main と support の 2 つのコンテナで構成される Pod の定義を作成します。

```
apiVersion: v1
kind: Pod
metadata:
  name: emptydir-volume
spec:
  containers:
  - name: main
    image: centos:7
    command:
      - "bin/bash"
      - "-c"
      - "sleep 10000"
    volumeMounts:  ←ボリューム名とマウント先のパス
      - name: share
        mountPath: "/tmp/share"
  - name: support
    image: centos:7
    command:
      - "bin/bash"
      - "-c"
      - "sleep 10000"
    volumeMounts:
      - name: share
        mountPath: "/tmp/data"
  volumes:
  - name: share
    emptyDir: {}  ← emptyDir ボリュームの定義
```

このように `spec.volumes` で emptyDir ボリュームを定義し、`spec.containers.volumeMounts` で

---

[12] `emptyDir.medium` フィールドに `Memory` を指定します。

第4章 Kubernetes によるコンテナオーケストレーション概要

コンテナにマウントするボリュームの名称とマウント先のパスを指定します。デフォルトでは読み書き可能な状態でマウントされますが、リードオンリーでマウントすることも可能です。

次に、作成した Pod 定義に基いて Pod を作成します。

```
$ kubectl create -f emptydir-volume.yaml
```

Pod が起動したら、次のコマンドで main コンテナからボリューム内にファイルを作成します（emptyDir はその名前のとおり、初期状態ではファイルが存在していません）。

```
$ kubectl exec emptydir-volume -c main -it -- bash
[root@emptydir-volume /]# echo 'hello' > /tmp/share/hello.txt
[root@emptydir-volume /]# exit
```

次に、support コンテナ側で作成されたファイルが参照できるか確認します。

```
$ kubectl exec emptydir-volume -c support -it -- bash
[root@emptydir-volume /]# cat /tmp/data/hello.txt
hello
[root@emptydir-volume /]# exit
```

意図したとおり、ファイルが共有できていることが確認できました。

### 4.4.2 gitRepo

gitRepo は emptyDir を拡張したもので、ボリュームの初期化後に指定した Git リポジトリからコンテンツをクローンする機能を提供します。たとえば、Git で管理しているスタティックな Web コンテンツをベースにボリュームを作成する場合などに利用できるでしょう。

注意しなければならないのは、Git リポジトリからのクローンが行われるのはボリュームの初期化時のみで、その後の Git リポジトリの更新を自動的に反映してくれるわけではないという点です。Git リポジトリの更新を反映するためには、Pod をいったん削除して再作成するか、ボリュームの内容に対して git pull を定期的に実行するサポートコンテナを追加するなど、何らかの対応が必要になります。

### 4.4.3 ストレージの利用

emptyDir はストレージバックエンドを気にしなくてよいため手軽に利用できるというメリットがありますが、ライフサイクルが Pod と同じであるため、永続化の仕組みとしては不十分です。たとえば、何らかの理由で Pod が再起動される場合、再起動に伴って emptyDir の内容は初期化されてしまいます。その

ため、Pod のライフサイクルをこえてデータを保持する必要がある場合には、NFS や AWS EBS、GCE PD などのストレージをバックエンドとしたボリュームを定義します。

　注意しなければならないのは、ボリュームのバックエンドとして利用するストレージは、個々のマシンのローカルディスクではなく、何らかのネットワークストレージ（NAS など）である必要があるということです。これは、コンテナオーケストレーションの仕組みによって、Pod が複数マシン間で移動する可能性があることが理由です。

　すでに紹介したとおり、Kubernetes はさまざまなタイプのストレージに対応しています。たとえば、NFS をバックエンドとしたボリュームを利用する Pod の定義は次のようになります。

```
apiVersion: v1
kind: Pod
metadata:
  name: mongodb
spec:
  volumes:
  - name: mongodb-data    (1)
    nfs:
      server: 10.11.12.13
      path: /exported/volume
  containers:
  - image: mongo
    name: mongodb
    volumeMounts:
    - name: mongodb-data    (2)
      mountPath: /data/db
    ports:
    - containerPort: 27017
      protocol: TCP
```

　emptyDir の場合と同様に、（1）で定義したボリューム名を、（2）のようにコンテナの volumeMounts の定義から参照し、コンテナ内のマウントパスを指定します。

　この Pod を生成したタイミングで NFS ボリュームのマウントが行われますので、事前に NFS ボリュームをエクスポートしておく必要があります。emptyDir と異なり、マウント時にボリュームのコンテンツ（ファイル）は削除されません。また、Pod を削除した場合、NFS ボリュームのマウントは解除されますが、NFS ボリューム内のファイルは削除されません。そのため、削除後に同じ Pod を再度生成するとファイルの内容を引き継ぐことができます。

105

## hostPath ボリューム

ネットワークストレージを利用せずに、Pod のライフサイクルをこえた永続化を行いたい場合、hostPath ボリュームを利用することもできます。

hostPath はその名前のとおり、Pod が稼働するマシンのローカルファイルシステム上の特定のパスをマウントするものです。当然ながら、その性質上、ボリュームの内容は特定のマシン上からしか参照できません。そのため、ほかのストレージとは異なり、Pod の再作成時にデプロイ先のマシンが変化した場合にはデータが引き継げなくなりますので注意してください。

通常、hostPath は、Pod が稼働しているマシンのファイルシステムに直接アクセスする場合か、Minikube のように Pod の移動が発生しないシングルノードクラスタを使う場合などに利用されます。

### 4.4.4 PersistentVolume と PersistentVolumeClaim

前節の例では、Pod 定義の中に、ボリュームのバックエンドとして利用する NFS サーバーのアドレスなどの環境依存の情報が含まれていました。このような方法は、Pod 定義が環境依存になりポータビリティを損なうこと、また、アプリケーションのデプロイ時の物理的な環境構成をアプリケーション提供者に意識してもらうことになる点で、好ましくありません。

この問題を解決するため、Kubernetes は PV（PersistentVolume）と PVC（PersistentVolumeClaim）というリソースを提供しています。PV と PVC を利用することで、Pod 定義から環境依存のストレージバックエンドの定義を分離でき、Pod がストレージのインフラストラクチャに依存せず汎用的に利用できるようになります。

PV と PVC によるストレージの利用手順は次のようになります。

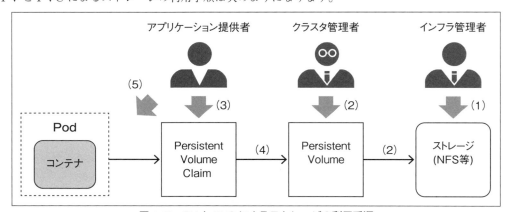

図 4.10　PV と PVC によるストレージの利用手順

1. クラスタ管理者がネットワークストレージ（NFS など）を準備する

2. クラスタ管理者は PV を作成してネットワークストレージを Kubernetes クラスタに登録しておく
3. アプリケーション提供者は PVC を作成し、Pod からマウントする場合の名称と、PV を利用する条件を指定しておく
4. Kubernetes は PVC の条件に合致する PV があれば PVC と PV をバインドする
5. アプリケーション提供者は Pod 定義で PVC を指定して Pod を生成する

前節の例を、PV と PVC を利用して Pod 定義に環境依存の情報が入らないように書き直してみます。まず、NFS をバックエンドとした PV の定義は次のようになります。

```
apiVersion: v1
kind: PersistentVolume
metadata:
  name: mongodb-pv
  labels:
    name: pv1
spec:
  capacity:
    storage: 1Gi
  accessModes:
  - ReadWriteOnce
  - ReadOnlyMany
  persistentVolumeReclaimPolicy: Retain
  nfs:
    server: 10.11.12.13
    path: /exported/volume
```

この設定のままですと、実際の Pod の挙動を確認するためには NFS サーバーのセットアップが必要になってしまいますので、ここでは Minikube 環境で試すことを前提として、hostPath バックエンドに変更します。

```
apiVersion: v1
kind: PersistentVolume
metadata:
  name: mongodb-pv
  labels: ← Label の設定
    name: pv1
spec:
  capacity: ← ストレージ容量の指定
```

第4章 Kubernetes によるコンテナオーケストレーション概要

```
    storage: 1Gi
  accessModes: ← アクセスモードの指定
  - ReadWriteOnce
  - ReadOnlyMany
  persistentVolumeReclaimPolicy: Retain ← ポリシーの指定
  hostPath:
    path: /data/pv0001/
```

　Pod 定義に直接ボリュームを定義していた際には存在していなかったフィールドが追加されていることが分かります。これらは Kubernetes が PV と PVC をバインドする際のマッチング条件に利用されるもので、それぞれの用途は次のようになります。

**spec.capacity**　ストレージ容量（storage）を指定。この例では $2^{20}$byte（一般的な表記での 1Gbyte に相当）を指定している。現在はストレージ容量のみが指定可能だが、将来の拡張として IOPS やスループットなどを指定可能にするためにこのようになっている[13]

**spec.accessModes**　アクセスモードを指定。次の 3 通りの指定が可能[14]

　　**ReadWriteOnce（RWO）**　単一マシンから read-write モードでマウント可能

　　**ReadOnlyMany（ROX）**　複数マシンから read-only モードでマウント可能

　　**ReadWriteMany（RWX）**　複数マシンから read-write モードでマウント可能

**spec.persistentVolumeReclaimPolicy**　PVC によるバインドが解除されたあとでコンテンツをどうするかのポリシーを指定。次の 3 通りの指定が可能だが、ストレージバックエンドによってサポート状況が異なる

　　**Retain**　コンテンツを保持

　　**Recycle**　ボリューム内のファイルを削除（NFS/HostPath のみ対応）

　　**Delete**　関連するストレージリソース全体を削除（AWS EBS/GCE PD/Azure Disk/Cinder volume のみ対応）

**metadata.labels（オプション）**　ストレージ容量およびアクセスモード以外に細かい制御が必要な場合に、Label セレクターによって PVC からのバインド対象を絞り込むために利用。また、PV は namespace で区切られておらずクラスタ全体で共通のため、namespace ごとに利用する PV を使い分ける場合などにも有用

　注意しなければならないのは「`spec.ccapacity.storage` で指定した容量は実際のストレージバックエンドの制約と一致しているとはかぎらない」という点です。たとえば、エクスポートされている NFS ボリュームが実際には 1GByte しかない場合でも、PV として「10Gi」の容量を持つとして登録できてしま

---

[13] Kubernetes におけるリソースの単位表記方法についてはドキュメントを参照してください。`https://kubernetes.io/docs/concepts/configuration/manage-compute-resources-container/`

[14] 指定可能なアクセスモードはストレージバックエンドによって異なるので注意してください。`https://kubernetes.io/docs/concepts/storage/persistent-volumes/#persistent-volumes`

います。また、登録時には容量が一致していたとしても、登録後にバックエンドストレージの拡張などで容量が変更された場合には、Kubernetes 側でそれをチェックするような仕組みにはなっていません。

では、この PV 定義から実際に PV を生成しておきます。

```
$ kubectl create -f mongodb-pv-hostpath.yaml
persistentvolume "mongodb-pv" created
```

PV が生成されたかどうか確認してみます。

```
$ kubectl get pv
NAME          CAPACITY   ACCESS MODES   RECLAIM POLICY   STATUS     CLAIM   STORAGECLASS
REASON   AGE
mongodb-pv    1Gi        RWO,ROX        Retain           Available
         3s
```

意図したとおり、monogodb-pv という名称で PV が生成され、ステータスが `Available`（有効）になったことが確認できました。

次に、この PV を利用する PVC を作成します。

```
apiVersion: v1
kind: PersistentVolumeClaim
metadata:
  name: mongodb-pvc
spec:
  resources:
    requests: ← 容量の要求
      storage: 1Gi
  accessModes: ← アクセスモードの指定
  - ReadWriteOnce
  selector:
    matchLabels:
      name: pv1
  storageClassName: "" ← リソース StorageClass の指定
```

Kubernetes は、PVC で指定した条件に対して、次のようなルールで PV を検索し、条件にマッチした PV をバインドします。

**resource.requests** PV が提供する容量が、PVC で要求している容量以上であること

109

第 4 章　Kubernetes によるコンテナオーケストレーション概要

**accessModes**　PV がサポートするアクセスモードのいずれかが、PVC で要求しているアクセスモードと一致していること

**storageClassName**　ダイナミックプロビジョニングを行う際に利用（次節で解説）

**selector**（オプション）　PV に付与された Label 条件が、PVC で指定している Label 条件と一致していること。単純な Key=Value 形式であれば matchLabels を、複雑な条件の場合は matchExpressions を利用する[15]

PVC を生成して状態を確認してみます。

```
$ kubectl create -f mongodb-pvc.yaml
persistentvolumeclaim "mongodb-pvc" created

$ kubectl get pvc
NAME          STATUS   VOLUME      CAPACITY   ACCESS MODES   STORAGECLASS   AGE
mongodb-pvc   Bound    mongodb-pv  1Gi        RWO,ROX                       13s
```

PVC が生成され、ステータスが Bound となっていることが確認できます。

逆に、PV の状態を参照すると、先ほどはブランクだった CLAIM のフィールドに、バインドされている PVC のリソース名が入っていることが確認できます。

```
$ kubectl get pv
NAME          CAPACITY   ACCESS MODES   RECLAIM POLICY   STATUS   CLAIM
STORAGECLASS   REASON     AGE
mongodb-pv    1Gi        RWO,ROX        Retain           Bound    default/mongodb-pvc
                         3h
```

ここで、PVC のリソース名に namespace（'default'）が含まれていることから分かるように、PVC は namespace で分離可能なリソースです。そのため、PV と異なり、特定の namespace 内でのみ有効となります。PVC はボリュームと同様に Pod 定義から参照してマウントできるので、PVC を利用して前節の例を次のように書き直すことができます。

```
apiVersion: v1
kind: Pod
metadata:
```

───────────

[15] matchExpressions を利用すると、in や notin、exists などのオペレータを組み合わせて、複雑な条件が表記できます。詳細はドキュメントを参照してください。https://kubernetes.io/docs/concepts/overview/working- ボリュームと with-objects/labels/

```
    name: mongodb
  spec:
    volumes:
    - name: mongodb-data
      persistentVolumeClaim:
        claimName: mongodb-pvc
    containers:
    - image: mongo
      name: mongodb
      volumeMounts:
      - name: mongodb-data
        mountPath: /data/db
      ports:
      - containerPort: 27017
        protocol: TCP
```

　このように、Podの定義から環境依存の情報を追い出すことができました。ボリュームの定義に必要なのはPVC名のみで、実際に利用するストレージはPVを通じて間接的に参照することができます。

## 4.4.5　ダイナミックプロビジョニング

　前節では、PVとPVCによってPod定義から環境依存のストレージに関する情報を分離する方法を説明しました。しかし、この方法では、クラスタ管理者が必要な容量とアクセスモードごとに必要な数のPVを事前に準備しておく必要があり、管理作業が煩雑になるという問題があります。具体的には、10Gi/RWOのPVを100個、20Gi/RWXのPVを10個というように事前に作成しておき、PVが不足したら都度追加するという運用が必要になるうえ、PVが不足した状態を解消しないとPVCを要求するPodがデプロイできなくなります。

　この問題を解決するのがダイナミックプロビジョニングという方法です。個別のPVを事前に登録しておくのではなく、PVプロビジョナー（ストレージ管理を代行するモジュール）をクラスタに登録しておき、PVCの内容に応じて必要なPVを自動生成する仕組みです。ダイナミックプロビジョニングを行う場合、StorageClassというリソースをクラスタに登録し、そのなかでPVプロビジョナーを指定します。

　ダイナミックプロビジョニングは非常に便利な仕組みですが、その機構上、対応するストレージの種類が限定されます。具体的には、APIで制御可能なストレージであり、そのAPIに対応したプロビジョナーがKubernetes上で稼働している必要があります[16]。

---

[16]詳細についてはドキュメントを参照してください。`https://kubernetes.io/docs/concepts/storage/storage-classes/#provisioner`

第 4 章　Kubernetes によるコンテナオーケストレーション概要

StorageClass の定義は次のようにします。

```
kind: StorageClass
apiVersion: storage.k8s.io/v1
metadata:
  name: fast
provisioner: kubernetes.io/gce-pd
parameters:
  type: pd-ssd
  zone: asia-northeast1-a
```

この例では gce-pd プロビジョナーを利用し、GCP の東京リージョンで SSD タイプの GCE PD を
バックエンドとした PV を作成する StorageClass を **fast** という名前で登録しています。

参考までに、Minikube 環境では hostPath をバックエンドとした **standard** という名称の StorageClass
が自動的に作られています。

```
$ kubectl get sc
NAME                PROVISIONER               AGE
standard (default)  k8s.io/minikube-hostpath  5m


$ kubectl get sc standard -o yaml
apiVersion: storage.k8s.io/v1
kind: StorageClass
metadata:
  annotations:
    kubectl.kubernetes.io/last-applied-configuration: |
      {"apiVersion":"storage.k8s.io/v1","kind":"StorageClass","metadata":{"annot
ations":{"storageclass.beta.kubernetes.io/is-default-class":"true"},"labels":{"a
ddonmanager.kubernetes.io/mode":"Reconcile"},"name":"standard","namespace":""},"
provisioner":"k8s.io/minikube-hostpath"}
    storageclass.beta.kubernetes.io/is-default-class: "true"
  creationTimestamp: 2018-02-15T20:48:39Z
  labels:
    addonmanager.kubernetes.io/mode: Reconcile
  name: standard
  resourceVersion: "164"
  selfLink: /apis/storage.k8s.io/v1/storageclasses/standard
  uid: 9a0a6b4e-1291-11e8-9920-2e8d951cfd5a
```

4.4　ボリューム

```
provisioner: k8s.io/minikube-hostpath
```

この StorageClass の `fast` を利用するように、先ほど作成した PVC を修正します。修正箇所は stor-ageClassName のフィールドだけです。

```
apiVersion: v1
kind: PersistentVolumeClaim
metadata:
  name: mongodb-pvc
spec:
  resources:
    requests:
      storage: 1Gi
  accessModes:
  - ReadWriteOnce
  storageClassName: fast
```

PV はプロビジョナーによって自動的に作成されるため、明示的に作成する必要がなくなりました。クラスタ管理者にとって、運用負荷が非常に軽減されたことがお分かりいただけると思います。

なお、StorageClass を利用する場合は次の点に注意してください。

◆ 存在しない storageClassName を PVC で指定すると、PV のプロビジョニングに失敗する
◆ PVC で storageClassName を指定した場合、StorageClass で指定したプロビジョナーによる PV 作成が優先される。手動で作成済みの PV が条件に合致しても利用されない

ちなみに、StorageClass を明示的に作成していない場合でも、環境によっては **standard** という名称でデフォルトの Storageclass が作成されている場合があります[17]。たとえば Minikube 環境では次のようにして確認できます。

```
$ kubectl get sc
NAME                PROVISIONER
standard (default)  k8s.io/minikube-hostpath
```

デフォルトの StorageClass には、このように NAME に `(default)` というマークが付与されます。

注意しなければならないのは、デフォルトの StorageClass が存在する環境では、PVC で storageClass-Name の指定を省略した場合に、暗黙的にデフォルトの StorageClass を利用したダイナミックプロビジョ

---
[17] デフォルトの StorageClass を変更することもできます。詳細はドキュメントを参照してください。`https://kubernetes.io/docs/tasks/administer-cluster/change-default-storage-class/`

113

第4章　Kubernetesによるコンテナオーケストレーション概要

ニングが行われるという点です。このような挙動を回避して、事前に作成済みのPVのみをバインド対象としたい場合は、明示的に`storageClassName: ""`と指定する必要があります。

## 4.4.6　特殊なボリューム

### ConfigMap

ConfigMapは設定ファイルなど、おもにアプリケーションの環境依存情報を提供するための仕組みです。環境依存情報をコンテナイメージに含めてしまうと、環境ごとにコンテナイメージをビルドし直すことになり、コンテナのメリットである環境ポータビリティが損なわれてしまいます。そのため、環境依存の情報はコンテナイメージの外部に分離しておき、デプロイ時にConfigMapを通じてコンテナに提供することが推奨されます。

ConfigMapはKey-Value形式のオブジェクトで、Valueとして文字列やファイルを指定できます。Keyとして利用可能な文字は、DNSのドメイン名として妥当なものに限られますので注意してください。また、既存のファイルを取り込んでConfigMapに変換する場合、ファイル名がKeyとして、ファイルの内容がValueとして展開されます[18]。

ConfigMapはボリュームとしてマウントでき、コンテナ内部からは通常のファイルとしてアクセスできます。例として、ConfigMapを利用して、Nginxコンテナの設定ファイルを変更してみましょう。

ConfigMapの定義をYAMLで直接書き下すのは少々骨が折れますので、ファイルを取り込んでConfigMapを生成します。まず、`nginx-custom-config`というディレクトリを作成し、ディレクトリ直下にNginxの設定に追加したい設定内容を次のように作成しておきます。

```
gzip on;
gzip_proxied any;
gzip_types text/plain text/xml text/css application/x-javascript;
gzip_vary on;
gzip_disable "MSIE [1-6]\.(?!.*SV1)";
```

このディレクトリからConfigMapを作成します。

```
$ kubectl create configmap nginx-custom --from-file=nginx-custom-config
configmap "nginx-custom" created
```

作成されたConfigMapの内容を確認してみます。

```
$ kubectl get configmap nginx-custom -o yaml
apiVersion: v1
```

---

[18]取り込み対象として単一ファイルを指定する場合はファイル名ではなく任意のkeyでオーバーライドすることもできますが、ディレクトリを指定した場合はオーバーライドできません。

114

```
data:
  gzip.conf: |
    gzip on;
    gzip_proxied any;
    gzip_types text/plain text/xml text/css application/x-javascript;
    gzip_vary on;
    gzip_disable "MSIE [1-6]\.(?!.*SV1)";
kind: ConfigMap
metadata:
  creationTimestamp: 2018-01-28T21:30:02Z
  name: nginx-custom
  namespace: default
  resourceVersion: "49739"
  selfLink: /api/v1/namespaces/default/configmaps/nginx-custom
  uid: 66526f0d-0472-11e8-adf7-08002705028c
```

次に、この ConfigMap をボリュームとしてマウントする Pod を作成します。

```
apiVersion: v1
kind: Pod
  metadata:
name: nginx-configmap-volume
spec:
  containers:
  - image: nginx:alpine
    name: web
    volumeMounts:
    - name: config
      mountPath: /etc/nginx/conf.d　（2）
      readOnly: true
  volumes:
  - name: config
    configMap:　（1）
      name: nginx-custom
```

このように、（1）で configMap ボリュームを指定し、（2）でコンテナ上のパスにマウントするだけです。

第 4 章　Kubernetes によるコンテナオーケストレーション概要

それでは、実際にコンテナ内から ConfigMap の内容が参照できるか確認してみましょう。

```
$ kubectl create -f nginx-configmap-volume.yaml
pod "nginx-configmap-volume" created

$ kubectl exec nginx-configmap-volume -c web ls /etc/nginx/conf.d
gzip.conf

$ kubectl exec nginx-configmap-volume -c web cat /etc/nginx/conf.d/gzip.conf
gzip on;
gzip_proxied any;
gzip_types text/plain text/xml text/css application/x-javascript;
gzip_vary on;
gzip_disable "MSIE [1-6]\.(?!.*SV1)";
```

このように、コンテナ内からは ConfigMap の key をファイル名として、通常のファイルとして参照できます。そのため、ConfigMap を利用していることを意識する必要がなく、Kubernetes に依存しないかたちでコンテナイメージを作成できます。

また、ボリュームとしてマウントした ConfigMap の内容を変更した場合、Pod の再起動や再作成を行わなくても、コンテナ内からは変更された内容を参照できます。ConfigMap はボリュームとしてマウントする以外に、環境変数や Pod 定義のパラメータとして参照することもできます[19]が、その場合は ConfigMap の変更内容を反映するためにコンテナの再起動が必要です。ケースバイケースで使い分けてください。

### Secret

Secret は特殊な ConfigMap で、パスワードや秘密鍵など秘匿性の高い情報を扱うために利用することを想定したリソースです。

ConfigMap と異なる点は次のとおりです。

◆ バイナリデータを格納するため、データを Base64 エンコードして格納する（上限は 1MB）
◆ Secret にアクセスする必要のある Pod を実行するマシンに対してのみデータが提供される
◆ データはメモリ上（tmpfs）に展開され、ディスクには書き込まれない
◆ 暗号化された状態で etcd への書き込みが行われる（Kubernetes 1.7 以降）

Secret はアプリケーションが利用するだけでなく、Kubernetes 自身も各所で利用しています。典型的な例としては、プライベートレジストリからコンテナイメージを pull する際の認証情報を管理するために

---

[19] 本書では詳細には触れませんので、興味があればドキュメントを参照してください。`https://kubernetes.io/docs/tasks/configure-pod-container/configure-pod-configmap/`

利用されます。

　たとえば、DockerHub のプライベートレジストリからコンテナイメージを取得する Pod を定義する場合、次のようにして Secret を作成します[20]。レジストリへのアクセスに利用する Secret を作成する際には、サブコマンドとして `docker-registry` を指定します。これ以外に、`tls` および `generic` も利用できます。

```
$ kubectl create secret docker-registry dockerhubsecret \
--docker-username=<DockerHubユーザー名> --docker-password=<パスワード> \
--docker-email=<メールアドレス>
```

　この Secret を参照するかたちで Pod を定義します。

```
apiVersion: v1
kind: Pod
metadata:
  name: podFromPrivateImage
spec:
  imagePullSecrets:
  - name: dockerhubsecret
  containers:
  - image: <ユーザー名>/<リポジトリ名>:<タグ>
    name: privateApp
```

　このようにして、プライベートレジストリへのアクセスに必要な情報を、より安全かつ一元的に管理できます[21]。

### Downward API

　Downward API[22] は Pod のメタデータを取得するための機構で、downwardAPI ボリュームないしは環境変数を利用してコンテナ内から利用できます。

　Pod に割り当てられた IP アドレスや、Pod が稼働しているマシン名など、Pod の実行時に動的に与えられる情報を参照できます。とくに、ボリュームとしてマウントした場合には、Kubernetes の API を意識する必要がなく、ファイル参照のかたちでメタデータを取得できるのが特徴です。ただし、取得できる

---

[20] `--docker-server` オプションで任意のプライベートレジストリを指定することも可能です。詳細はドキュメントを参照してください。https://kubernetes.io/docs/tasks/configure-pod-container/pull-image-private-registry/
[21] ひょっとしたら、個々の Pod に対して `imagePullSecrets` を付与することも煩雑と思われるかもしれません。じつは、serviceAccount という仕組みを利用することで、この問題を解決できますが、ここでは触れません。興味のある方はドキュメントを参照してみてください。https://kubernetes.io/docs/tasks/configure-pod-container/configure-service-account/
[22] API という名前が付いているため誤解されがちですが、ConfigMap や Secret と同じタイプのリソースです。

第 4 章　Kubernetes によるコンテナオーケストレーション概要

情報は代表的なものに限られています（metadata.annotations、metadata.labels、metadata.name、metadata.namespace、metadata.uid のみ）ので、より詳細な情報を得たい場合には環境変数として取得する方法や、API Server と直接通信しなければならない場合もあります。

　まず、downwardAPI ボリュームを利用する方法について確認してみましょう。次のとおり Pod 定義を作成します。

```
kind: Pod
metadata:
  name: downward-api-volume
  labels:
    foo: bar
spec:
  containers:
  - name: main
    image: busybox
    command: ["sleep", "9999999"]
    volumeMounts:
    - name: downward
      mountPath: /etc/downward  （2）
  volumes:
  - name: downward
    downwardAPI:  （1）
      items:
      - path: "podName"
        fieldRef:
          fieldPath: metadata.name
      - path: "podNamespace"
        fieldRef:
          fieldPath: metadata.namespace
      - path: "labels"
        fieldRef:
          fieldPath: metadata.labels
```

　（1）で downwardAPI をボリュームとして定義し、そのなかで公開するものを `items` で指定します。公開された内容は（2）でマウントしたファイルとして参照できます。

```
$ kubectl create -f downward-api-volume.yaml
```

```
$ kubectl exec downward-api-volume -- ls -lL /etc/downward
total 12
-rw-r--r--    1 root     root             9 Jan 28 22:13 labels
-rw-r--r--    1 root     root            19 Jan 28 22:13 podName
-rw-r--r--    1 root     root             7 Jan 28 22:13 podNamespace

$ kubectl exec downward-api-volume -- cat /etc/downward/labels
foo="bar"
```

　実際にPodを生成して内容を確認してみると、/etc/downward配下のファイルからメタデータが参照できることが分かります。PodのIPなどを取得する場合、ボリュームマウントでは取り出せないため、環境変数を経由して取得します。次のとおりPod定義を作成します。

```
apiVersion: v1
kind: Pod
metadata:
  name: downward
spec:
  containers:
  - name: main
    image: busybox
    command: ["sleep", "9999999"]
    env:
    - name: POD_NAME
      valueFrom:
        fieldRef:
          fieldPath: metadata.name
    - name: POD_NAMESPACE
      valueFrom:
        fieldRef:
          fieldPath: metadata.namespace
    - name: POD_IP
      valueFrom:
        fieldRef:
          fieldPath: status.podIP
    - name: NODE_NAME
      valueFrom:
```

第 4 章　Kubernetes によるコンテナオーケストレーション概要

```
      fieldRef:
        fieldPath: spec.nodeName
  - name: SERVICE_ACCOUNT
    valueFrom:
      fieldRef:
        fieldPath: spec.serviceAccountName
```

Pod を生成して、環境変数を確認してみます。

```
$ kubectl create -f downward-api-env.yaml

$ kubectl exec downward -- env
PATH=/usr/local/sbin:/usr/local/bin:/usr/sbin:/usr/bin:/sbin:/bin
HOSTNAME=downward
POD_NAME=downward
POD_NAMESPACE=default
POD_IP=172.17.0.6
NODE_NAME=minikube
SERVICE_ACCOUNT=default
KUBERNETES_SERVICE_PORT=443
KUBERNETES_SERVICE_PORT_HTTPS=443
KUBERNETES_PORT=tcp://10.96.0.1:443
KUBERNETES_PORT_443_TCP=tcp://10.96.0.1:443
KUBERNETES_PORT_443_TCP_PROTO=tcp
KUBERNETES_PORT_443_TCP_PORT=443
KUBERNETES_PORT_443_TCP_ADDR=10.96.0.1
KUBERNETES_SERVICE_HOST=10.96.0.1
HOME=/root
```

たしかに、Pod の IP などのメタデータが取得できていることが分かります。

# 4.5　その他の機能

　本節では、今まで紹介していない機能のいくつかを取り上げ、簡単に説明します。ここで取り上げる機能は、現在の Kubernetes のユースケースとして主流ではないためあまり利用頻度は高くありませんが、今後は活用されるシーンが多くなってくると思われるものです。

## 4.5.1　DaemonSet

Kubernetesにおいてユーザーアプリケーションを実行する場合にはReplicaSet（ないしはDeployment）を利用します。しかし、システムレベルのサービスをコンテナベースで実行したい場合には、すべてのマシンで同じPodを稼働させる必要があり、ReplicaSetのように「どのマシンに配置されるか分からない」仕組みとは相性がよくありません。

このようなユースケースに対応するために、KubernetesはDaemonSetという専用のリソースを提供しています。DaemonSetの特徴は次のようになります。

◆ クラスタ内のすべてのNodeに1Podずつ配置されることが保証されている
◆ スケジュール不可（unschedulable）とマークされたNodeにも配置される
◆ レプリカ数を指定しない（指定できない）

DaemonSetの定義はReplicaSetとほぼ同じで、違いはリソースの `kind` を `DaemonSet` に変更する程度です。また、DaemonSetは原則としてすべてのNodeにPodを配置しますが、配置先を制限したい場合には `template.spec.nodeSelector` でLabel条件を指定して絞り込むことも可能です。

DaemonSetの典型的な利用例はログコレクタで、たとえばアプリケーションログの収集にEFK（Elasticsearch/Fluentd/Kibana）を利用する場合、FluentdのPodをDaemonSetを利用して配置することが多いです。

## 4.5.2　StatefulSet

ReplicaSetはWebアプリケーションなどのステートレスなアプリケーションを扱うのには適していますが、分散データベースのように複数のステートフルプロセスが協調して動作するタイプのアプリケーションの扱いが苦手です。これは、ReplicaSetの持つ次のような特性に起因します。

◆ Podに割り振られる名前（ホスト名に相当）やIPアドレスがランダムである
◆ スケールダウン実行時に停止されるPodがランダムに選択される
◆ 共通のPodテンプレートからPodを生成するため、永続化したいデータの保存先となるPVをPodごとに変更できない

1つのPVをPodごとにユニークとなるサブディレクトリで使い分けるなど、ワークアラウンドがないわけではありませんが、あまり見通しの良い方法とはいえません。そのため、これらの課題を解決するために、StatefulSetという新しいリソースが作られました[23]。

StatefulSetはReplicaSetを拡張したもので、基本的にはReplicaSetの機能を受け継いでいますが、次の点が異なります。

---

[23] 当初はPetSetと呼ばれていました。ReplicaSetではPodのアイデンティティが不要なのでCattle（家畜）に例えられ、それに対してPodのアイデンティティを重視するPetのようなものというアナロジーです。

第 4 章　Kubernetes によるコンテナオーケストレーション概要

◆ 配下の Pod に対して昇順のインデックス（0 から開始する整数）が付与される
◆ Pod 名（＝内部 DNS におけるホスト名）が「ベースネーム＋インデックス」で固定される
◆ スケールダウン実行時にはインデックスが最大の Pod から停止される。さらに、同時に 2 個以上の Pod を停止することはせず、1 個ずつ停止する
◆ Pod テンプレート内で PVC を指定するのではなく、PVC のテンプレートを指定し、そこからインデックス名の付いた PVC を生成する。これにより、Pod ごとにユニークな PV がバインドされる

また、StatefulSet が対象とするようなアプリケーションでは、プロセス間（Pod 間）でのピアツーピア通信が必要となることが多いです。すでに説明したとおり、Pod に対する直接の通信は Kubernetes のベストプラクティスに反するため、Service に対して通信を行うようにするのが通常のやり方です。

そこで、StatefulSet で必要となるような Pod への直接通信を行うために、headless Service という特殊な Service を併用します。headless Service とは、Service を定義する際に、次のように Service に対する ClusterIP を None としたものです。

```
apiVersion: v1
kind: Service
metadata:
  name: headless-svc
spec:
  clusterIP: None
  ports:
    - port: 9200
      targetPort: 9201
  selector:
    app: somedb
```

通常、Service を登録すると、Kubernetes クラスタの内部 DNS に対して Service 名でルックアップを行った場合には、Service の clusterIP が得られます。headless Service の場合には、Service 名の lookup によって、Service の配下の Pod（セレクターで指定した条件に合致する Pod）の IP アドレスのリストが得られますので、これを利用して Pod 間のピアツーピア通信を行ったり、クラスタ外部のクライアントから Pod を指定して通信可能になります。

StatefulSet について詳細に解説することは本書の趣旨から外れるため、ここでは概略を述べるだけにとどめました。詳細はドキュメントを参照してください[24]。

---

[24] https://kubernetes.io/docs/concepts/workloads/controllers/statefulset/

122

### 4.5.3 Job/CronJob

ReplicaSet は、Web アプリケーションのようにサービスのプロセスが常時稼働していることを前提としているもの（いわゆるオンライン）を取り扱うことを想定しています。しかし、現実のシステムではバッチジョブによる処理のほうが適切なものも数多くあります。典型的な例としては、機械学習におけるモデル構築フェーズの処理などがあげられます。また、Kuberneres クラスタで稼働しているアプリケーションのハウスキーピング処理（不要なリソースの掃除など）は、Kubernetes クラスタ内で実行したいと考えるのが自然でしょう。

Job/CronJob は、バッチジョブを Kubernetes 上で実行するためのリソースです。バッチジョブをワンショットで実行する場合は Job を、定期的に実行する場合は CronJob を利用します。ReplicaSet のバッチジョブ対応版と考えていただくと理解しやすいと思います。

バッチジョブをコンテナ化して Kubernetes クラスタで稼働させることで、次のようなメリットが期待できます。

◆ バッチジョブを実行環境ごとコンテナ化することで、ポータビリティや処理の再現性が高まる
◆ オンラインとバッチジョブを共通のリソースプールで実行でき、マシンリソースの利用効率を上げやすい
◆ スケールアウトによってバッチジョブを並列化しやすい

なお、現状では Job/CronJob の機能は比較的プリミティブなバッチジョブ実行機能しか提供しておらず、複数のバッチジョブを順次実行するワークフロー機能などは備えていません。そのため、商用のジョブスケジューラなどと比較されるものではないことに注意してください[25]。

#### Job

たんにワンショットの処理を実行するだけであれば、手動で Pod を直接生成するだけでも目的を達成できますが、障害対応や異常終了時の再実行などの管理作業も手動で行う必要があります。Job を利用すると、次のような管理作業を Kubernetes に任せることができます。

◆ ReplicaSet と同様、Node 障害発生時に別の Node で Pod を再実行する
◆ プロセス異常終了時（コンテナの exit コードが 0 以外）に、プロセスを再実行するかどうか、再実行の回数の上限を含めて指定できる
◆ プロセスのタイムアウトを指定できる
◆ プロセスの実行回数と並列度を指定できる

Job の定義は次のようにします[26]。

---

[25] 今後は Kubernetes をターゲットとしたジョブスケジューラが登場するではないかと期待しています。
[26] 詳細はドキュメントを参照してください。`https://kubernetes.io/docs/concepts/workloads/controllers/jobs-run-to-completion/`

第 4 章　Kubernetes によるコンテナオーケストレーション概要

```
apiVersion: batch/v1
kind: Job
metadata:
  name: pi-with-timeout
spec:
  backoffLimit: 5  （1）
  activeDeadlineSeconds: 100  （2）
  completions: 3  （3）
  parallelism: 1  （4）
  template:
    spec:
      containers:
      - name: pi
        image: perl
        command: ["perl",  "-Mbignum=bpi", "-wle", "print bpi(2000)"]
      restartPolicy: OnFailure  （5）
```

（**1**）　プロセス再実行回数の上限を指定。デフォルトは 6
（**2**）　プロセス実行のタイムアウトを指定
（**3**）　プロセスの実行回数を指定
（**4**）　プロセスの並列度を指定。開始後に `kubectl scale job <Job 名> --replicas <並列度>` で
変更することも可能
（**5**）　プロセスの再実行ポリシーを指定。`Always`（デフォルト）、`OnFailure`、`Never` が指定可能

　Job リソースを生成すると、直ちに Pod が生成されて Job の実行が開始されます。

```
$ kubectl create -f job-with-timeout.yaml
job "pi-with-timeout" created

$ kubectl get jobs
NAME              DESIRED    SUCCESSFUL    AGE
pi-with-timeout   3          0             11s

$ kubectl get po --show-all
NAME                    READY    STATUS       RESTARTS    AGE
pi-with-timeout-9mc85   0/1      Completed    0           44s
pi-with-timeout-h7pgf   0/1      Completed    0           32s
```

124

```
pi-with-timeout-jl4g6    1/1         Running      0          10s
```

プロセス実行完了後も、Job リソースを削除しないかぎり、Pod は `STATUS=Completed` のまま残っています。たとえば、最後に実行された Pod のログを参照するには次のようにします。

```
$ POD=$(kubectl get pods  --show-all --selector=job-name=pi-with-timeout \
--output=jsonpath='{range .items[*]}{.metadata.name}{"\n"}{end}' | tail -1)

$ kubectl logs $POD
3.14159265358979323846264338327950288419716939937510582097494459230781640628620 · · ·
```

### CronJob

CronJob は、Job を定期的に実行するためのリソースで、指定されたスケジュールに従って Job を生成します。その名のとおり、UNIX 系 OS における cron と同じような使い方ができます。

CronJob の定義は次のようになります[27]。

```
apiVersion: batch/v2alpha1
kind: CronJob
metadata:
  name: hello
spec:
  schedule: "*/1 * * * *"  （1）
  startingDeadlineSeconds: 5  （2）
  concurrencyPolicy: Forbid  （3）
  jobTemplate:
    spec:
      template:
        spec:
          containers:
          - name: hello
            image: busybox
            args:
            - /bin/sh
```

---

[27] 詳細はドキュメントを参照してください。`https://kubernetes.io/docs/concepts/workloads/controllers/cron-jobs/`

第 4 章　Kubernetes によるコンテナオーケストレーション概要

```
              - -c
              - date; echo Hello from the Kubernetes cluster
          restartPolicy: OnFailure
```

（1）　スケジュールを cron フォーマットで指定
（2）　指定したスケジュールから Job の生成まで許容する待ち時間を指定。超過した場合には Job が生成されない
（3）　すでに起動済みの Job が未完了の場合の挙動を指定。デフォルトは `Allow`（重複起動許可）だが、`Forbid`（重複起動禁止）や `Replace`（置換）も指定できる

　CronJob を生成すると、指定したスケジュールに従って Job が自動生成され、Job から Pod が実行されます。

```
$ kubectl create -f cronjob.yaml
cronjob "hello" created

$ kubectl get cronjob
NAME       SCHEDULE        SUSPEND     ACTIVE     LAST SCHEDULE     AGE
hello      */1 * * * *     False       0          Tue, 30 Jan 2018 06:11:00 +0700

$ kubectl get job
NAME                DESIRED     SUCCESSFUL     AGE
hello-1517267460    1           1              1m
hello-1517267520    1           1              46s
```

　CronJob はリソース定義を作成せずに、`kubectl run` で簡易的に生成することもできます。

```
$ kubectl run hello --schedule="*/1 * * * *" --restart=OnFailure \
--image=busybox -- /bin/sh -c "date; echo Hello from the Kubernetes cluster"
cronjob "hello" created
```

　注意しなければならないのは、「指定されたスケジュールの時刻どおりに厳密に Job が実行されることが保証されるわけではない」という点です。`concurrencyPolicy` の指定にもよりますが、Job が重複実行されたり、Job の実行がスキップされたりする可能性もあります。そのため、Job の実行はべき等（idempodent）であることを担保するようにしてください。
　Kubernetes の仕組みや機能、特徴などについては以上です。以降では、実際の導入と操作の基本を、オールインワン環境の Minikube を使って説明していきます。

126

# 4.6 Minikube で学ぶ Kubernetes の基本

　プロダクション用途で Kubernetes を利用する場合、マネージドサービスを利用するか、クラウドやオンプレミスの環境に複数ノードからなる Kubernetes クラスタを構築することになります。しかし、これらの方法ではコストがかかったり、環境構築に時間と手間がかかったりします。

　そこで、本書ではとりあえず Kubernetes を体験してみるためのツールとして Minikube を利用します。Minikube はローカルマシン上にオールインワンの Kubernetes のクラスタを構築するためのツールです。すべてのコンポーネントがコンテナ化されたバージョンで稼働し、仮想マシンを 1 台起動するだけでよいため、必要なシステムリソースが少なくてすみます。また、クラスタの起動／停止などの操作は minikube コマンドのみで簡単に実行できるようになっています。

　第 5 章以降で本格的に Kubernetes を使い始める前の手慣らしのために、Minikube を利用して Kubernetes の基本的な操作方法を学んでおきましょう。

　なお、本節の手順は、

◆ macOS Sierra 10.12.6
◆ Kubernetes v1.7.5
◆ kubectl v1.9.3
◆ Minikube v0.25.0

の環境で動作を確認しています。バージョン確認方法は次のとおりです。

```
$ kubectl version
Client Version: version.Info{Major:"1", Minor:"9", GitVersion:"v1.9.3", GitCommit
:"d2835416544f298c919e2ead3be3d0864b52323b", GitTreeState:"clean", BuildDate:"201
8-02-09T21:51:06Z", GoVersion:"go1.9.4", Compiler:"gc", Platform:"darwin/amd64"}
Server Version: version.Info{Major:"1", Minor:"7", GitVersion:"v1.7.5", GitCommit
:"17d7182a7ccbb167074be7a87f0a68bd00d58d97", GitTreeState:"clean", BuildDate:"201
7-10-04T09:07:46Z", GoVersion:"go1.8.3", Compiler:"gc", Platform:"linux/amd64"}


$ minikube version
minikube version: v0.25.0


$ minikube config view
- kubernetes-version: v1.7.5
- profile: v1.7.5
- vm-driver: hyperkit
- ingress: true
```

第 4 章　Kubernetes によるコンテナオーケストレーション概要

## 4.6.1　Minikube のインストールと設定

本節では Minikube のインストールと初期設定、および Minikube の基本的な使い方について説明します。

### 情報源

インストールに関する最新情報や、Minikube のプロジェクトに関する情報は次の URL を参照してください。

公式ドキュメント：
`https://kubernetes.io/docs/tasks/tools/install-minikube/`
プロジェクト（GitHub）：
`https://github.com/kubernetes/minikube`

### インストールの前提条件

◆ VT-x や AMD-v などの仮想化支援機能が有効になっていること
◆ 次のいずれかのハイパーバイザーがインストールされていること

**macOS**　Hyperkit/VirtualBox/VMware Fusion/**xhyve**
**Windows**　Hyper-V/VirtualBox
**Linux**　KVM/VirtualBox

◆ 初回起動時に仮想マシンや Minikube のイメージを取得するため、インターネットに接続可能であること

VirtualBox および VMware Fusion 以外のハイパーバイザーを利用する場合、別途ドライバをインストールする必要があります。また、とくに指定しないかぎり、デフォルトのハイパーバイザーとして VirtualBox が選択されますので、VirtualBox 以外を利用する場合には、Minikube の起動オプションでハイパーバイザーを明示的に指定する必要があります。

### インストール

Minikube は Go 言語で実装されており、依存ライブラリを内包したシングルバイナリとして提供されています。そのため、専用のインストーラを使わずに、配布されている実行ファイルのバイナリをダウンロードし、必要に応じて実行権限を与えるだけで利用可能です。

ただし、快適に利用するためにはパスの通ったディレクトリにコピーするなどの設定が必要なので、プラットフォームによっては homebrew などのパッケージ管理システムを利用してインストールしたほうが容易かもしれません。お好きな方法を選択してください。

詳細なインストール手順はプロジェクトのリリースページ[28]に記載されています。ここでは手順の概略

---

[28] `https://github.com/kubernetes/minikube/releases`

を示します。

### バイナリインストール

Minikube のリリース一覧から、プラットフォームに合ったバイナリをダウンロードします。

https://github.com/kubernetes/minikube/releases

たとえば、macOS の場合は次のようにします。

```
$ curl -Lo minikube https://storage.googleapis.com/minikube/releases/v0.25.0/ ⇒
minikube-darwin-amd64
```

ダウンロードしたバイナリに実行権限を付与し、パスの通ったディレクトリへ移動します。

```
$ chmod +x minikube
$ sudo mv minikube /usr/local/bin/
```

### homebrew によるインストール（macOS の場合）

macOS の場合、次のようにして homebrew によるインストールが可能です。

```
$ brew cask install minikube
```

### 設定

Minikube の設定は `minikube config` コマンドで管理でき、設定内容はデフォルトでは `$HOME/.minikube/` 以下に格納されます。

設定方法の詳細は `minikube config --help` で確認できます。

## 4.6.2　kubectl のインストールと設定

`kubectl` は Kubernetes クラスタに対してデプロイや Pod のスケールアウトなどの各種管理操作を行うための CLI ツールです。Minikube にかぎらず、本章以降で紹介する Kubernetes の各種マネージドサービスや、自分で構築した Kubernetes クラスタに対する管理が行えます。

Kubernetes は GUI で操作できる項目が限られるため、`kubectl` を使いこなすことが必須となります。本章では Minikube の環境に対して `kubectl` によるアプリケーションのデプロイなどを実際に行ってみて、Kubernetes の実際の動きを体験し、`kubectl` に慣れておきましょう。

第 4 章　Kubernetes によるコンテナオーケストレーション概要

### 情報源

インストールに関する最新情報は次の URL を参照してください。

公式ドキュメント：

https://kubernetes.io/docs/tasks/tools/install-kubectl/

## インストール

kubectl も Minikube と同様に Go 言語で実装されており、実行ファイルのバイナリをダウンロードして実行権限を与え、パスを通すだけで利用できます。プラットフォームによっては homebrew などのパッケージ管理システムを利用してインストールすることも可能です。

### curl コマンドによるダウンロード

公式ドキュメントにプラットフォーム別のダウンロード方法の記載がありますので、こちらを参照してください。

https://kubernetes.io/docs/tasks/tools/install-kubectl/#install-kubectl-binary-via-curl

たとえば macOS では次のようにします。

```
$ curl -LO https://storage.googleapis.com/kubernetes-release/release/'curl ⇒
-s https://storage.googleapis.com/kubernetes-release/release/stable.txt'/bin/ ⇒
darwin/amd64/kubectl
```

ダウンロードしたバイナリに実行権限を付与し、パスの通ったディレクトリへ移動します。

```
$ chmod +x ./kubectl
$ sudo mv ./kubectl /usr/local/bin/kubectl
```

### homebrew によるインストール（macOS の場合）

macOS の場合、次のようにして homebrew によるインストールが可能です。

```
$ brew install kubectl
```

### 設定

kubectl の設定は kubectl config コマンドで管理でき、デフォルトでは $HOME/.kube/config/以下に設定内容が格納されます。

設定方法の詳細は kubectl config --help で確認できます。

### シェルの自動補完の設定

`kubectl` はサブコマンドが多く、かつコマンド名が長いものが多いため、コマンドをタイプするのが大変です。

そのため、シェルの自動補完を活用すると効率的に作業を進めることができます。自動補完の設定方法の詳細については、次のドキュメントを参照してください。

https://kubernetes.io/docs/tasks/tools/install-kubectl/#enabling-shell-autocompletion

## 4.6.3　Minikube と kubectl によるアプリケーション実行

ここまでの手順で、ローカルマシン上でKubernetesを利用する準備が整いました。さっそく、Kubernetesクラスタを起動し、簡単なアプリケーションをデプロイしてみましょう。

### Minikube によるオールインワン Kubernetes クラスタ起動

`minikube start` コマンドで Kubernetes クラスタを起動することができます。

起動時に Kubernetes 実行用の仮想マシンが存在していなければ自動的に作成され、必要な仮想マシンイメージのダウンロードや、Kubernetes コンポーネントのコンテナイメージの pull などが行われます。そのため、初回起動時にはすこし時間がかかります。

また、ネットワーク接続に問題があると起動に失敗しますので、インターネットへの接続可能状態を確認しておいてください[29]。本節では、次のようにして Kubernetes のバージョンを指定して起動します。

```
$ minikube start --kubernetes-version v1.7.5
Starting local Kubernetes v1.7.5 cluster...
Starting VM...
Getting VM IP address...
Moving files into cluster...
Setting up certs...
Connecting to cluster...
Setting up kubeconfig...
Starting cluster components...
Kubectl is now configured to use the cluster.
Loading cached images from config file.
```

起動が完了したら、`kubectl` コマンドでクラスタに接続できることを確認しておいてください。

---

[29] 起動途中に失敗して残骸が残っている場合など、次回起動時に Minikube がうまく起動できなくなることがあります。その場合は `minikube delete` でいったん仮想マシンを削除してから、再度 `minikube start` を実行してみてください。

第 4 章　Kubernetes によるコンテナオーケストレーション概要

```
$ kubectl cluster-info
Kubernetes master is running at https://192.168.64.43:8443

To further debug and diagnose cluster problems, use 'kubectl cluster-info dump'.
```

### Minikube 環境の動作確認

echoserver[30] というシンプルなアプリケーションを利用して、Minikube から起動した Kubernetes クラスタが問題なく利用できることを確認します。

まず、次のコマンドでコンテナイメージをデプロイします。

```
$ kubectl run hello-minikube --image=k8s.gcr.io/echoserver:1.4 --port=8080
deployment "hello-minikube" created
```

`kubernetes run` コマンドは、コンテナイメージを指定するだけで簡単にデプロイを行うためのショートカットコマンドです。

次のコマンドで、内部的には Deployment が自動的に生成されていることが確認できます。

```
$ kubectl get po
NAME                              READY      STATUS      RESTARTS      AGE
hello-minikube-2600021500-dnpvx   1/1        Running     0             23s

$ kubectl get deployment
NAME             DESIRED   CURRENT   UP-TO-DATE   AVAILABLE   AGE
hello-minikube   1         1         1            1           2m
```

自動生成された Deployment から Service を生成し、NodePort 経由で公開します。

```
$ kubectl expose deployment hello-minikube --type=NodePort
service "hello-minikube" exposed
```

`minikube service` コマンドで、公開した Service にアクセスできます。

```
$ minikube service hello-minikube
Opening kubernetes service default/hello-minikube in default browser...
```

---

[30] https://kubernetes.io/docs/getting-started-guides/minikube/#quickstart

132

## 4.6 Minikube で学ぶ Kubernetes の基本

コマンドを実行すると、自動的にデフォルトブラウザが起動し、公開された Service の URL が開きます。

図 4.11 echoserver 実行結果

--url オプションを指定すると、URL のみを取得することが可能です。コマンドラインで操作する場合にはこちらが便利です。

```
$ minikube service hello-minikube --url
http://192.168.64.43:30686

$ curl $(minikube service hello-minikube --url)
CLIENT VALUES:
client_address=172.17.0.1
command=GET
real path=/
query=nil
request_version=1.1
request_uri=http://192.168.64.43:8080/

SERVER VALUES:
server_version=nginx: 1.10.0 - lua: 10001

HEADERS RECEIVED:
accept=*/*
host=192.168.64.43:30686
```

第 4 章　Kubernetes によるコンテナオーケストレーション概要

```
user-agent=curl/7.54.0
BODY:
-no body in request-
```

　動作確認ができたら、不要なリソースは削除しておきましょう。

```
$ kubectl delete deployment hello-minikube
$ kubectl delete svc hello-minikube
```

---

**NodePort と LoadBalancer、Ingress**

　Service を Kubernetes クラスタ外部に公開する場合、NodePort 以外に LoadBalancer を利用する方法もあります。それぞれの特徴は次のとおりです。

**NodePort**　Service の公開するポートを、NAT（NAPT）によってマシンのローカルポート経由で公開する。環境によらず手軽に利用できるが、利用者はマシン（Node）のホスト名（もしくは IP アドレス）とポートを指定してアクセスする必要があり、クラスタ構成時は利用が煩雑になる

**LoadBalancer**　Service の公開するポートを、Service にアサインした External IP 経由で公開する。利用者はクラスタの Node を意識せずに利用できるため、プロダクション環境では一般的にこちらを利用することが多い。ただし、External IP のアサイン方法は環境ごとに異なるため、事実上はパブリッククラウドのマネージドサービスなどで利用することが前提となる

　Minikube 環境では LoadBalancer が利用できないため、本章では NodePort を利用する手順を紹介しています。

　なお、Minikube 環境でも Ingress アドオンを利用すると、NodePort を利用せずに Service を公開できます。具体的には次のサイトが参考になります。

　「Minikube で快適に Ingress を利用する」

　https://qiita.com/superbrothers/items/13d8ce012ef23e22cb74

　もっと簡単に使いたい場合はこちらを参照してください。

　「Minikube で快適に Ingress を利用したいが、dnsmasq の設定は面倒なので省略したい」

　https://qiita.com/nobusue/items/4817c19c0279f070c24b

　興味のある方は試してみてください。

---

## 4.6.4　シンプルなアプリケーションの実行

　次に、Deployment を自分で定義して、簡単なアプリケーションを実行してみましょう。

4.6 Minikube で学ぶ Kubernetes の基本

　スケールアウトの結果を確認しやすくするため、ホスト名を表示する Nginx コンテナイメージを利用します。

```
https://hub.docker.com/r/stenote/nginx-hostname/
```

### Deployment 作成

次のように Deployment 定義を作成します。

```
apiVersion: apps/v1beta1  （1）
kind: Deployment
metadata:
  name: nginx-hostname-deployment  （2）
  labels:
    app: nginx-hostname
spec:
  replicas: 1  （3）
  selector:
    matchLabels:
      app: nginx-hostname  （4）
  template:
    metadata:
      labels:
        app: nginx-hostname  （5）
    spec:
      containers:
      - name: nginx-hostname
        image: stenote/nginx-hostname  （6）
        ports:
        - containerPort: 80
```

（**1**）　Deployment リソースの API バージョンを指定する。Kubernetes 1.8 で動かす場合は apps/v1beta2、1.9 では apps/v1 に変更

（**2**）　Deployment の名称を指定する。リソースを操作する際に、リソースを識別するために利用する

（**3**）　ReplicaSet 経由で生成する Pod のレプリカ数を指定する

（**4**）　ReplicaSet の配下に含める Label セレクターの条件を指定する

（**5**）　Pod の Label を指定する。（**4**）にマッチする必要がある

（**6**）　Pod を生成するためのコンテナイメージを指定する。ここでは DockerHub の `stenote/nginx-hostname` を指定している

135

第 4 章　Kubernetes によるコンテナオーケストレーション概要

作成した Deployment 定義から、Deployment リソースを生成します。

```
$ kubectl apply -f nginx-hostname-deployment.yaml
deployment "nginx-hostname-deployment" created
```

kubectl describe で実際に生成された Deployment を確認してみます。

```
$ kubectl describe deployment nginx-hostname-deployment
Name:                   nginx-hostname-deployment
Namespace:              default
CreationTimestamp:      Sat, 17 Feb 2018 04:15:10 +0900
Labels:                 app=nginx-hostname
Annotations:            deployment.kubernetes.io/revision=1
                        kubectl.kubernetes.io/last-applied-configuration={"apiVe
rsion":"apps/v1beta1","kind":"Deployment","metadata":{"annotations":{},"labels":
{"app":"nginx-hostname"},"name":"nginx-hostname-deployment","nam...
Selector:               app=nginx-hostname
Replicas:               1 desired | 1 updated | 1 total | 1 available | 0 unavai
lable
StrategyType:           RollingUpdate
MinReadySeconds:        0
RollingUpdateStrategy:  25% max unavailable, 25% max surge
Pod Template:
  Labels:   app=nginx-hostname
  Containers:
   nginx-hostname:
    Image:          stenote/nginx-hostname
    Port:           80/TCP
    Environment:    <none>
    Mounts:         <none>
  Volumes:          <none>
Conditions:
  Type            Status  Reason
  ----            ------  ------
  Available       True    MinimumReplicasAvailable
  Progressing     True    NewReplicaSetAvailable
OldReplicaSets:   <none>
```

136

```
NewReplicaSet:    nginx-hostname-deployment-1052595559 (1/1 replicas created)
Events:
  Type      Reason             Age    From                    Message
  ----      ------             ----   ----                    -------
  Normal    ScalingReplicaSet  8s     deployment-controller   Scaled up replica set
nginx-hostname-deployment-1052595559 to 1
```

このように、YAML ファイルでは指定していない多数のメタデータや、リソースのステータスなどの情報が追加されていることが確認できます。

Deployment を生成したので、ReplicaSet と Pod が自動的に生成されているはずです。実際に生成された Pod を確認してみます。

```
$ kubectl get po -l app=nginx-hostname
NAME                                           READY   STATUS    RESTARTS   AGE
nginx-hostname-deployment-1052595559-4wz6s     1/1     Running   0          16s
```

replicas=1 と指定していたので、その指定どおり Pod が 1 つだけ生成されていることが確認できました。

### NodePort 経由での Service 公開

Minikube 環境では LoadBalancer が利用できないため、NodePort を経由して Service を公開します。これにより、Service が公開しているポートを、Minikube 環境のホストマシンのポートにマッピングできます。

```
$ kubectl expose deployment nginx-hostname-deployment --type=NodePort
service "nginx-hostname-deployment" exposed
```

次のようにして、公開された Service の詳細が確認できます。

```
$ kubectl get svc nginx-hostname-deployment
NAME                        TYPE       CLUSTER-IP   EXTERNAL-IP   PORT(S)        AGE
nginx-hostname-deployment   NodePort   10.0.0.242   <none>        80:30151/TCP   24s

$ kubectl describe svc nginx-hostname-deployment
Name:                     nginx-hostname-deployment
Namespace:                default
Labels:                   app=nginx-hostname
```

## 第 4 章 Kubernetes によるコンテナオーケストレーション概要

```
Annotations:              <none>
Selector:                 app=nginx-hostname
Type:                     NodePort
IP:                       10.0.0.242
Port:                     <unset>  80/TCP
TargetPort:               80/TCP
NodePort:                 <unset>  30151/TCP
Endpoints:                172.17.0.5:80
Session Affinity:         None
External Traffic Policy:  Cluster
Events:                   <none>
```

前節と同様にブラウザでアクセスしてみます。

```
$ minikube service nginx-hostname-deployment
Opening kubernetes service default/nginx-hostname-deployment in default browser...
```

図 4.12　nginx-hostname の実行結果

ここで利用しているコンテナイメージは、自分のホスト名を表示するように設定された Nginx コンテナですが、実行してみると Pod 名が表示されました。すなわち、Pod 名がホスト名として設定されていることが分かります。

## スケールアウト

現時点では Pod のレプリカ数は 1 なので、次のようにして、先ほど公開した Service にアクセスすると必ず特定の Pod にルーティングされることが確認できます[31]。

```
$ COUNTER=0; \
while [ $COUNTER -lt 10 ]; \
  do curl -s $(minikube service nginx-hostname-deployment --url) ; \
  let COUNTER=COUNTER+1 ; \
done
nginx-hostname-deployment-1052595559-4wz6s
nginx-hostname-deployment-1052595559-4wz6s
nginx-hostname-deployment-1052595559-4wz6s
nginx-hostname-deployment-1052595559-4wz6s
nginx-hostname-deployment-1052595559-4wz6s
nginx-hostname-deployment-1052595559-4wz6s
nginx-hostname-deployment-1052595559-4wz6s
nginx-hostname-deployment-1052595559-4wz6s
nginx-hostname-deployment-1052595559-4wz6s
nginx-hostname-deployment-1052595559-4wz6s
```

それでは、Pod のレプリカ数を増やしてみるとどうなるでしょうか。次のようにしてレプリカ数を 5 に変更してみます。

```
$ kubectl scale --replicas=5 deployment/nginx-hostname-deployment
deployment "nginx-hostname-deployment" scaled
```

スケールアウト処理の途中で Pod 一覧を参照すると、まだステータスが Running になっていない Pod が存在することが確認できます。

```
$ kubectl get po -l app=nginx-hostname
NAME                                         READY  STATUS            RESTARTS  AGE
nginx-hostname-deployment-1052595559-4wz6s   1/1    Running           0         4m
nginx-hostname-deployment-1052595559-bvjjs   1/1    Running           0         7s
nginx-hostname-deployment-1052595559-jm82n   0/1    ContainerCreating 0         7s
nginx-hostname-deployment-1052595559-ppr8t   1/1    Running           0         7s
```

---

[31] Windows 環境などデフォルトで curl コマンドが利用できない環境の場合、適宜インストールしてください。また、$() によるシェル置換が利用できない場合は、お手数ですが実行結果をコピー & ペーストするなどして対応してください。

第 4 章　Kubernetes によるコンテナオーケストレーション概要

```
nginx-hostname-deployment-1052595559-rlht5  0/1     ContainerCreating  0          7s
```

次のように、すべての Pod のステータスが Running になるまで待ちます。

```
$ kubectl get po -l app=nginx-hostname
NAME                                        READY   STATUS    RESTARTS   AGE
nginx-hostname-deployment-1052595559-4wz6s  1/1     Running   0          4m
nginx-hostname-deployment-1052595559-bvjjs  1/1     Running   0          20s
nginx-hostname-deployment-1052595559-jm82n  1/1     Running   0          20s
nginx-hostname-deployment-1052595559-ppr8t  1/1     Running   0          20s
nginx-hostname-deployment-1052595559-rlht5  1/1     Running   0          20s
```

スケールアウトが完了したら、再度ルーティング状況を確認してみましょう。

```
$ COUNTER=0; \
while [ $COUNTER -lt 10 ]; \
  do curl -s $(minikube service nginx-hostname-deployment --url) ; \
  let COUNTER=COUNTER+1 ; \
done
nginx-hostname-deployment-1052595559-rlht5
nginx-hostname-deployment-1052595559-bvjjs
nginx-hostname-deployment-1052595559-ppr8t
nginx-hostname-deployment-1052595559-jm82n
nginx-hostname-deployment-1052595559-jm82n
nginx-hostname-deployment-1052595559-rlht5
nginx-hostname-deployment-1052595559-jm82n
nginx-hostname-deployment-1052595559-4wz6s
nginx-hostname-deployment-1052595559-4wz6s
nginx-hostname-deployment-1052595559-jm82n
```

このように、リクエストが ReplicaSet 配下の Pod へランダムにロードバランスされていることが分かります。

**不要なリソースの削除**

動作確認ができたら、不要なリソースは削除しておきましょう。

```
$ kubectl delete svc nginx-hostname-deployment
service "nginx-hostname-deployment" deleted
```

```
$ kubectl delete deployment nginx-hostname-deployment
deployment "nginx-hostname-deployment" deleted
```

## 4.6.5　複雑なアプリケーションの実行

　前節では Deployment を自分で作成してアプリケーションをデプロイする手順を説明しました。次に、より実用的なアプリケーションに近いサンプルとして、PHP ベースの Web アプリケーションと Redis が連携するアプリケーションをデプロイしてみましょう[32]。

　ここでとくに重要なのは、Redis マスターと Redis スレーブをバックエンドの Service として公開し、フロントエンドの Web アプリケーションから Service 経由で Redis に接続する手順です。一般に、複数レイヤで構成されるアプリケーションを Kubernetes にデプロイする場合、Pod 間で直接通信するのではなく、本節で紹介するように Service を経由することがベストプラクティスです。

### Redis マスターの起動
　まず、Redis マスターを起動するための Deployment を作成します。

```
apiVersion: apps/v1beta1
kind: Deployment
metadata:
  name: redis-master
spec:
  selector:
    matchLabels:
      app: redis
      role: master
      tier: backend
  replicas: 1
  template:
    metadata:
      labels: （1）
        app: redis
        role: master
```

---

[32] Kubernetes のチュートリアルで紹介されている Guestbook アプリケーションを利用しています。https://kubernetes.io/docs/tutorials/stateless-application/guestbook/

第 4 章　Kubernetes によるコンテナオーケストレーション概要

```
        tier: backend
    spec:
      containers:
      - name: master
        image: redis
        resources:　（2）
          requests:
            cpu: 100m
            memory: 100Mi
        ports:
        - containerPort: 6379
```

（**1**）　Label は複数定義できる

（**2**）　Pod テンプレートの `spec.containers.resources.requests` を指定することで、Pod の起動時に必要なリソースを明示的に確保する。なお、`limits` を指定すると Pod が利用できるリソースの上限を制限できる

Redis マスターの Deployment を生成します。

```
$ kubectl apply -f redis-master-deployment.yaml
deployment "redis-master" created

$ kubectl get po
NAME                          READY     STATUS     RESTARTS    AGE
redis-master-1405623842-7qlj8 1/1       Running    0           16s
```

Deployment から、Redis マスターの Pod が起動されました。

正常に起動できているか、念のためログを確認しておきましょう。`kubectl logs` コマンドを利用します。

```
$ kubectl logs -f redis-master-1405623842-7qlj8
6:C 16 Feb 19:44:50.393 # oO0OoO0OoO0Oo Redis is starting oO0OoO0OoO0Oo
6:C 16 Feb 19:44:50.393 # Redis version=4.0.8, bits=64, commit=00000000, modifie
d=0, pid=6, just started
6:C 16 Feb 19:44:50.393 # Warning: no config file specified, using the default c
onfig. In order to specify a config file use redis-server /path/to/redis.conf
6:M 16 Feb 19:44:50.394 * Running mode=standalone, port=6379.
```

142

```
6:M 16 Feb 19:44:50.394 # WARNING: The TCP backlog setting of 511 cannot be enfo
rced because /proc/sys/net/core/somaxconn is set to the lower value of 128.
6:M 16 Feb 19:44:50.394 # Server initialized
6:M 16 Feb 19:44:50.394 * Ready to accept connections
```

`-f` オプションを指定すると、Pod のログをリアルタイムにフォローできます (`tail -f` と同じ挙動です)。ログのフォローを終了する場合は［Ctrl］＋［C］をタイプしてください。

なお、POD 名を手動でコピー＆ペーストするのが面倒な場合には、次のようにして POD 名を自動的に抽出することも可能です。

```
$ POD=$(kubectl get pods --selector=app=redis,role=master \
--output=jsonpath='{range .items[*]}{.metadata.name}{"\n"}{end}' | tail -1)
$ echo $POD
redis-master-1405623842-7qlj8
$ kubectl logs -f $POD
```

このように `--output=jsonpath=''` に JSONPath テンプレートを指定することで、リソースの情報を部分的に抽出できます。`kubectl` の JSONPath サポートに関する詳細は公式ドキュメント[33]を参照してください。

### Redis マスターの Service 作成

フロントエンド Web アプリケーションからアクセスするために、Redis マスターの Deployment を公開する Service を作成します。

```
apiVersion: v1
kind: Service
metadata:
  name: redis-master
  labels:
    app: redis
    role: master
    tier: backend
spec:
  ports:
  - port: 6379   (1)
```

---

[33] https://kubernetes.io/docs/reference/kubectl/jsonpath/

第 4 章　Kubernetes によるコンテナオーケストレーション概要

```
      targetPort: 6379　（2）
    selector:　（3）
      app: redis
      role: master
      tier: backend
```

**(1)**　Service が公開するポート。Service の利用側はこのポートに接続する
**(2)**　Service の転送先ポート。Pod がリッスンしているポートを指定する
**(3)**　Redis マスターの Pod テンプレートで指定した Label に対応するセレクターを指定

　この定義から Service を生成します。

```
$ kubectl apply -f redis-master-service.yaml
service "redis-master" created

$ kubectl get svc
NAME            TYPE        CLUSTER-IP      EXTERNAL-IP    PORT(S)     AGE
kubernetes      ClusterIP   10.0.0.1        <none>         443/TCP     23h
redis-master    ClusterIP   10.0.0.187      <none>         6379/TCP    13s
```

　redis-masterService が生成されました。なお、**kubernetes** はデフォルトで定義されている Service です。

### Redis スレーブの起動
　Redis マスターと同様に、Redis スレーブの Deployment 定義を作成します。

```
apiVersion: apps/v1beta1
kind: Deployment
metadata:
  name: redis-slave
spec:
  selector:
    matchLabels:
      app: redis
      role: slave
      tier: backend
  replicas: 2
```

144

```
    template:
      metadata:
        labels:
          app: redis
          role: slave
          tier: backend
      spec:
        containers:
        - name: slave
          image: gcr.io/google_samples/gb-redisslave:v1
          resources:
            requests:
              cpu: 100m
              memory: 100Mi
          env:
          - name: GET_HOSTS_FROM  （1）
            value: env
          ports:
          - containerPort: 6379
```

（**1**）　Pod テンプレートで環境変数 `GET_HOSTS_FROM=env` を設定

これにより、Redis マスターの接続先情報を環境変数経由で取得します。
Redis スレーブの Deployment を生成します。

```
$ kubectl apply -f redis-slave-deployment.yaml
deployment "redis-slave" created
```

Pod 一覧を確認すると、Redis マスターが 1 つ、Redis スレーブが 2 つ起動していることが分かります。

```
$ kubectl get po
NAME                             READY   STATUS    RESTARTS   AGE
redis-master-1405623842-7qlj8    1/1     Running   0          13m
redis-slave-3837281623-bqgns     1/1     Running   0          19s
redis-slave-3837281623-zdszg     1/1     Running   0          19s
```

第 4 章　Kubernetes によるコンテナオーケストレーション概要

### Redis スレーブ Service 作成

　Redis マスターと同様に、フロントエンド Web アプリケーションからアクセスするために、Redis スレーブの Deployment を公開する Service を作成します。

```
apiVersion: v1
kind: Service
metadata:
  name: redis-slave
  labels:
    app: redis
    role: slave
    tier: backend
spec:
  ports:
  - port: 6379　（1）
    selector:
    app: redis
    role: slave
    tier: backend
```

**（1）**　targetPort を省略しているので、デフォルト値として port と同じ値が設定される

　この定義から Service を生成します。

```
$ kubectl apply -f redis-slave-service.yaml
service "redis-slave" created

$ kubectl get svc
NAME           TYPE        CLUSTER-IP     EXTERNAL-IP   PORT(S)     AGE
kubernetes     ClusterIP   10.0.0.1       <none>        443/TCP     23h
redis-master   ClusterIP   10.0.0.187     <none>        6379/TCP    5m
redis-slave    ClusterIP   10.0.0.113     <none>        6379/TCP    11s
```

　`redis-slave` が生成されました。

### フロントエンド Web アプリケーションのセットアップ

　バックエンドの Redis と連携する Web アプリケーションの Deployment を作成します。

146

```
apiVersion: apps/v1beta1
kind: Deployment
metadata:
  name: frontend
spec:
  selector:
    matchLabels:
      app: guestbook
      tier: frontend
  replicas: 3
  template:
    metadata:
      labels:
        app: guestbook
        tier: frontend
    spec:
      containers:
      - name: php-redis
        image: gcr.io/google-samples/gb-frontend:v4
        resources:
          requests:
            cpu: 100m
            memory: 100Mi
        env:
        - name: GET_HOSTS_FROM
          value: env
        ports:
        - containerPort: 80
```

フロントエンド Web アプリケーションの Deployment を生成します。

```
$ kubectl apply -f frontend-deployment.yaml
deployment "frontend" created
```

しばらく待つと、Pod が 3 つ起動します。

第 4 章　Kubernetes によるコンテナオーケストレーション概要

```
$ kubectl get po -l app=guestbook -l tier=frontend
NAME                         READY      STATUS      RESTARTS     AGE
frontend-1768566195-2sbdb    1/1        Running     0            1m
frontend-1768566195-3hmbk    1/1        Running     0            1m
frontend-1768566195-cs245    1/1        Running     0            1m
```

このように、`kubectl get po` に対して、`-l` で Label セレクターを複数指定して絞り込みが行えます。

### フロントエンド Web アプリケーションの公開

フロントエンド Web アプリケーションの Deployment を公開する Service を作成します。この Service はエンドユーザーに対するアプリケーションの入口を提供するためのものです。

```
apiVersion: v1
kind: Service
metadata:
  name: frontend
  labels:
    app: guestbook
    tier: frontend
spec:
  type: NodePort　（1）
  ports:
  - port: 80
  selector:
    app: guestbook
    tier: frontend
```

（1）　NodePort を指定しているため、明示的に **expose** を行わなくても自動的に NodePort 経由で公開される

```
$ kubectl apply -f frontend-service.yaml
service "frontend" created

$ kubectl get services
NAME         TYPE        CLUSTER-IP     EXTERNAL-IP     PORT(S)         AGE
frontend     NodePort    10.0.0.108     <none>          80:31237/TCP    23s
kubernetes   ClusterIP   10.0.0.1       <none>          443/TCP         23h
```

```
redis-master    ClusterIP    10.0.0.187    <none>    6379/TCP    13m
redis-slave     ClusterIP    10.0.0.113    <none>    6379/TCP    7m
```

`frontend` のポートを確認すると、`80:31237/TCP` のように NAT（NAPT）が設定されていることが分かります。これにより、ローカルマシン（Minikube 実行環境）の 31237 番ポートから、`frontend`Service の 80 番ポートにアクセスできます。

**NodePort 経由でフロントエンド Web アプリケーションにアクセス**

`minikube service` を利用して、フロントエンド Web アプリケーションの Service にアクセスします[34]。

```
$ minikube service frontend
Opening kubernetes service default/frontend in default browser...
```

図 4.13　guestbook 実行結果

明示的に URL を取得したい場合は次のようにします。

---

[34] すでに確認したとおり、Service に対応するローカルマシン側のポートは `kubectl get services` で参照できますが、Minikube 環境では `minikube service` コマンドを利用すると手順をショートカットできます。

第 4 章　Kubernetes によるコンテナオーケストレーション概要

```
$ minikube service frontend --url
http://192.168.64.43:31237
```

## 4.6.6　スケールアップとスケールダウン

### フロントエンド Web アプリケーションのスケールアップ

　Kubernetes を利用するメリットのひとつが、コンテナ（Pod）のスケールアップ／スケールダウンが容易に行えることです。ここでは、試しにフロントエンド Web アプリケーションのレプリカ数を 3 から 5 に変更してみましょう。

　レプリカ数の変更は、`kubectl patch` コマンドなどで Deployment リソースの定義を操作することでも行えますが、ショートカットコマンドを利用するほうが簡単です。

```
$ kubectl scale deployment frontend --replicas=5
deployment "frontend" scaled

$ kubectl get po -l app=guestbook -l tier=frontend
NAME                        READY     STATUS     RESTARTS    AGE
frontend-2556400979-4gh3w   1/1       Running    0           9s
frontend-2556400979-7rs0j   1/1       Running    0           5m
frontend-2556400979-t28bh   1/1       Running    0           5m
frontend-2556400979-xwng0   1/1       Running    0           5m
frontend-2556400979-zwqhl   1/1       Running    0           9s
```

　新たに 2 つの Pod が起動したことを確認できました。

　念のため、追加起動された Pod のログを確認しておきましょう[35]。

```
$ kubectl logs -f frontend-2556400979-4gh3w
AH00558: apache2: Could not reliably determine the server's fully qualified doma
in name, using 172.17.0.8. Set the 'ServerName' directive globally to suppress t
his message
AH00558: apache2: Could not reliably determine the server's fully qualified doma
in name, using 172.17.0.8. Set the 'ServerName' directive globally to suppress t
```

---

[35] 複数 Pod で構成されるサービスのログを参照する場合、`kubectl logs` は Pod 単位でしかログが参照できず手間がかかります。たとえば stern というツールを利用すると、Pod 名の一部（ここでは `frontend`）を指定してマッチする Pod のログを横断的に参照できて便利です。https://github.com/wercker/stern

```
his message
[Fri Feb 16 20:19:08.943351 2018] [mpm_prefork:notice] [pid 5] AH00163: Apache/2
.4.10 (Debian) PHP/5.6.20 configured -- resuming normal operations
[Fri Feb 16 20:19:08.943392 2018] [core:notice] [pid 5] AH00094: Command line: '
apache2 -D FOREGROUND'
172.17.0.1 - - [16/Feb/2018:20:20:19 +0000] "GET / HTTP/1.1" 200 826 "-" "Mozill
a/5.0 (Macintosh; Intel Mac OS X 10_12_6) AppleWebKit/537.36 (KHTML, like Gecko)
 Chrome/64.0.3282.167 Safari/537.36"
```

## フロントエンド Web アプリケーションのスケールダウン

次に、フロントエンド Web アプリケーションのレプリカ数を 5 から 2 にスケールダウンしてみます。

```
$ kubectl scale deployment frontend --replicas=2
deployment "frontend" scaled
```

スケールダウン操作の直後に Pod 一覧を参照すると、フロントエンド Web アプリケーションの Pod の
うち 3 つが STATUS=Terminating になっていることが確認できます。

```
$ kubectl get po
NAME                          READY    STATUS        RESTARTS    AGE
frontend-2556400979-4gh3w     0/1      Terminating   0           1m
frontend-2556400979-7rs0j     1/1      Running       0           7m
frontend-2556400979-t28bh     1/1      Running       0           7m
frontend-2556400979-xwng0     0/1      Terminating   0           7m
frontend-2556400979-zwqhl     0/1      Terminating   0           1m
redis-master-1405623842-7qlj8 1/1      Running       0           41m
redis-slave-1223160431-pv7k1  1/1      Running       0           8m
redis-slave-1223160431-qzlb0  1/1      Running       0           8m
```

状況にもよりますが、スケールダウン時にどの Pod が Terminate されるかはランダムに決定され、明
示的に指定することができません。

```
$ kubectl get po
NAME                          READY    STATUS        RESTARTS    AGE
frontend-2556400979-7rs0j     1/1      Running       0           7m
frontend-2556400979-t28bh     1/1      Running       0           7m
```

第 4 章　Kubernetes によるコンテナオーケストレーション概要

```
redis-master-1405623842-7qlj8    1/1        Running    0        41m
redis-slave-1223160431-pv7k1     1/1        Running    0        8m
redis-slave-1223160431-qzlb0     1/1        Running    0        8m
```

　スケールダウンが完了すると、指定したとおりレプリカ数が 2 になっていることが確認できます。

### 不要なリソースの削除

　ここまでで、アプリケーションの動作確認、および Kubernetes におけるスケールアップ／スケールダウンの確認は完了です。手順はすこし複雑になりましたが、実用的なアプリケーションのデプロイを行うために必要な事項は一通り理解できたと思います。

　最後に、不要なリソースは削除しておきましょう。

```
$ kubectl delete deployment -l app=redis
deployment "redis-master" deleted
deployment "redis-slave" deleted

$ kubectl delete service -l app=redis
service "redis-master" deleted
service "redis-slave" deleted

$ kubectl delete deployment -l app=guestbook
deployment "frontend" deleted

$ kubectl delete service -l app=guestbook
service "frontend" deleted

$ kubectl get all
No resources found.
```

＊　＊　＊

本章では、Kubernetes によるコンテナオーケストレーションの概要について説明し、Minikube 環境で実際の動作を確認してみました。Kubernetes は、パブリッククラウドやオンプレミスなど、さまざまな環境で利用することができます[36]。環境によって使い方が異なる部分はありますが、Pod や Service、

---

[36] 本書の執筆時点では、パブリッククラウドやオンプレミスの環境で自前の Kubernetes クラスタを構築／運用することはそれなりに労力を必要とします。そのため、本書ではマネージドサービスを中心に紹介していますが、自分でクラスタを構築したい方は第 6 章の Rancher や、第 8 章の OpenShift などの情報を参照して挑戦してみてください。なお、この領域は急速に発展していますので、今後は次第にクラスタ構築が容易になることが期待されます。

152

Deployment など根幹をなす部分は不変ですので、本章で得た知識を活用して Kubernetes を活用してください。次章以降では、個別の環境に特化した Kubernetes について紹介していきます。

5

# GKE（Google Kubernetes Engine）

## 5.1　GKE とは？ Kubernetes as a Service on GCP

　GKE（Google Kubernetes Engine）とは、その名のとおり Google Cloud Platform 上で動く、Kubernetes のマネージドサービスです。もともとは、Google Container Engine と呼ばれていたのですが、2017 年 11 月に CNCF（Cloud Native Computing Foundation）による認証プログラムがスタートし、認証済 Kubernetes プラットフォーム（Certified Kubernetes Platforms）として認定されたことを機に Google Kuberenetes Engine と名前を改めました[1]。CNCF の認証プログラムには 2018 年 1 月現在、32 のプラットフォームとディストリビューションが認証されていますが[2]、ユーザーとしてはそれらのなかで GKE がどのような特徴を持っているのか気になるところだと思います。

　GKE は、現段階で実績があり、簡単に使うことのできる Kubernetes プラットフォームの代表的なものといえます。本章では、数ある Kubernetes プラットフォームのなかで GKE とはどのようなもので、どんな特徴があるのか、事例やチュートリアルを交えて紹介していきます。

### 5.1.1　Kubernetes と Google

　Kubernetes はオープンソースのソフトウェアであり、現在では多くのベンダーやコミュニティによってサポートされています。2014 年にプロジェクトが開始した当初は、Kubernetes は Google のエンジニアが中心となって開発されていました。

　Google が CNCF に Kubernetes の資産を譲渡し、オープンソースとなったのは 2016 年です。それ以来、IBM、Docker、CoreOS、Mesosphere、Red Hat、VMware といった加盟企業が Google と手を組み、Kubernetes が Google 環境だけでなく、さまざまなパブリッククラウドやプライベートクラウド

---

[1] https://cloudplatform.googleblog.com/2017/11/introducing-Certified-Kubernetes-and-Google-Kubernetes-Engine.html
[2] https://www.cncf.io/announcement/2017/11/13/cloud-native-computing-foundation-launches-certified-kubernetes-program-32-conformant-distributions-platforms/

第 5 章　GKE（Google Kubernetes Engine）

図 5.1　GKE の Web サイト（https://cloud.google.com/kubernetes-engine/?hl=ja）

でも機能するようになっています。

　Kubernetes のベースになったものは Google の社内で 15 年以上にわたり使われている Borg[3]と呼ばれるクラスタ管理システムです。Borg を通じて学んだノウハウを、Google は OSS として結実させました。プロジェクトが成熟した現在でも、Google 自身が Kubernetes の開発に積極的に取り組んでいるため、GKE を利用するといち早く Kubernetes の新機能（アルファクラスタ[4]など）を利用できます。また、ロードバランサーやログ、モニタリングなど、GCP のほかのプロダクトと連携するための仕様を汎化させ、オープンソース のコミュニティにフィードバックするといったことも積極的に行われています。

## 5.1.2　Google Cloud Platform の上で動くということ

　GKE の特徴は、何と言っても GCP（Google Cloud Platform）上で動いているところです。GCP は、Google の開発者向けに作られていたプラットフォームを、世界中のすべての開発者に開放するという理念のもと作られました。GCP を使えば Google のサービスを動かすプラットフォーム／インフラを利用することができます。Google のサービスといえば、グローバルで極めてスケールが大きいことで知られています。Google 検索や YouTube、Google マップといった馴染みのあるサービスは世界中に 10 億人以上のユーザーを抱えています。

　Google のインフラ／プラットフォームは「謎に包まれている」という印象を持つ方が多いかもしれませんが、GFS（Google File System）、MapReduce といった分散コンピューティングを支える要素技術は学術論文として以前から公開されいました。GCP として本格的に始動し始めた 2013 年以降は Google のイベントやブログ記事、技術カンファレンスでの講演等により内部の情報が知られるようになってきて

---

[3] https://research.google.com/pubs/pub43438.html
[4] https://cloud.google.com/kubernetes-engine/docs/concepts/alpha-clusters

います。
　Googleのデータセンターのなかでは Jupiter と呼ばれるカスタムメイドのネットワークファブリックが動いており、二分割帯域幅で 1Pbps[5]を提供していること、Google は海底ケーブルに投資をした最初のテクノロジー企業であり、日米間には FASTER や Unity と呼ばれる数十 Tbps の専用回線を持っていること[6]、Borg と呼ばれるクラスタマネジメントシステムが動いており、Gmail／Google ドキュメント／検索といったアプリケーションは Borg のジョブとして実行されている、といったことが知られています。
　多くのグローバルなアプリケーションにより Google のプラットフォームは信頼性／安定性／性能／スケールに優れており、このような Google のプラットフォームやインフラ が使えること、そしてそれらは Google の SRE（Site Reliability Engineer）によって守られているということは大きな利点です。

## 5.2　GKE の特徴

　GKE の特徴を具体的に見ていくことにします。まずは GKE の構成の全体像を抑えておきましょう。
　GKE のクラスタは 1 つ以上の Master と Node と呼ばれる複数のワーカーから構成されます。
　Master は、Kubernetes API サーバー、スケジューラ、コアリソースコントローラといった Kubernetes コントロール プレーンのプロセスを実行します。Master のライフサイクルは、クラスタを作成または削除するときに GKE によって管理されます。

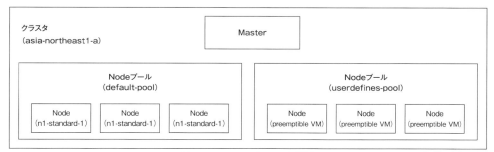

図 5.2　GKE のクラスタ構造

　Master は、クラスタの API エンドポイントです。Kubernetes API の呼び出しは、HTTP/gRPC 経由で直接行うか、`kubectl` コマンド、Cloud Console の GUI 操作によって間接的に行えます。Master がダウンすると Node 上で動作するアプリケーションには影響はないものの、Kubernetes API を介したコントロールができなくなるので注意が必要です。GKE では、Master は完全なマネージドサービスであり、ユーザーがその運用を気にする必要はありません。Node の実体は GCE（Google Compute Engine）の VM インスタンスです。デフォルトのマシンタイプは n1-standard-1 で、1vCPU および 3.75GB のメ

---

[5] これは 10 万台のサーバーがそれぞれ 10Gbps で通信することを可能にします。https://cloudplatform-jp.googleblog.com/2015/06/google-jupiter.html
[6] https://cloudplatform-jp.googleblog.com/2016/07/gcp-faster.html

第 5 章　GKE（Google Kubernetes Engine）

モリ、100GB のブートディスクを搭載します。これをワークロードの大きさに合わせて任意のマシンタイプに変更可能です。後述しますが、GKE クラスタのスケール戦略は、スケールアップ（Node の性能を上げる）、スケールアウト（Node の数を増やす）のどちらにも対応しています。

　クラスタは Node プールの集合として構成されます。Node プールは同じ種類の Node の集合です。一方、クラスタは異なる種類の Node プールを中に含められます。たとえば、異なる CPU プラットフォームを持つ Node プール、プリエンプティブル VM から構成される Node プールを作成して、ワークロードによって使い分けることが可能です。

```
↓ プリエンプティブル VM の Node プールを作成して、既存クラスタに追加する
$ gcloud container node-pools create pvm-pool \
--zone asia-northeast1-a --cluster my-cluster \
--num-nodes=3 \
--node-labels=nodetype=pvm \
--preemptible
```

　クラスタ my-cluster に含まれている Node プールを確認するには、次のように実行します。

```
$ gcloud container node-list list --cluster=my-cluster
```

　これにより次のような出力が得られます。クラスタ my-cluster の中には default-pool と pvm-pool という 2 つの Node プールが含まれていることが分かります。

```
NAME          MACHINE_TYPE    DISK_SIZE_GB  NODE_VERSION
default-pool  n1-standard-1   100           1.7.8-gke.0
pvm-pool      n1-standard-1   100           1.7.8-gke.0
```

　--node-labels オプションにより、Node プールに Label を付けられます。これは <Key>=<Value> のシンタックスで任意の Label を 1 つまたは複数付けられます。上の例では、nodetype=pvm とすることで、プリエンプティブル VM の Node であることを識別できるようにしています。Pod を配置する際にこの Label をセレクターとすることで、特定の Pod をそれにふさわしい Node プールに振り分けられます。nodetype=pvm の Label が付いた Node 上で nginx を実行するには次のようなコマンドを実行します。

```
↓ nodetype=pvm の Label が付いた Node 上で nginx を実行する
$ kubectl run preemptible-nginx --image=nginx --labels="nodetype=pvm" --port=80
```

　以降の節では、GKE の特徴を管理の容易性（Simple）、信頼性（Reliable）、効率性（Efficiency）、GCP との連携（Integrate）の 4 つのテーマに即して説明していきます。

## 5.2.1 管理の容易性 （Simple）

GKE の特徴の第一は管理の容易性です。GKE はクラスタの自動運用を目指しています（No-Ops クラスタ）。ユーザーはいったんクラスタを作成すると、アップデートやセキュリティパッチの適用、スケーリング、Node 障害の対応といったメンテナンスに気を使う必要はなく、Kubernetes のアプリケーションそのものに集中できるようになります。

### クラスタ作成が簡単

GKE クラスタを作成する手順を見ていきましょう。クラスタの構築は、GUI である Cloud Console、あるいは CLI である gcloud コマンドを使って簡単にできます。立ち上げるために必要な情報は、クラスタ名、Node 数、起動ゾーン／リージョン、マシンタイプなどの基本属性を渡してあげるだけです。

```
↓ クラスタを作成する
$ gcloud container clusters create my-cluster --zone asia-northeast1-a \
--machine-type n1-standard-1 \
--num-nodes 3
```

クラスタ作成を指示すると GCE の Node が Kubernetes の構成とともに起動します。単純な Linux VM インスタンスのように数十秒で起動というわけにはいきませんが、5 分程度でクラスタが起動するはずです。Cloud Console には、クラスタに接続するための手順が明示されており、Cloud Shell または gcloud コマンドを使って簡単にクラスタ接続環境を構築できます。

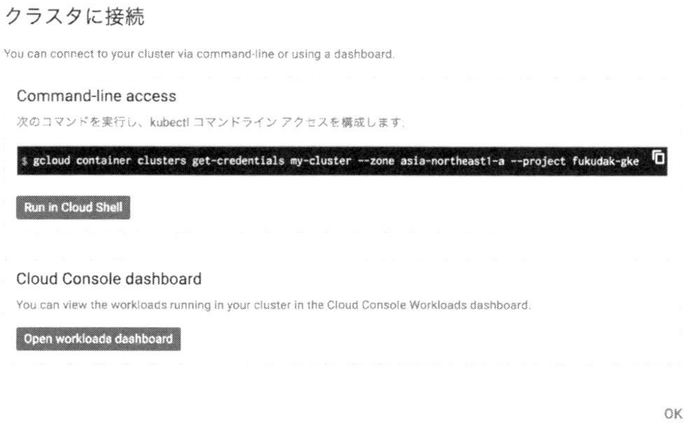

図 5.3　Cloud Console には、クラスタに接続するための方法が明示される

第 5 章　GKE（Google Kubernetes Engine）

## Master は自動管理

一度構築した Kubernetes クラスタは、それが正常に動作し続けるために維持管理する必要があります。前述したように Kubernetes のクラスタはコントロールプレーンである Master とワーカー Node から構成されるわけですが、GKE の場合、Master Node は Google によるフルマネージドです。

自己管理のクラスタの場合は、Master が正しく動作するように VM のスケーリング／etcd のバックアップ／アップグレード／セキュリティパッチの適用、さらに死活監視や不具合発生時の再起動等を自分で行う必要がありますが、GKE の場合は Master は Google の SRE によって保護されます。

Master は通常はシングルインスタンスで動作するのですが、後述するリージョナルクラスタを作成すると、マルチゾーンに分散配置できます。このため、ゾーン障害や Master アップデートの影響を受けず、ゼロダウンタイムで運用することができます。

料金面でも Master VM には費用がかからないというメリットがあります。

## Node の自動アップグレード

Kubernetes は非常に進化の早いオープンソースプロジェクトで、おおよそ 3 カ月に一度マイナーバージョンアップが行われます。クラスタを最新の状態に維持するのはユーザー側の責務ですが、GKE であれば大きな手間はかかりません。バージョンに関しては、Master および Node の両方に気を配る必要があります。

Master に関しては、前述したように Google によって管理されるため、バージョンアップは自動的に行われます。

一方クラスタ Node はデフォルトでは自動アップグレードが有効になっていませんので、Master とのバージョン差に注意が必要です。Node のマイナーバージョン（x.X.x）が Master バージョンより 3 つ以上古くなると、その Node は正しく動作しない場合があります。たとえば、Master で 1.9 が実行されるようになると、1.6 が実行されている Node は正しく動作しない場合があります。GKE では Cloud Console を見ると Node のバージョンアップ状況が通知されます。

| | 名前 ∧ | ロケーション | クラスタサイズ | 合計コア数 | 合計メモリ | 通知 | | ラベル | | | |
|---|---|---|---|---|---|---|---|---|---|---|---|
| | cluster-1 | asia-east1-a | 3 | vCPU 3 個 | 11.25 GB | | | | Connect | ✎ | 🗑 |
| | my-cluster | asia-northeast1-a | 5 | vCPU 5 個 | 18.75 GB | ◉ ノードをアップグレードできます | | | Connect | ✎ | 🗑 |

図 5.4　Node のアップグレードが可能になると Cloud Console で通知される

GKE がサポートしているバージョンは Web ページで確認できます[7]。

Node のバージョン管理をより簡単に行うために、Node の自動アップグレードを選ぶことができます。自動アップグレードを行うメリットは次のとおりです。

---

[7] https://cloud.google.com/kubernetes-engine/supported-versions（日本語ページは情報が古いことがありますので、英語ページを参照することをお勧めします）

**管理オーバーヘッドを少なくする**　バージョンをトラックして、手動でアップグレードする必要がなくなる
**セキュリティの強化**　セキュリティ問題を解決するために新しいバイナリがリリースされることがある。
自動アップグレードにより、GKE は自動的に新しいバイナリが適用され、最新の情報に保つことができる
**より簡単に利用する**　クラスタを最新の状態に保つことで新しい機能が容易に利用できる

　本稿執筆中の 2018 年 1 月に、Spectre と Meltdown と名付けられたプロセッサの脆弱性が発見されました。通常の VM 上にアプリケーションを立ち上げている場合、もしくは Kubernetes クラスタであっても Node の自動アップグレードが無効の場合は、手動で OS のセキュリティパッチを当てる必要があります。自動アップグレードが有効になっている場合は、この対応を Google 側に任せることができます[8]。これはより安全にクラスタを運用するという観点、そして管理オーバーヘッドを少なくするうえで大きな利点といえます。

　自動アップグレードは、クラスタ作成時または Node プール作成時に選択できます。自動アップグレードを設定するには、`gcloud` コマンドで `--enable-autoupgrade` フラグを設定します。

↓ クラスタを新規作成する際に自動アップグレードを有効にする
```
$ gcloud container clusters create my-cluster --zone asia-northeast1-a \
--enable-autoupgrade
```
↓ 既存 nodepool の自動アップグレードを有効にする
```
$ gcloud container node-pools update default-pool --cluster my-cluster \
--enable-autoupgrade
```

　自動アップグレードは便利なのですが、アプリケーション高負荷時に自動的にアップグレードが走るのは避けたいと思うかもしれません。このような場合、メンテナンスウィンドウを設定することで、アップグレードをこの時間内に押し込めることができます。メンテナンスウィンドウは 4 時間単位で設定できます。まれに、アップグレードが完了するまでに 4 時間以上かかる場合があります、この際、GKE には進行中のアップグレードを停止し、次のメンテナンスウィンドウで再開しようとします。この場合、クラスタ内に Node のバージョンが混在している可能性がありますが、クラスタは正常に動作します。

↓ メンテナンスウィンドウを有効にしてクラスタを新規作成する
```
$ gcloud container clusters create my-cluster --maintenance-window=2:00
```

　この機能は現在のところ既存の Node プールを指定して実行できません。その代わりにクラスタを指定できます。その場合は、クラスタに含まれるすべての Node プールが同じ設定で上書きされます[9]。

---

[8] https://support.google.com/faqs/answer/7622138
[9] 2018 年 1 月現在ベータとなっているので、GA（正式リリース）の際には Node プールを指定して実行できるようなると思われます。

第 5 章　GKE（Google Kubernetes Engine）

```
↓ 既存クラスタにメンテナンスウィンドウを設定する
$ gcloud container clusters update my-cluster --maintenance-window=16:00
```

## GUI とコマンドラインインターフェイス

　GKE に対するオペレーションは、ほかの GCP サービスと同じように API が公開されており、それを直接、またはコマンド（gcloud）、GUI コンソール（Cloud Console）を介して操作できます。これら 3 つの手法は、最終的にはすべて等価であり、コマンド、GUI コンソールはその裏側で API を実行します。

　ほかの GCP サービスと比較して、GKE ならではの留意点としては、GKE のオブジェクトに対する操作と、Kubernetes のオブジェクトに対する操作を分けて考える必要があることです（**表 5.1**）。たとえば、GKE クラスタを作成するには、gcloud コマンドを実行しますが、それに対して、Pod や Service といった Kubernetes のオブジェクトを作成するには、Kubernetes の API またはコマンド（kubectl）を使用します。

表 5.1　GKE オブジェクトと Kubernetes オブジェクトの操作

|  | GKE オブジェクトの操作 | Kubernetes オブジェクトの操作 |
|---|---|---|
| 操作例 | ・クラスタの作成／削除<br>・Kubernetes バージョンのアップデート<br>・Node プールの作成／削除<br>・自動アップグレード／オートスケールの設定 | ・アプリケーション（Pod）の作成／削除<br>・アプリケーション（Pod）のスケール<br>・Service の作成／削除<br>・RBAC の設定 |
| ツール | ・GKE API<br>・gcloud コマンド<br>・Cloud Console | ・Kubernetes API<br>・kubectl コマンド<br>・Kubernetes UI<br>・Cloud Console（※） |

※：デプロイされたアプリケーション（Pod、Replication Controller、Deployments) の状況確認、
操作は、Cloud Console の「ワークロード」でも実行可能

　API は REST の API として公開されています。これを直接任意のプログラミング言語から呼ぶことも可能ですし、Google API Client Libraries [10) を使えば、抽象化されたクラスやメソッドを使ってより簡単に呼び出すことができます。このクライアントライブラリは、主要なプログラミング言語をほぼカバーしており、Java/Python/PHP/Go/Ruby といった言語から利用可能です。

　gcloud コマンドは、Cloud SDK をインストールすると Mac/Windows といったクライアント端末から利用できます。また Cloud Console で Cloud Shell を起動するとブラウザからシェルプロンプトが利用できるようになり、ここでも利用可能です。Cloud Shell は gcloud コマンドだけでなく、あらかじめ docker や git といった開発に必要なコマンドがインストール済みなので、実践的な操作をすぐに実行できます。

---

[10) https://developers.google.com/api-client-library/

Cloud Console は、ブラウザで `https://console.cloud.google.com` にアクセスすると利用できるようになります。分かりやすい GUI が提供されており、初心者の方は最も簡単に扱うことができるでしょう。

## 5.2.2 信頼性 （Reliable）

アプリケーションランタイムとしての基盤が信頼できることは、何よりも優先順位が高いはずです。GKE のクラスタは信頼性を高めるために、Node の自動修復や、Node を複数のゾーンに配置するマルチゾーンクラスタ、Node に加えて Master もリージョン内で分散するリージョナルクラスタといった仕組みがあります。さらには、モニタリング、ログ収集のメカニズムとして Stackdriver Monitoring/Logging とも統合されています。

### Node の自動修復機能

GKE はクラスタ内の Node を正常な実行状態に保つために、Node の自動修復機能を提供します。この機能は Node のイメージとして COS （Container-Optimized OS）を選択した場合に利用できます。自動修復を有効にすると、GKE はクラスタ内の各 Node のヘルス状態を定期的にチェックし、Node が長時間にわたって （10 分前後）ヘルスチェックに失敗すると、その Node の修復プロセスを開始します。

GKE は Node のヘルスステータスを見て、Node を修復する必要があるかどうかを判断します。

- Node が連続して NotReady ステータスを報告する
- Node がステータスを何も報告しない
- Node のブートディスクが長期間にわたり容量不足になっている

このような状況になると、GKE は Node の修復プロセスを開始します。すなわち、その Node はドレインされ、再作成されます。

Node の自動修復を有効／無効の設定は、クラスタまたは Node プールに対するプロパティを変更するだけです。

```
↓ Node の自動修復を有効にしてクラスタを作成する
$ gcloud container clusters create my-cluster --enable-autorepair

↓ 既存クラスタに対して自動修復を有効にする
$ gcloud container clusters update my-cluster \
--node-pool=default-pool \
--enable-autorepair
```

オートスケーラーを無効にするには、`--no-enable-autorepair` フラグを指定します。

↓ 既存クラスタに対してクラスタオートスケーラーを無効にする
```
$ gcloud container clusters update my-cluster \
--node-pool=default-pool \
--no-enable-autorepair
```

### マルチゾーンクラスタ

　GKE のクラスタは、デフォルトでは指定されたゾーンに Master および Node を作成します。このとき、ゾーン障害の影響からワークロードを守るため、マルチゾーンクラスタという構成でクラスタを作成できます。

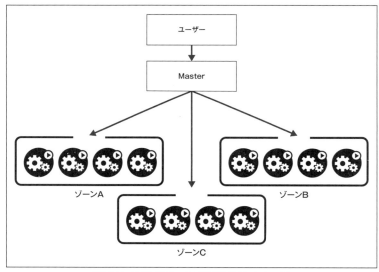

図 5.5　マルチゾーンクラスタのイメージ

マルチゾーンクラスタを作るには、`--node-locations` というパラメータで追加のゾーンを指定します。

↓ マルチゾーンクラスタを作成する
```
$ gcloud container clusters create my-cluster \
--zone asia-northeast1-a --node-locations asia-northeast1-b, asia-northeast1-c
```

　上記のコマンドでは、Master が asia-northeast1-a に、Node は asia-northeast1-a に加えて b と c にも作成されます。Node の構成や数はプライマリゾーンに作成されたものと同じです。上記の例では、Node サイズが指定されていないので、デフォルトの 3 が採用され、b ゾーンと c ゾーンにもそれぞれ 3Node 追加されるので合計の 9Node のクラスタが構築されます。

既存のクラスタに追加ゾーンを設定することもできます。

↓ 既存クラスタにゾーンを追加する
```
$ gcloud beta container clusters update my-cluster --zone asia-northeast1-a \
--node-locations asia-northeast1-b
```

### リージョナルクラスタ

リージョナルクラスタを構成するとNodeだけでなく、コントロールプレーンであるMasterも複数ゾーンに分散できるようになります。マルチゾーンクラスタでは、Master Nodeの冗長化が行われないので、プライマリゾーンがダウンするとKubernetesのコントロールができなくなります。リージョナルクラスタはMasterの可用性を高めるため、Master Nodeをマルチゾーンに分散配置します。

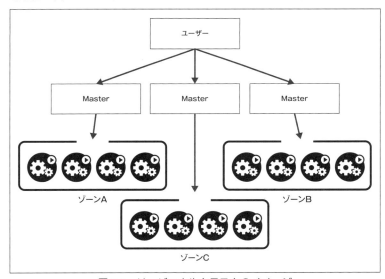

図5.6　リージョナルクラスタのイメージ

リージョナルクラスタを作成するには、--regionパラメータを指定してクラスタを作成します。

↓ リージョナルクラスタを作成する
```
$ gcloud beta container clusters create my-regional-cluster \
--region=asia-northeast1 --node-locations=asia-northeast1-b,asia-northeast1-c
```

Master Nodeには費用がかからないことから、リージョナルクラスタはマルチゾーンクラスタと同じ

費用で利用することができます[11]。

### ロギング

GKE を含む GCP の各サービスは、Stackdriver Logging と統合されています。Stackdriver Logging を使うことで、ログデータやイベントを収集／格納し、検索／分析／モニタリング／通知を行うことができます。Stackdriver Logging は、Cloud Console から簡単にアクセスできるようになっています。

図 5.7　Cloud Console から Stackdriver Logging を起動する

GKE では、システムログとコンテナログが Stackdriver Logging によって自動的に収集されます。

システムログはクラスタや Node プールのアクティビティやイベントを収集してくれます。たとえば、クラスタの設定を誰がいつどのように変更したかをアクティビティログとして確認可能ですし、`docker` や `kubelet` など内部コンポーネントの動作やエラーが出力されるので、それらを確認すればトラブルシュートに役立ちます。また、Pod のスケジューリングに関する情報もクラスタのシステムログとして出力されます。

コンテナログは、`kube-system` ネームスペース上で動作する Kubernetes のシステムコンテナおよびユーザーのアプリケーションが含まれます。ログコレクタがコンテナの標準出力（stdout）や標準エラー出力（stderr）を拾ってくれるので、アプリケーションログを Stackdriver Logging に簡単に投入することができます。

収集されたログは、ログビューワを使って閲覧／検索できます。検索時には、さまざまなフィルタ条件を設定可能で、特定のログエントリを確認できます。次の例では、クラスタ `my-cluster` にある、`my-nginx-` というプリフィックスを持つ Pod のログをフィルタ抽出しています。

---

[11] 現在のところベータ機能となっていますが、GA（正式リリース）後もこの料金モデルが変わらなければ、マルチゾーンクラスタよりもより可用性の高いリージョナルクラスタが主流になっていくと思われます。

```
resource.type="container"
resource.labels.cluster_name="my-cluster"
resource.labels.pod_id:"my-nginx-"
```

図 5.8　ログフィルタの例

　Stackdriver Logging の設定はクラスタを作るとデフォルトで有効になります。クラスタに設定されているかどうかを確認するには `gcloud container clusters describe` コマンドでクラスタの詳細を出力し、`loggingService: logging.googleapis.com` となっていることを確認します。

　有効になっていない場合（`loggingService: none` と出力される）は、`--logging-service` フラグをセットすることで設定できます。

↓ 既存クラスタのログ設定を有効にする
```
$ gcloud container clusters update my-cluster --logging-service=logging.googleapis.com
```

　Stackdriver Logging に書き込まれたログは、Pub/Sub や Cloud Storage、BigQuery にエクスポートできます。BigQuery に入れておけば、ログが大量であっても高速に検索してログの抽出／集計／分析が行えます。Pub/Sub を経由して Cloud Dataflow を使うと、Apache Beam のフレームワークを使って、ログイベントをリアルタイムにストリーム処理できます。

### モニタリング

　GCP に統合されているモニタリングツールである Stackdriver Monitoring を使用して、GKE クラスタおよびクラスタ上で動いている、Pod、コンテナの状況をモニタリングできます。Stackdriver Monitoring で確認できるメトリック（指標）としては、「システムメトリック」と「カスタムメトリック」の 2 種類があります。

システムメトリックは、CPU 使用率やメモリ使用量など、クラスタのインフラストラクチャの測定値です。カスタムメトリックは、アクティブなユーザーセッションの総数やレンダリングされたページの総数など、ユーザーが定義するアプリケーション固有の指標です。

Stackdriver Monitoring がどのようなシステムメトリックを集めてくるかはドキュメントで確認できます[12]。これらのメトリックを使って自分でグラフを作成したり、閾値を設定してアラートを送信したりできるようになっています。

Stackdriver Monitoring にはメトリックを可視化、アラート送信する機能のほかにアップタイムチェックという機能が含まれており、HTTP(S)、TCP を使ってアプリケーションの Web エンドポイントのヘルスチェックが可能です。現在のところ、6 つの地理的に異なるロケーションからリクエストを投げ、それぞれレイテンシーを計測して教えてくれます。

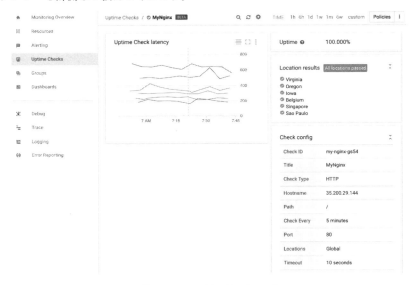

図 5.9　アップタイムチェック

Stackdriver Monitoring は、Cloud Console とは別の UI 画面になるのですが、Cloud Console 自体の機能拡張が進んでいて、Stackdriver の画面に移動しなくても簡単に状況を確認できるようになっています。Cloud Console から「Kubernetes Engine」→「ワークロード」とたどると、特定ワークロードの CPU 使用率、メモリ／ディスク使用量を確認できます（図 5.10）。

Stackdriver Monitoring はデフォルトで有効になっています。クラスタで有効になっていることを確認するには `gcloud container clusters describe` コマンドで詳細を出力し、`monitoringService: monitoring.googleapis.com` となっていることを確認します。有効になっていない場合（`monitoringService: none` と出力される）は、`--monitoring-service` フラグをセットすることで設定できます。

---

[12] https://cloud.google.com/monitoring/api/metrics_gcp#gcp

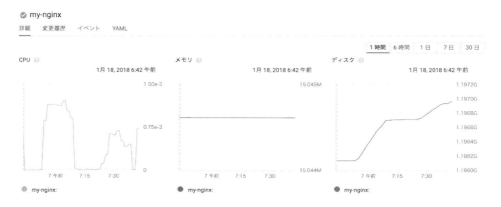

図 5.10　Cloud Console でワークロードのリソース使用状況を確認する

↓ 既存クラスタのモニタリングを有効にする
```
$ gcloud container clusters update my-cluster \
--monitoring-service=monitoring.googleapis.com
```

### 5.2.3　効率性（Efficient）

　GKE では、現在のところコンピュートリソースとして GCE の VM インスタンスがその役目を担います。オートスケールやプリエンプティブル VM を利用することで、リソース利用を効率化し、適切な稼働コストを実現できます。

#### COS（Container-Optimized OS）

　GKE クラスタまたは Node プールを作成するときに、各 Node で実行されるオペレーティング システムイメージを選択できます。GKE ではデフォルトで、COS（Container-Optimized OS）と呼ばれる Docker 利用に最適化された軽量 OS が使用されます。もうひとつの選択肢は汎用 OS である Ubuntu です。

　COS は Google がオープンソースの Chromium OS プロジェクトに基づいて維持管理しており、汎用 Linux OS に対して次のような特徴を持ちます。

**Docker をすぐに起動**　Docker ランタイムと `cloud-init` があらかじめインストールされており、COS インスタンスを使用すると、VM を作成すると同時に Docker コンテナを起動できる。ホスト上での設定が不要

**攻撃される範囲が小さい**　フットプリントが小さく、インスタンスを攻撃される潜在的な範囲が減少する

第 5 章　GKE（Google Kubernetes Engine）

**デフォルトで遮断**　SSH 以外のすべての受信ポートを遮断しており、そのほかのセキュリティ設定がデフォルトで行われている

**自動アップグレード**　毎週のアップデートをバックグラウンドで自動的にダウンロードするように設定されている

　つまり、COS はコンテナ実行に最適化されており、サポート／セキュリティ／安定性の面で、汎用 OS イメージより優れています。

## スケールアウト

　GKE におけるスケール戦略として、まずはどのような手段が取れるのかをまずは全体感を整理しておきましょう（表 5.2）。大きく分けて、Pod レベルなのかクラスタレベルなのか、スケールアウト（水平方向）なのか、スケールアップ（垂直方向）なのかの 4 つの象限で整理できます。

表 5.2　Kubernetes スケールマトリクス

|  | スケールアウト | スケールアップ |
|---|---|---|
| Pod レベル<br>（Kubernetes の世界） | HPA（Horizontal Pod Autoscaler）<br>Pod 数を制御 | VPA（Vertical Pod Autoscaler）<br>Pod に対するリソース割り当てを制御 |
| クラスタレベル<br>（GKE の世界） | クラスタオートスケーラー<br>Node 数を制御 | VM インスタンスタイプの変更 Node のリソース割当（インスタンスタイプ）を変更 |

　Pod レベルの機能は、オープンソースとしての Kubernetes に完全に依存しますので、ここでは GKE として実現すべきクラスタレベルの機能を見ていくことにします。

　まずは、クラスタオートスケーラーですが、その前にマニュアルでクラスタサイズの変更方法を確認しておきます。`gcloud container clusters resize` コマンドを使うとクラスタサイズを変更できます。

↓ クラスタサイズを 4Node に変更する
```
$ gcloud container clusters resize my-cluster --size 4
```

　クラスタ内に複数の Node プールがある場合は、`--node-pool` オプションで Node プールを指定して実行します。

↓ Node プールのサイズを 4Node に変更する
```
$ gcloud container clusters resize my-cluster --node-pool default-pool  --size 4
```

　クラスタサイズを減らす場合は、削除される Node 上で動いていた Pod が終了させられるので注意が必要です。Pod が ReplicaSet 等で制御されている場合は、残りの Node 上で Pod が再起動されます。Pod オブジェクトが単独で作成された場合は、再実行は行われません。

　GKE のクラスタオートスケーラーは、実行するワークロードの負荷に基づいてクラスタのサイズを自動的に変更します。自動スケーリングを有効にした場合、新しい Pod を作成するときに、実行に必要なリ

170

ソースが足りないと、GKE がクラスタに新しい Node を自動的に追加します。逆に、クラスタ内の Node の使用率が低く、Node の Pod をほかの Node で集約して実行できる場合、GKE はこの Node を削除します。

設定方法はクラスタ（Node プール）に対してオートスケールを指示するフラグを付け、最小 Node と最大 Node を設定します。

```
↓ クラスタオートスケーラーを設定してクラスタを作成する
$ gcloud container clusters create my-cluster --enable-autoscaling \
--min-nodes 3 --max-nodes 10
```

既存のクラスタに対して設定する場合は、gcloud container clusters update コマンドを利用します。

```
↓ 既存クラスタに対してクラスタオートスケーラーを有効にする
$ gcloud container clusters update my-cluster --node-pool=default-pool \
--enable-autoscaling --min-nodes 3 --max-nodes 10
```

特定の Node プールのオートスケーラーを有効にするには、--node-pool フラグを指定します。

```
↓ 既存 Node プール default-pool に対してクラスタオートスケーラーを有効にする
$ gcloud container clusters update my-cluster --node-pool=default-pool \
--enable-autoscaling --min-nodes 3 --max-nodes 10
```

オートスケーラーを無効にするには、--no-enable-autoscaling フラグを指定します。

```
↓ 既存クラスタに対してクラスタオートスケーラーを無効にする
$ gcloud container clusters update my-cluster --node-pool=default-pool \
--no-enable-autoscaling
```

オートスケールで Node を増やす場合には、Node プールに対して設定された Node のテンプレートが採用される、つまり同じサイズの Node の台数が増えます。そうではなくて、Node のスペックを上げたい場合にはどうすればよいでしょう。クラスタ Node のスケールアップの方法についても簡単に確認しておきます。

残念ながら、稼働中の Node を無停止でスケールアップさせることはできません。したがって手順としては、新しい Node スペックを持つ Node プールを作成し、そこにワークロードを移したあと、古い Node プールを削除するという手順を取ることになります。Pod のスケジューリングが ReplicaSet 等によって

第 5 章　GKE（Google Kubernetes Engine）

制御されている場合には、この手順は比較的簡単に実行することができます。大まかな手順としては次の
ステップを踏みます。

1. 既存のノードをスケジュール不可に設定（cordon）
2. 既存のノードプールで実行されているワークロードをドレイン（drain）
3. Kubernetes が Pod を新しいノードプールに再スケジュール
4. 既存のノードプールを削除

　手順の詳細については、マニュアル[13]に記述されているのでご確認ください。

### プリエンプティブル VM

　GCE ではプリエンプティブル VM と呼ばれるインスタンスタイプが提供されており、GKE のクラス
タ Node として利用することができます。

　プリエンプティブル VM は、最長持続時間が 24 時間で、途中で中断される可能性がある Google Compute
Engine VM インスタンスです。途中で中断される可能性があるというと心配になりますが、これを利用す
るメリットは標準的な GCE VM よりもはるかに低価格で同じマシンタイプを利用できることです。GKE
のような自己回復機能のあるクラスタシステム（self-healing system）の場合は、動作するワークロード
によっては十分に有効活用できるはずです。

　プリエンプティブル VM を利用するには、`--preemptible` フラグを使ってクラスタまたは Node プー
ルを作成します。

```
↓ プリエンプティブル VM の Node プールを作成して、既存クラスタに追加する
$ gcloud container node-pools create pvm-pool --zone asia-northeast1-a \
--cluster my-cluster --num-nodes=3 --preemptible
```

　プリエンプティブル VM の Node プールには、Kubernetes の Label の `cloud.google.com/gke-
preemptible=true` が自動的に付与されます。これを利用すると、Node セレクターによって Pod のデ
プロイ先を指定できます。

```
apiVersion: v1
kind: Pod
spec:
  nodeSelector:  ↓ プリエンプティブル VM の Node プールで動くようにセレクターを設定する
    cloud.google.com/gke-preemptible: true
```

---

[13] https://cloud.google.com/kubernetes-engine/docs/tutorials/migrating-node-pool?hl=ja

## 5.2.4　GCP サービスとの連携 （Integrate）

Kubernetes はその上でさまざまな種類のワークロードを動かすことを目指しており、バージョンアップするたびにその適用領域は広がっています。ただ、すべてを GKE クラスタの上で動かすのではなく、データストアやメッセージングミドルウェアといったサービスは、GCP が提供するマネージドサービスを利用することが考えられます。また、Kubernetes が実装上プラットフォーム依存としているところで GCP サービスと統合されているのは魅力的です。本節では、ロードバランサーと、Container Rgistry、Container Builder について紹介します。

### ロードバランサー

GKE ではパブリック IP を持って外部に公開するアプリケーション向けに 2 種類のロードバランサーが用意されており、用途によって使い分けます。

1. TCP ロードバランサー
2. HTTP(S) ロードバランサー

GKE で Kubernetes を利用する際は、ロードバランサーの作成を意識することなく、Service オブジェクトを作成すると TCP ロードバランサーに、Ingress オブジェクトを作成すると HTTP(S) ロードバランサーに自動的にマッピングされます。

Kubernetes の Service リソースマニフェストで `type: LoadBalancer` を指定するとバックエンドでは TCP ロードバランサーが作成されます。TCP ロードバランサーは HTTP サーバーに対しても使用できますが、個々の HTTP(S) リクエストを認識しないため、HTTP(S) トラフィックを終端させるようには設計されていません。また、GKE は TCP ロードバランサーのヘルスチェックを設定しません。

Kubernetes の Ingress リソースを作成すると、バックエンドでは HTTP(S) ロードバランサーが作成されます。このロードバランサーは HTTP(S) リクエストを終端させるように設計されており、状況に応じてより適切に負荷分散の判断を下すことができます。提供される機能には、カスタマイズ可能な URL マップや TLS ターミネーションなどがあります。GKE は、HTTP(S) ロードバランサーのヘルスチェックを自動的に設定します。

GCP の HTTP(S) ロードバランサーは Google のネットワークインフラの上に構築されており、次のような特性を備えます。

◆ シングルエンドポイント、グローバルロードバランサー
◆ ウォームアップの必要なし
◆ IPv4 に加えて、IPv6 対応

PokémonGO や AbemaTV など、大規模アクセスが期待されるアプリケーションのフロントエンドとして、GKE とともに利用されている実績が多数あります。

## Container Registry

　Container Registry は GCP 上で動作する、信頼性の高い、高速なプライベート Docker レジストリです。セキュアな HTTPS エンドポイントを使用してアクセスできるため、GCP の外部からでもアクセスでき、あらゆるシステムからイメージの push ／ pull ／管理が行えます。

　Docker 認証ヘルパーを使うことで、`gcloud` コマンドの代わりに、`docker` コマンドを使って Container Registry を操作することもできます。これにより、サードパーティの CI/CD ツール（Jenkins、Shippable、CodeShip、CircleCI、Wercker、Drone.io、Spinnaker など）と簡単に組み合わせて使用できます。

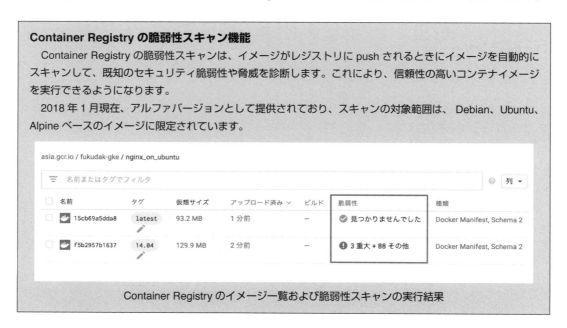

**Container Registry の脆弱性スキャン機能**

　Container Registry の脆弱性スキャンは、イメージがレジストリに push されるときにイメージを自動的にスキャンして、既知のセキュリティ脆弱性や脅威を診断します。これにより、信頼性の高いコンテナイメージを実行できるようになります。

　2018 年 1 月現在、アルファバージョンとして提供されており、スキャンの対象範囲は、Debian、Ubuntu、Alpine ベースのイメージに限定されています。

Container Registry のイメージ一覧および脆弱性スキャンの実行結果

　Container Registry では、プライベートレジストリを ［＜ホスト名＞］/［＜プロジェクト名＞］ で一意に特定できます。［＜ホスト名＞］は、実際にイメージを格納するリージョンを表し、`us/eu/asia` の 3 つから選ぶことができます。

- `us.gcr.io` は、米国でイメージをホストする
- `eu.gcr.io` は、EU でイメージをホストする
- `asia.gcr.io` は、アジアでイメージをホストする

　GKE や App Engine Flexible 等、アプリケーションの実行環境に近いリージョンを選ぶことで、ランタイムへのイメージ取り込みのオーバーヘッドを少なくできます。

　たとえば、アジアリージョンのリポジトリに格納されたイメージは次のように指定できます。

```
asia.gcr.io/my-project/my-image:test
#asia.gcr.io: <ホスト名>
#my-project: <プロジェクト名>
#my-image: <イメージ名>
#test: <タグ名>
```

Container Registry の操作方法が分かるようにいくつか操作コマンドを見ていくことにしましょう。
イメージを push するには次のコマンドを実行します。

```
↓ イメージにタグを付与する
$ docker tag my-image gcr.io/my-project/my-image:test
↓ イメージを Container Registry に push する
$ gcloud docker -- push asia.gcr.io/my-project/my-image
```

Container Registry リポジトリ内のイメージのリストを表示するには、次のコマンドを実行します。
--repository を付けてリポジトリの場所を指定しないと、デフォルトリポジトリである、gcr.io/[<プ
ロジェクト名>] に格納されているイメージしか出力されないので注意が必要です。

```
↓ asia.gcr.io に格納されているイメージ一覧を取得
$ gcloud container images list --repository=asia.gcr.io/my-project
```

--repository を付けて Container Registry リポジトリ内のイメージのタグと短縮されたダイジェス
トのリストを表示するには、次のコマンドを実行します。

```
↓ example-image のタグ一覧を取得
$ gcloud container images list-tags gcr.io/my-project/example-image
```

そのほか、イメージを削除する、タグを付与／削除するといった操作に関してはドキュメント[14]を参照
してください。
Container Registry に格納されているイメージを、GKE のアプリケーションから利用するには次のよ
うに指定します。

```
↓ Deployment を作成する
$ kubectl run hello-web --image=asia.gcr.io/my-project/my-image:test --port=8080
```

---

[14] https://cloud.google.com/container-registry/docs/managing?hl=ja

第 5 章　GKE（Google Kubernetes Engine）

これをネットワークロードバランサーを介して外部公開するには、

```
    Service を作成する。type="LoadBalancer"として、
↓ ネットワークロードバランサーにバインドして Expose する
$ kubectl expose deployment hello-web --type="LoadBalancer"
↓ 作成された service オブジェクトのパブリック IP を確認する
$ kubectl get service hello-web
↓ HTTP でアクセスをする
$ curl http://<IPアドレス>:8080
```

最後に、格納されたイメージへのアクセス制御の設定方法を確認しておきましょう。

Container Registry は、コンテナイメージを提供するためのバックエンドとして Cloud Storage バケットを使用します。Container Registry イメージにアクセスできるユーザーを制御するには、Cloud Storage バケットに対するアクセス権限を調整します。

Container Registry バケットの名前は gs://artifacts.[<プロジェクト ID>].appspot.com または gs://[<リージョン>].artifacts.[<プロジェクト ID>].appspot.com です。このバケットに対して、アクセスコントロールを設定するには次のようなコマンドを実行します。

```
↓ asia のレジストリに対して、foo@gmail.com に閲覧権限を与える
$ gsutil iam ch  user:foo@gmail.com:objectViewer \
gs://asia.artifacts.my-project.appspot.com
```

そのほか、詳しい設定方法はドキュメント[15]を参照してください。

### Container Builder

Container Builder を使用すると、Google Cloud Storage、Google Cloud Source Repositories、GitHub、BitBucket にあるアプリケーションソースコードから Docker コンテナイメージを作成できます。Container Builder で作成したコンテナイメージは Google Container Registry に自動的に格納されます。

Container Builder では、ビルドリクエストというオブジェクトを使ってビルドを実行します。ビルドリクエストは、ユーザーの指定に基づいてタスクを実行し、Docker イメージをパッケージ化、ビルド、push するように Container Builder に指示する JSON または YAML ドキュメントです。

ビルドリクエストはビルドステップから構成されます。ビルドステップは、ユーザーに代わってコードを実行する Docker コンテナです。ビルドステップを呼び出すことは、スクリプトやシェルコマンドを呼び出すことに似ています。

---

[15] https://cloud.google.com/container-registry/docs/access-control?hl=ja

まずは、ビルドリクエストを構成するドキュメントを作成します。

```
#cloudbuild.yaml
    steps:
    - name: 'gcr.io/cloud-builders/docker'
      args: [ 'build', '-t', 'gcr.io/$PROJECT_ID/cb-demo-img', '.' ]
    images:
    - 'gcr.io/$PROJECT_ID/cb-demo-img'
```

gcloud コマンドを使ってビルドリクエストを送信します。Cloud Storage に保存されているファイルを入力として使用して、ビルドされたイメージを Container Registry に push します。

↓ ビルドを実行する
```
$ gcloud container builds submit --config cloudbuild.yaml \
gs://container-builder-examples/node-docker-example.tar.gz
```

　上記の例では、ビルドのコードソースは圧縮された tar アーカイブである node-docker-example.tar.gz にあります。ファイルは container-builder-examples という Cloud Storage バケットに保存されます。Container Builder は URL を使用して Cloud Storage バケットにアクセスします。ビルドの完了には数分かかることがあります。ビルドの進行中は、出力がシェルまたはターミナルウィンドウに表示されます。完了すると次のような情報が出力されます。

```
DONE
--------------------------------------------------------------------------------

ID                                   CREATE_TIME                DURATION   SOURCE
10d1c3c2-620b-4bf6-8f59-e1debc6f8445 2018-01-04T13:14:23+00:00  1M34S      gs://<pro
ject-id>_cloudbuild/source/1515071648.44-02553061d01a4243a6dfdb02731d3821.gz  gcr.io
/fukudak-gke/cb-demo-img (+1 more)   SUCCESS
```

ビルドされたイメージの詳細を確認するには、次のコマンドを実行します。

↓ ビルドの詳細を確認する
```
$ gcloud container builds describe $BUILD_ID
```

また、Container Registory に出力されたイメージを確認するには次のコマンドを実行します。

↓ イメージのリストを出力する
```
$ gcloud container images list
```

ビルドトリガーを設定すると、リポジトリ内でソースコードやタグが変更されるたびに新しいビルドを自動実行させられます。カスタムのビルドステップを使用すれば、テストの実行、Google Cloud Storage へのアーティファクトのエクスポート、ソフトウェアのリリース プロセスの自動化も可能です。

図 5.11 の例では、GitHub のリポジトリをソースとして、`master` ブランチに変更を Push すると、`cloudbuild.yaml` で指定されたビルドステップを実行できます。この仕組みを使うと、ソースコードを Push → コンテナイメージの作成 → Container Registry への登録 → 作成されたイメージを GKE クラスタにデプロイするところまでを自動化できます。

図 5.11　GitHub のビルドトリガー設定例

ビルドファイルを作成せずに、Docker ファイルをベースにビルドを実行することもできます。 カレントディレクトリに Docker ファイルがある状態で次のコマンドを実行します。`docker` コマンドを使ってイメージをビルドするのと極めて近いシンタックスで操作できます。

↓ Docker ファイルをベースにイメージを作成する
```
$ gcloud container builds submit --tag asia.gcr.io/$MY_PROJECT/$TARGET_CONTAINER .
```

## 5.3 GKE の課金体系について

GKE の課金体系は非常にシンプルです。2017 年 11 月 28 日より、それまで GCE の稼働費に加えて必要だったクラスタ管理料を廃止し、GKE を使うことによる特別な費用は発生しなくなりました。GKE の利用料はワーカー Node として稼働する GCE の VM インスタンスの利用料と等しくなります。

GCE にかかる費用は大きく次の 3 つに分けることができます。

◆ VM インスタンスの稼働時間
◆ ディスク利用料
◆ ネットワーク使用量

VM インスタンスの稼働時間は、1 秒単位の課金モデルを採用しており、CPU コア数、メモリ容量に対して課金されます。GCE の料金体系に対する特徴として、継続利用割引[16]と呼ばれる割引が自動的に適用されます。1 カ月という単位時間のなかで、25%以上（30 日の月であれば 7.5 日）VM インスタンスを稼働させると割引が適用されるというモデルです。あらかじめ事前コミットの必要がなく、使えば使うほど利用料が安くなるため良心的といえるでしょう。事前コミットすることによりさらなる割引が得られる確約利用割引[17]といったプランも用意されています。

前述しましたが、プリエンプティブインスタンスを利用すると、VM 稼働時間のコストを大きく下げることができます。ディスク利用料は、ディスクのサイズに応じて決定されます。デフォルトでは各 Node のブートディスクは 100GB が設定されます。

ネットワーク使用量は外向きの通信量（Egress Traffic）に対して課金が発生します。Service オブジェクトで `Type "LoadBalancer"`としたときに作成されるネットワークロードバランサーや、Ingress オブジェクトを使用したときに作成される HTTP(S) ロードバランサーの利用料も含まれます。

GCE に対する料金の詳細は Web サイト（`https://cloud.google.com/compute/pricing`）で確認できます。

## 5.4 活用事例

信頼性が高くスケーラブルなアプリケーションを素早く簡単に構築するために、それまでの VM ベースではなくて、コンテナベースでアプリケーションを構築しようとする流れが広がっています。アプリケーション内の機能ロジックをコンポーネント化してそれらを疎結合にするマイクロサービスアーキテクチャの広がりも、コンテナ化を加速しているように思います。では、コンテナベースでプロダクションのアプリケーションを作るには、どういうプラットフォームで実現するのが良いか？ これを助けてくれるのがコンテナオーケストレーターである Kubernetes です。Kubernetes はアプリケーションコンテナを実際に

---

[16] `https://cloud.google.com/compute/docs/sustained-use-discounts?hl=ja`
[17] `https://cloud.google.com/compute/docs/instances/signing-up-committed-use-discounts?hl=ja`

## 第 5 章 GKE（Google Kubernetes Engine）

実行 Node に配置したり、それを正しく動くように監視すること、クライアントからのリクエストに応じてスケールさせるといった仕組みを提供します。

GKE ではいくつか大規模アプリケーションを動かす実事例が存在します。代表的な事例というと、世界では Niantic, Inc. の Pokémon GO の事例がよく知られています[18]。

この例では、アプリケーションロジックは、GKE の上で動き、アプリケーションフロントにロードバランサー（HTTP(S) ロードバランサー）が、アプリケーションバックエンドのデータストアとして、Cloud Datastore が使われています。

日本でも大規模アプリケーションを動かす事例として AbemaTV の事例が公開されています。

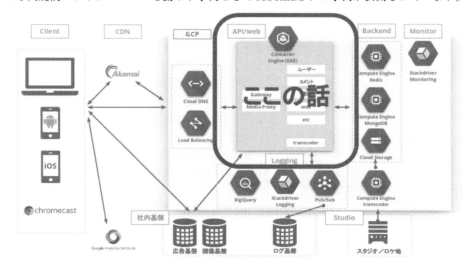

**図 5.12　AbemaTV での活用例（https://speakerdeck.com/strsk8/gke-at-abematv、スライド 10 より）**

Speaker Deck に公開されているスライド[19]でそのアーキテクチャを拝見し、その特徴を考えてみましょう。アプリケーションはマイクロサービスとして、適切な粒度のコンポーネントに分割されており、これらは Pokémon Go の事例と同じく GKE の上で動作しています。一方、バックエンドは、Pokémon Go がマネージドデータストアである Cloud Datastore を使っていたのに対し、オープンソースのテクノロジーである MongoDB や Redis を GCE VM の上に構築して運用しています。なぜ、Cloud Datastore ではなかったのでしょうか？ プラットフォームの選定の正解は必ずしもひとつではありません。GCP 固有のプロダクトである Cloud Datastore の代わりにオープンソースを選ぶことにより、ベンダーロックインを避けたという見方もできます。

---

[18] https://cloudplatform-jp.googleblog.com/2016/10/pokemon-go-google-cloud.html
[19] https://speakerdeck.com/strsk8/gke-at-abematv

もうひとつ注目すべき点としては、なぜ MongoDB、Redis を GKE の上ではなく、GCE VM 上に立ち上げているのか？ これは、登場当初の Kubernetes がステートフルなワークロードを扱うことができなかったということと関連していると考えられます。アプリケーション部とデータストアをプラットフォームとして分けたことは、将来的にデータストア部分を GCP が提供するマネージド DB に移行するのが容易になるという利点もあるでしょう。

ベンダーロックインを避けて手間が増えてもポータビリティを重視するのか、あるいはクラウドプロバイダー特有の技術を活用してより素早くアプリケーションを構築するかによって、最適なアーキテクチャは変わってきます。

# 5.5　GKE クラスタの起動

ここからは実際に GCP の環境を使って GKE 上にサンプルアプリケーションを構築していきます。

GCP のアカウントを初めて作るときには、1 年間有効の 300 ドルのクーポンが発行されます（2018 年 1 月の執筆段階）。本書で取り扱うチュートリアルはこの 300 ドルのクーポンで収まる範囲でできるようにしています。加えて GCP にはサービスごとに毎月一定量は使っても無料の常時無料枠があります。詳しくは https://cloud.google.com/free/?hl=ja にアクセスしてください。

図 5.13　GCP の無料クレジットと常時無料枠

## 5.5.1　GCP アカウントの作成

ここでは GCP アカウントの作成方法を説明します。すでに GCP アカウントを持っている方は次の節に進んでください。

GCP アカウントを作成するには Google アカウントが必要です。Gmail のアカウントは Google アカウントのため、Gmail のアカウントをすでに持っている人はそのアカウントを使うこともできます。Google アカウントを持っていない人は Google アカウントの作成[20] から Google アカウントを開設してください。ここでは多くの人が Google アカウントは持っていると想定されるため、Google アカウントの解説方法については割愛します。

GCP の無料トライアルに申し込むには Google Cloud Platform の無料階層（https://cloud.google.com/free/?hl=ja）へアクセスします。

---

[20] https://accounts.google.com/SignUp?hl=ja

第 5 章　GKE（Google Kubernetes Engine）

図 5.14　Google Cloud Platform の無料階層

　［無料トライアル］のボタンをクリックして、無料トライアルの申し込みを始めます。Google アカウントでログインしていない場合、ログインをする画面が表示されるためログインしてください。
　無料トライアルの申し込み画面（図 5.15）では Google Cloud Platform 無料トライアルの利用規約に同意する必要があります。このあとクレジットカードの情報を登録する必要はありますが、無料トライアル終了後自動的に課金が開始されることはありません。

図 5.15　Google Cloud Platform 無料トライアルの利用規約の同意

　続いて「お支払プロファイル」を設定します（図 5.16）。Google Play などで Google の支払いの設定をしている場合、その情報を選択できます。また、新しく支払いプロファイルを作成できます。ここでは、新しく作る場合の設定について解説します。

「アカウントの種類」ではビジネス、もしくは個人を選択します。この項目はあとから変更することができません。税金の計算や本人確認のために利用されます。そのほかに「名前と住所」「支払い方法」では、支払いに使うクレジットカードを入力します。

図 5.16　支払情報の登録

すべての情報を入力したら、画面最下部の［無料トライアルを開始］ボタンをクリックすると申し込みは完了です。

申し込みが完了したら、Google Cloud Platform コンソール（https://console.cloud.google.com/）へ移動します。画面左上の 3 本線のメニューをクリックしてメニューを表示させ、「お支払」を選択してください。正常に処理が成功していると、クレジット欄に 300 ドルのクレジットが表示されます（図 5.17）。

第 5 章　GKE（Google Kubernetes Engine）

図 5.17　クレジットの確認

## 5.6　GKE クラスタの作成

　ここからは、実際に Google Cloud Platform 上に GKE クラスタを作成していきます。GCP ではプロジェクトという単位で、アクセスできるサービスやサービス上のリソースを制御します。今回作成する GCP のプロジェクトや GKE クラスタ、Container Registry や、それらを操作する Cloud Console を図 5.18 に示します。

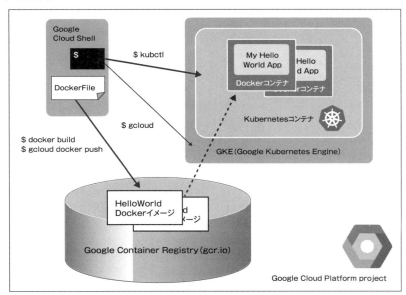

図 5.18　GKE クラスタ概要

では、プロジェクトの作成から初めていきましょう。

もし、プロジェクトが作成されていない場合は、画面左上のGoogle Cloud Platformの文字の左のプロジェクト選択画面の▼を選択して、プロジェクトを作成してください。

図5.19　プロジェクトの選択

プロジェクトの選択画面の右上の「+」を選択してプロジェクトを作成します。

図5.20　プロジェクトを作成

新しいプロジェクトの作成画面ではプロジェクト名を指定します。プロジェクトIDはコマンドラインインターフェイスなどでプロジェクトIDを指定するケースがあります。最初はプロジェクト名に従い、ランダムで生成されていますが、必要に応じて［編集］ボタンをクリックして名前を付けてください。

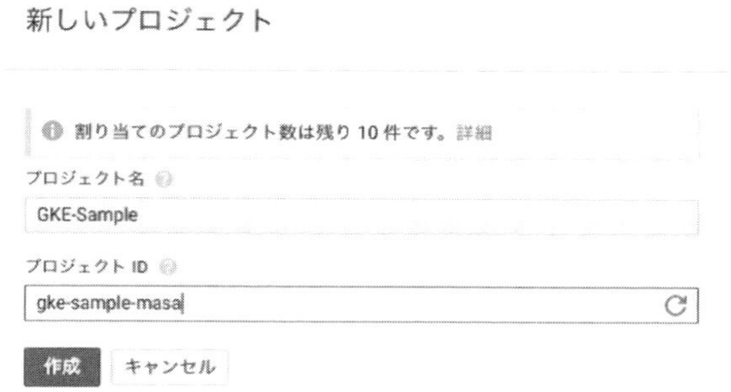

図5.21　プロジェクト名の指定

［作成］をクリックするとプロジェクトが作成されます。

続いて、GKEを操作するためのAPIを有効化する必要があります。手動で有効にすることもできますが、左上からメニューを表示し「Kubernates Engine」を選択すると必要なAPIが有効化されます。有効化中はメッセージが出ます。メッセージが消えるとKubernetesクラスタが作成できるようになります。

クラスタはクイックスタートでも作成できますが、ここではステップバイステップで解説を加えながら作成します。［クラスタを作成］ボタンをクリックして、クラスタを作成しましょう。

第 5 章　GKE（Google Kubernetes Engine）

図 5.22　Kubernetes クラスタを作成

　Kubernates クラスタを作成する画面では、クラスタに関する情報を指定します。ここでは重要なものについて解説します。それぞれの項目は「?」にカーソルを当てると Tips と詳細な解説へのリンクが表示されます。隠れている箇所については「その他」を選択すると表示されます。

図 5.23　Kubernetes クラスタの設定 1

## 名前

Kubernetes クラスタの名前です。

## ロケーション

ゾーン、リージョンから選択します。GCP にはリージョンとゾーンがあります。1 つのリージョンには必ず複数のゾーンがあります。たとえば東京リージョンであれば asia-northeast1 がリージョンを指し、asia-northeast1-a、asia-northeast1-b、asia-northeast1-c の 3 つのゾーンが含まれます。GCP のゾーンは予期しない障害が発生しても、それぞれのゾーンが影響を受けにくいように設計されています。そのため可用性を高くフォールトトレラントなシステムが必要な場合はリージョンを選択します[21]。

## マシンタイプ

Kubernetes クラスタを構成する Node の GCE（Google Conpute Engine）のマシンタイプを選択します。GCE はカスタムマシンタイプという、CPU とメモリを任意の値に設定できるマシンタイプも選択できます。また、無料トライアル中は選択できるマシンタイプのサイズに上限があります。必要に応じてアカウントを通常のものにアップグレードしてください。

## Node イメージ

COS（Container optimized OS）または Ubuntu から選択します。現在 Ubuntu を使っている場合や COS では制約が発生してしまう場合以外は COS を選択するとよいでしょう。

## サイズ

Node の数を指定します。リージョンでクラスタを作成する場合はゾーンあたりの Node 数を指定します。

## Node の自動アップグレード

Node を自動的にアップグレードします。Master は自動的にアップグレードされますが、コンテナが動作する Node は自動的にアップグレードするかしないかを選択します。Master と Node のバージョンが 3 つ以上離れると動作が保証されない点に注意します。また、Node がアップグレードされるときには、ほかの Node でコンテナが再生成される点にも注意します[22]。

## Node の自動修復（ベータ版）

Node に問題が発生したときに、自動的に修復します（この機能はベータです）。

## Stackdriver Logging / Monitoring

GCP の運用監視ツールとの連携を有無を設定します。

## メンテナンスの時間枠（ベータ版）

自動メンテナンスが実行されるメンテナンスウィンドウを指定できます（この機能はベータです）。

---

[21] 2018 年 1 月の執筆時段階で、リージョンクラスタはベータとなっています。また、選択できる Kubernetes のバージョンもゾーンに比べて少なくなります。

[22] 詳細は https://cloud.google.com/kubernetes-engine/docs/clusters/upgrade?hl=ja をご覧ください。

第 5 章　GKE（Google Kubernetes Engine）

図 5.24　Kubernetes クラスタの設定 2

**プロジェクトへのアクセス**

　サーバーレス DWH である BigQuery など GCP のほかのプロダクトと連携する必要がある場合は、サービスアカウントという認証認可を行なうための機能をサービス単位で指定します。

　最後に［作成］ボタンをクリックすると Kubernetes クラスタを作成できます。Kubernetes Master や Node の生成を行なうため数分かかりますが、GCE の起動だけであれば長くても 30 秒ほどあれば完了します。

## 5.7 GKE にアプリケーションをデプロイ

### 5.7.1 Cloud Shell の起動

GKE や GKE 上の Kubernetes の操作には、`gcloud` コマンドや `kubectl` などの CLI を自分の端末で使うことができます。

今回は、`gcloud` コマンドなどを操作するため、Google Cloud Shell を使います。Google Cloud Shell は、Debian Linux ベースのブラウザだけで操作できます。無料で利用でき、各種コマンドをシェルスクリプトにして保存したり、出力結果を保存したりして、5GB まで永続化できます[23]。

Cloud Shell を起動するにはコンソール右上部にあるターミナルのアイコンをクリックします。

図 5.25 Google Cloud Shell を有効にする

Google Cloud Shell の説明画面が起動しますので、確認して「Cloud Shell の起動」をクリックします。

図 5.26 Cloud Shell の起動

---

[23] 長期間アクセスしないとデータは削除されてしまいます。

第 5 章　GKE（Google Kubernetes Engine）

図 5.27　起動した Cloud Shell

　起動すると、デフォルトではコンソールの下部に Cloud Shell が起動します。操作しやすいように別ウィンドウや全ウィンドウで起動することなどもできます。

　今回の演習は Cloud Shell だけですべて実行できます。もし、ローカルコンピューターなどにこのあと使う gcloud コマンドなどをセットアップするには、https://cloud.google.com/sdk/ にアクセスしてインストール、認証、セットアップを行なってください。

## 5.7.2　CLI、gcloud と kubectl の初期セットアップ

　GKE を操作するための CLI である kubectl や GCP を操作するための gcloud コマンドのセットアップをします。最初に gcloud コマンドで GKE を操作するためのコンポーネントを最新化します。起動した Cloud Shell で次のコマンドを入力します。デフォルトではもともとインストールされているため、最後の質問では y を選択してください[24]。

```
$ sudo gcloud components update kubectl
You have specified individual components to update.  If you are trying
 to install new components, use:
$ gcloud components install kubectl
Do you want to run install instead (y/N)?  y
```

　続いて、GKE にアクセスするためのデフォルトのリージョンや認証情報のセットアップを行ないます。

---

[24] Tips ですが gcloud components list と入力すると、Google App Engine などほかのプロダクトを操作するためのコンポーネントのインストールの状態やバージョンを確認できます。

5.7　GKE にアプリケーションをデプロイ

project id には GCP プロジェクト ID を指定します。もし、プロジェクト ID が分からなくなってしまった場合は、GCP コンソール画面左上のプロジェクト名が表示されている▼を選択して、プロジェクト一覧画面から確認してください。

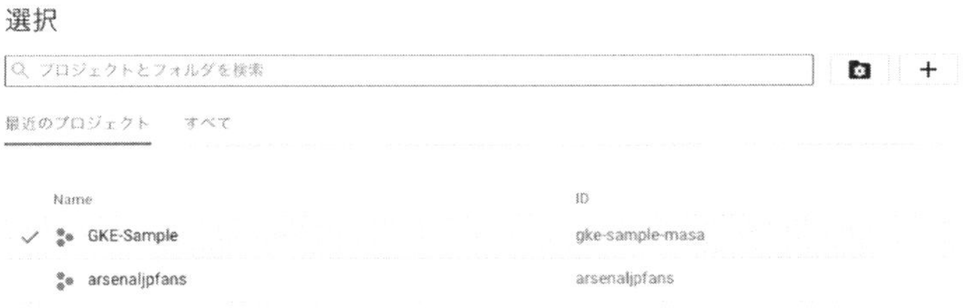

選択

プロジェクトとフォルダを検索

最近のプロジェクト　　すべて

| Name | ID |
|---|---|
| ✓　GKE-Sample | gke-sample-masa |
| 　arsenaljpfans | arsenaljpfans |

図 5.28　プロジェクト一覧からプロジェクト ID の表示

または gcloud projects list で一覧表示できます。

```
$ gcloud projects list
PROJECT_ID        NAME          PROJECT_NUMBER
arsenaljpfans     arsenaljpfans  403113298344
gke-sample-masa   GKE-Sample     45583601540
```

次のコマンドで、gcloud コマンドをセットアップします。zone の設定では GKE クラスタを作成したゾーンを指定します。cluster name ではクラスタを作成するときに指定した名前を指定します。

```
$ export PROJECT_ID=<project id>
$ gcloud config set project ${PROJECT_ID}
$ gcloud config set compute/zone asia-east1-a # <zone>
$ gcloud config set container/cluster cluster-1 # <cluster name>
$ gcloud container clusters get-credentials cluster-1 # <cluster name>
```

最後のコマンドの出力として、kubeconfig entry generated for cluster-1. のようなメッセージが出力されれば成功です。

## 5.7.3　Container Image の作成

ここでは「Hello World」とホスト名を表示するためのコンテナイメージを作成します。最初に Cloud Shell 上に Hello World コンテナを作成するためのディレクトリを作成します。

```
$ mkdir helloNode
$ cd helloNode
```

簡単な Node.js のソースコードを作成します。server.js という名称で次のコードを保存してください。Cloud Shell にはコードエディタやファイルアップロードの機能もあるので、メニューバーにカーソルを当てて、必要に応じて好きな手段でファイルを helloNode 上に作成してください[25]。

```
var http = require('http');

var handleRequest = function(request, response) {
  var os = require('os');
  var hostname = os.hostname();
  response.writeHead(200);
  response.end("<h1>Hello World! == " + hostname + "</h1>\n");
}

var www = http.createServer(handleRequest);
www.listen(8080);
```

続いてアプリケーションが正常に動作するか確認します。アプリケーションを次のコマンドで起動してください。

```
$ node server.js
```

動作を確認するには、Cloud Shell のターミナルをもう 1 つタブで起動して curl localhost:8080 と入力する方法と、Web でプレビューして確認する方法があります。「ポート上でプレビュー 8080」を選択します。

図 5.29　結果を確認

Web でプレビューした場合、ブラウザでプレビューできます。
図 5.30 のように「Hello World!」のあとにホスト名（コンテナ ID）が表示されれば成功です。

---

[25] もちろん vim も入っているため、vim で作成しても問題ありません。

5.7 GKE にアプリケーションをデプロイ

図 5.30　Web でプレビュー

### 5.7.4　コンテナのビルドと Container Registry へ登録

コンテナのビルドには Container Builder を使うことができますが、ここでは Kubernetes を使わずに Docker を直接操作する場合と Kubernetes を使って操作する場合の違いを感じるために、敢えて Cloud Shell 上の Docker でビルドします。Cloud Shell には Docker があらかじめインストールされています。
`Dockerfile` という名前で次のファイルを保存してください。

```
FROM node:6.9
EXPOSE 8080
COPY server.js /server.js
CMD node server.js
```

続いて次のコマンドで Docker をビルドします。

```
$ docker build .
```

成功すると、Image ID ともに、ビルドが成功した旨のメッセージが表示されます。この例の `Successfully built 311f214de0f7` の場合、`311f214de0f7` が Image ID です。

続いて、管理のためのタグを付けます。`image_id` ではビルドが成功したときの Image ID を設定してください。

```
$ docker tag <image_id> asia.gcr.io/${PROJECT_ID}/hello-node:v1
```

なお、Image ID が分からなくなったり、確認したい場合は、`docker images` コマンドでイメージの一覧を表示できます。

```
$ docker images
REPOSITORY                                TAG   IMAGE ID       CREATED         SIZE
asia.gcr.io/gke-sample-masa/hello-node    v1    311f214de0f7   7 minutes ago   659MB
node                                      6.9   cde8ba396275   10 months ago   659MB
```

193

第 5 章　GKE（Google Kubernetes Engine）

　最後に仕上げとして、Container Registory にビルドしたイメージを登録します。初回はすこし時間が
かかります。

```
$ gcloud docker -- push asia.gcr.io/${PROJECT_ID}/hello-node:v1
```

---

**Container Builder でビルドする**

　docker build でイメージをビルドしてからイメージにタグを付けて、gcloud docker push してレジス
トリに登録するまでの一連の流れは、Container Builder を使って実行することもできます。この場合は次のコ
マンドを実行します。

```
$ gcloud container builds submit --tag  asia.gcr.io/${PROJECT_ID}/hello-node:v1 .
```

---

　次のコマンドで、正常に登録できたかどうか、確認できます。

```
$ gcloud container images list-tags asia.gcr.io/${PROJECT_ID}/hello-node
DIGEST          TAGS  TIMESTAMP
16e8e981dc24   v1    2017-12-28T14:08:47
```

　Cloud Shell でも Docker Image を動かして動作確認できます。

```
$ docker run -d -p 8080:8080 asia.gcr.io/${PROJECT_ID}/hello-node:v1
$ curl localhost:8080
$ docker ps
$ docker kill <container id>
$ docker rm <container id>
```

　このとき curl コマンドの出力結果は、Hello World のあとに、Container id が出力されます。また、
Cloud Shell の Web プレビューでも確認できます。

## 5.7.5　コンテナのデプロイ

　続いて、Kubernetes にデプロイするための、Deployment を作成します。
　hello-node-deployment.yaml というファイル名で、次の内容を保存します。project id の箇所は
作成したプロジェクト名に書き換えてください。

194

```
apiVersion: extensions/v1beta1
kind: Deployment
metadata:
  labels:
    name: hello-node
  name: hello-node
spec:
  replicas: 1
  template:
    metadata:
      labels:
        name: hello-node
    spec:
      containers:
      - image: asia.gcr.io/<project id>/hello-node:v1
        name: hello-node
        ports:
        - containerPort: 8080
```

ファイルが完成したら、kubectl create コマンドを使って Deployment を作成します。

```
$ kubectl create -f hello-node-deployment.yaml
```

Deployment が作成された旨のメッセージが表示されたあと、次のコマンドで確認ができます。

```
$ kubectl get deployment
NAME            DESIRED     CURRENT     UP-TO-DATE     AVAILABLE     AGE
hello-node      1           1           1              1             2m
$ kubectl get pods -o wide
NAME                         READY       STATUS       RESTARTS     AGE       IP
NODE
hello-node-1207011043-16fh6  1/1         Running      0            2m        10.8.1.3
gke-cluster-1-default-pool-d19901be-rn6f
```

これで、コンテナが GKE にデプロイできました。

第5章　GKE（Google Kubernetes Engine）

## 5.7.6　Service と Ingress の設定

続いて、コンテナが外部から通信を受けて、サービスとして動作するための設定を行ないます。

最初は GCP の L4（TCP）ロードバランサーで外部からの通信をコンテナに割り振りましょう。L4 ロードバランサーで割り振るには Service を作成します。`hello-node-service.yaml` というファイル名で次の内容を保存してください。

```
apiVersion: v1
kind: Service
metadata:
  labels:
    name: hello-node
spec:
  ports:
  - port: 8080
  selector:
    name: hello-node
  type: LoadBalancer
```

ファイルが完成したら、`kubectl create` コマンドを使って Service を作成します。

```
$ kubectl create -f hello-node-service.yaml
```

成功すると、Service が生成された旨のメッセージが出力されます。続いて次のコマンドで生成された、Service のロードバランサーの IP アドレスなどの情報が確認できます。

```
$ kubectl get svc
NAME          TYPE           CLUSTER-IP      EXTERNAL-IP     PORT(S)          AGE
hello-node    LoadBalancer   10.11.245.125   35.226.2.101    8080:31256/TCP   1m
kubernetes    ClusterIP      10.11.240.1     <none>          443/TCP          46m
```

このときの `EXTERNAL-IP` に表示されるのが、ロードバランサーのグローバル IP アドレスです。ポート 8080 で受け付ける設定にしているため、ブラウザに <IP アドレス >:8080 でコピー & ペーストすると、インターネット経由でコンテナの動作を確認できます（図5.31）。

GCP には L7 の HTTP(S) ロードバランサーがあります。これを使うには ingress を使う必要があります。まず、最初に service で作成した L4 のロードバランサーを削除します。`hello-node-service.yaml` から `type: LoadBalancer` の記述を削除して `type: NodePort` を修正して、Service を作成し直します。

196

5.7 GKE にアプリケーションをデプロイ

図 5.31　Service 経由での動作確認

```
$ kubectl delete svc/hello-node
$ kubectl create -f hello-node-service.yaml
```

このとき、`kubectl get svc` コマンドで Service の状況を確認すると `External IP` が `none` になっていることが確認できます。

この Service と L7 Load Balancer を連携させるための Ingress を作成します。次の内容を `hello-node-ingress.yaml` というファイル名で保存してください。

```
apiVersion: extensions/v1beta1
kind: Ingress
metadata:
  name: hello-ingress
spec:
  backend:
    serviceName: hello-node
    servicePort: 8080
```

成功すると Ingress が生成された旨のメッセージが出力されます。続いて、作成された HTTP(S) ロードバランサーの IP アドレスを確認しましょう。

```
$ kubectl get ing
NAME            HOSTS    ADDRESS          PORTS    AGE
hello-ingress   *        35.190.23.131    80       22h
```

ブラウザや `curl` コマンドで `35.190.23.131` にアクセスすると Ingress で生成された HTTP(S) ロードバランサー経由でリクエストを処理して、Hello World コンテナが動作していることが確認できます。

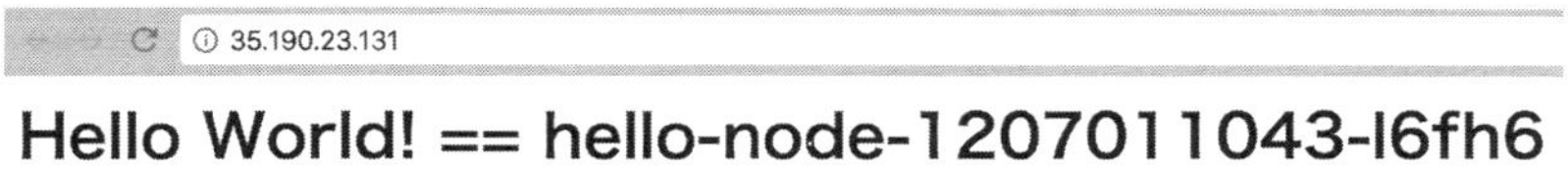

図 5.32　Ingress を経由した Hello World

197

```
$ curl 35.190.23.131
<h1>Hello World! == hello-node-1207011043-l6fh6</h1>
```

ここまでに、Deployment、Service、Ingress を作成してきました。次のような構成になっています。

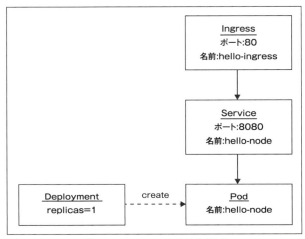

図 5.33　Ingress を含めた構成

# 5.8　GKE のメンテナンス

ここからは、GKE でアプリケーションを作成したときに、行なう代表的なオペレーションを紹介します。

## 5.8.1　Pod スケールアウト

Pod をスケールアウトさせて Pod を増やす場合は、次のようなコマンドで増やすことができます。ここまでの作業を通じて、Pod は 1 つ作成されていますが、たとえば 3 個に増やす場合のコマンドを紹介します。

```
$ kubectl scale deployment/hello-node --replicas=3
```

スケールアウトに成功した旨のメッセージが出力されたら、Pod の一覧で確認してみましょう。

```
$ kubectl get pods -o wide
NAME                      READY     STATUS    RESTARTS   AGE       IP
```

```
NODE
hello-node-1207011043-6w2hh   1/1        Running   0          1m         10.8.0.6
gke-cluster-1-default-pool-d19901be-3zc2
hello-node-1207011043-c3wbh   1/1        Running   0          1m         10.8.2.7
gke-cluster-1-default-pool-d19901be-r1mn
hello-node-1207011043-l6fh6   1/1        Running   0          1d         10.8.1.3
gke-cluster-1-default-pool-d19901be-rn6f
```

このように Pod が 3 つに増えていることが確認できます。

Deployment に AutoScaling の設定をして、Pod を自動的にスケーリングすることもできます。次のようなコマンドで設定できます。

```
$ kubectl autoscale deployment hello-node --max=6 --min=3 --cpu-percent=60
```

この設定では、Pod を最低 3 つ、最大 6 つ、CPU 使用率を 60%を目標に自動的に Pod を増減させます。Kubernetes の HorizontalPodAutoscaler が設定されます。

## 5.8.2　Node オートスケーラー

GKE のクラスタに存在する Node プールの仮想マシンもオートスケールさせることができます。最初に作成するときに設定することもできます。ここでは既存の Node プールに対してオートスケールをする設定を説明します。gcloud コマンドの場合は次のように設定します。

```
$ gcloud container clusters update cluster-1 --enable-autoscaling --min-nodes=3 \
--max-nodes=6 --zone=us-central1-a --node-pool=default-pool
```

この設定では cluster-1 クラスタの default-pool を最小 3Node、最大 6Node になるようにオートスケーリングの設定をしています。なお、この設定は GCP コンソール上でもクラスタの編集画面より設定を変更できます。

オートスケールを解除するには、次のコマンドを実行します。

```
$ gcloud container clusters update cluster-1 --zone=us-central1-a \
--no-enable-autoscaling
```

解除すると、現在の Node の数でオートスケーリングが停止します。

第5章 GKE（Google Kubernetes Engine）

### 5.8.3 コンテナローリングアップデート／ロールバック

コンテナをアップデートするには、まずコンテナイメージを新しくします。以前作成した`server.js`の Hello World! のあとに Version 2 を追加し、次のように修正してみましょう。

```
var http = require('http');

var handleRequest = function(request, response) {
  var os = require('os');
  var hostname = os.hostname();
  response.writeHead(200);
  response.end("<h1>Hello World! Version 2 == " + hostname + "</h1>\n");
}

var www = http.createServer(handleRequest);
www.listen(8080);
```

続いて、Docker イメージのアップデートと Google Container Registry への登録を行ないます。イメージのタグを v2 にするのを忘れないようにしてください。

```
$ docker build .
$ docker tag <image_id> asia.gcr.io/${PROJECT_ID}/hello-node:v2
$ gcloud docker -- push asia.gcr.io/${PROJECT_ID}/hello-node:v2
```

アップデートする方法はいくつかありますが、ここでは`kubectl edit deployments`コマンドを使ってみましょう。

```
$ kubectl edit deployments/hello-node
```

上記のコマンドで Deployment の設定を修正できます。次の行の v1 を v2 に修正して保存して終了しましょう。操作方法は vim と同じです。

```
spec:
    containers:
    - image: asia.gcr.io/gke-sample-masa/hello-node:v2
```

`kubectl describe`コマンドを使うと、Pod のアップデートの状況が確認できます。

200

5.8 GKE のメンテナンス

```
$ kubectl describe deployments/hello-node
Name:                   hello-node
Namespace:              default
CreationTimestamp:      Thu, 28 Dec 2017 14:39:03 +0900
Labels:                 name=hello-node
Annotations:            deployment.kubernetes.io/revision=2
Selector:               name=hello-node
Replicas:               3 desired | 2 updated | 4 total | 2 available | 2 unavailable
StrategyType:           RollingUpdate
MinReadySeconds:        0
RollingUpdateStrategy:  1 max unavailable, 1 max surge
Pod Template:
  Labels:  name=hello-node
  Containers:
   hello-node:
    Image:          asia.gcr.io/gke-sample-masa/hello-node:v2
    Port:           8080/TCP
    Environment:    <none>
    Mounts:         <none>
  Volumes:          <none>
Conditions:
  Type           Status  Reason
  ----           ------  ------
  Available      True    MinimumReplicasAvailable
OldReplicaSets:  hello-node-1207011043 (2/2 replicas created)
NewReplicaSet:   hello-node-3350715368 (2/2 replicas created)
Events:
  Type    Reason            Age   From                  Message
  ----    ------            ----  ----                  -------
  Normal  ScalingReplicaSet 1h    deployment-controller Scaled up replica set hello
-node-1207011043 to 3
  Normal  ScalingReplicaSet 11s   deployment-controller Scaled up replica set hello
-node-3350715368 to 1
  Normal  ScalingReplicaSet 11s   deployment-controller Scaled down replica set h
ello-node-1207011043 to 2
  Normal  ScalingReplicaSet 11s   deployment-controller Scaled up replica set hello
-node-3350715368 to 2
```

第 5 章　GKE（Google Kubernetes Engine）

**Spinakker**

　近年サービスのバージョンアップや A/B テストのためのリリース作業というものは非常に頻繁に発生します。そして、新しいサービスをたとえば 1 日に 1 万回リリースするには、さまざまなテクニックが必要です。リリースのオートメーションはもちろんのこと、カナリアリリース、イミュータブルインフラストラクチャ、漸進的なリリース、高速なロールバックなどです。このようなリリースを行なうためにはデプロイメントパイプラインという、ビルドからテスト、デプロイまでの一連の流れをパイプラインにするのがベストプラクティスです。
　これらのベストプラクティスを実践できるように作成されているのがオープンソースでマルチクラウド対応の継続的デリバリ プラットフォーム Spinnaker です。

Spinnaker のトップページ

　Spinnaker の代表的なメリットを幾つか紹介します。
　Spinnaker はオープンソースで、オープンプラットフォームです。Spinnaker 自体はローカルにもオンプレミスにもクラウドにもデプロイできます。デプロイメントパイプラインを特定の環境から分離できます。Spinakker は、Google Compute Engine、Google Kubernetes Engine、Google App Engine、AWS EC2、Microsoft Azure、Kubernetes、OpenStack の各サポートが含まれています。またこれらの環境は増えていく予定です。
　Spinnaker のパイプラインのステージにはテストやプロビジョニングはもちろんのこと承認や CI サーバーのジョブの呼び出しなども可能です。既存で使っている Git や Jenkins などとシームレスに連携できます。
　Spinakker はカナリアリリース、Red-Black（Blue-Green）デプロイメント、トラフィックスプリット、シンプルなロールバックなどの高度なデプロイ戦略をサポートしています。使いたいデプロイ戦略を選択するだけで、利用できます。
　Google Cloud Launcher のマーケットプレイスでも簡単にインスタンスを起動できるため、興味がある方はぜひ試してみてください。

　デフォルトの設定では、1 つずつローリングアップデートします。数回 `kubectl describe` コマンドを実行すると、Pod の推移が確認できます。アップデートが終わったら、Ingress などにアクセスすると新しいコンテナがデプロイされていることが分かります。

```
$ curl 35.190.23.131
<h1>Hello World! Version 2== hello-node-3350715368-fxwdk</h1>
```

Deployment を使ってデプロイしていると履歴も管理されており、ロールバックも簡単です。履歴を確認するには次のコマンドを使います。

```
$ kubectl rollout history deployment/hello-node
deployments "hello-node"
REVISION   CHANGE-CAUSE
1          <none>
2          <none>
```

出力結果が上記のような場合、リビジョン 1 に戻すには、次のように指定します。1 つ前のバージョンであれば、`--to-revision` オプションは指定不要です。

```
$ kubectl rollout undo deployment/hello-node --to-revision=1
```

## 5.8.4　クラスタアップグレード

Kubernetes はアップデートの頻度も高いです。GKE を使うとクラスタのアップデートを自動的に実施する機能などがあり、メンテナンスが簡単になります。

Master Node については、期日が来ると自動的に最新版にアップグレードされます。Master Node のメンテナンス中はダウンタイムが発生することはありません。またマルチリージョナルクラスタを使えば、Master Node のダウンタイムもありません。もし、何かの理由がある場合は、手動で Master を任意のタイミングでアップグレードもできます。

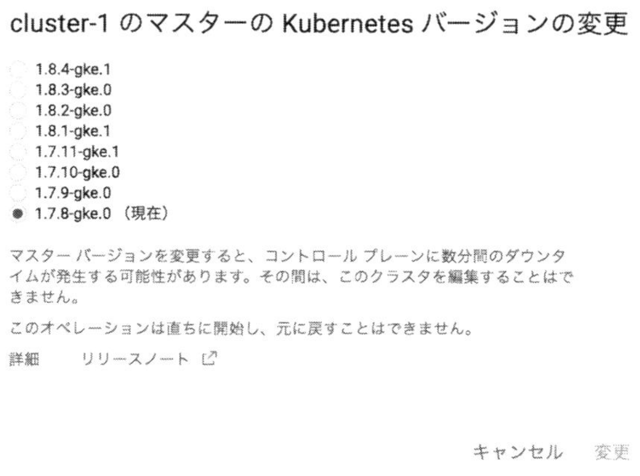

cluster-1 のマスターの Kubernetes バージョンの変更

- 1.8.4-gke.1
- 1.8.3-gke.0
- 1.8.2-gke.0
- 1.8.1-gke.1
- 1.7.11-gke.1
- 1.7.10-gke.0
- 1.7.9-gke.0
- ● 1.7.8-gke.0 （現在）

マスター バージョンを変更すると、コントロール プレーンに数分間のダウンタイムが発生する可能性があります。その間は、このクラスタを編集することはできません。

このオペレーションは直ちに開始し、元に戻すことはできません。

詳細　リリースノート

キャンセル　変更

図 5.34　Master Node のアップグレード

アップグレード可能な場合は管理コンソールのクラスタ詳細画面にアップグレード可能のリンクが表示されます。クリックすると、アップグレード可能なバージョン一覧と注意事項が表示されるので、任意のバージョンを選び、アップグレードしてください。

Nodeプールについては、デフォルトでは自動アップグレードされません。自動アップグレードを有効にすると、自動的にNodeプールもアップグレードされます。手動ではMasterと同じようにNodeのバージョンに表示される［変更］ボタンをクリックすると、バージョンの選択と注意事項が表示されます。

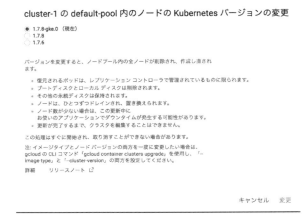

図5.35　Nodeのアップグレード

前述のとおり、MasterとNodeのバージョンが3バージョン以上離れると通信ができなくなる可能性があるので、注意しましょう。

### 5.8.5　Google Stackdriver

GCPの運用管理ツールであるStackdriverを紹介します。Stackdriverとはモニタリングやロギング、診断機能をハイブリッドクラウドで提供する運用監視ツールです。アプリケーションのパフォーマンスや可用性もダッシュボードなどで確認ができます。ここではGKEで便利に使えるモニタリングやロギングの機能を紹介します。

Stackdriverにアクセスするには、GCPコンソールのメニューより、Stackdriver中の項目からアクセスします。モニタリングにアクセスすると、モニタリングの機能にアクセスできます[26]。

最初にStackdriverのアカウントを作成する必要があります。ガイダンスに従って、進めてください。なお、Stackdriverには有料の機能もあります。30日無料でプレミアムトライアルもできるので、興味がある方は https://cloud.google.com/stackdriver/pricing にアクセスして、機能の差や、料金モ

---

[26] 2018年1月現在、Stackdriverモニタリングは別のサービスとして提供されているため、Google IDを使ってアクセスします。

デルを確認してください。

Stackdriver モニタリングでは、リソースの使用状況をチェックしたり、アラートを設定したり、Web サービスがダウンしていないかアップタイムをチェックしたりする機能があります。たとえばリソースにアクセスするには、Stackdriver の左メニューより Resources をクリックして、Metrix Explorer にアクセスします。

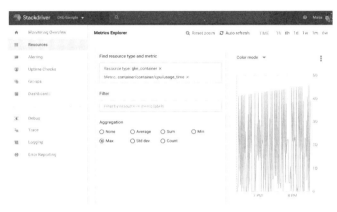

図 5.36　Stackdriver モニタリングコンテナ CPU 使用率

取得可能なリソースは GKE はもちろん Google Container Engine や Google Cloud Storage など多岐に亘ります。GKE を確認する場合は「Fine resource type and metric」の検索ボックスに「gke」などのキーワードを入れてください。最初に GKE などのリソースタイプを指定し、そのあとに任意のメトリックスを指定します。Pod から出力されたログは Stackdriver Logging に自動的に収集されています。

図 5.37　Stackdriver Lgging

たとえばアプリケーションのログを標準出力ログに出力しておけば、自動的に Stackdriver Logging に

# 第5章 GKE（Google Kubernetes Engine）

よって収集されます。収集したログはBigQueryなどにエクスポートして分析などができます。また指標などを作って、何かしらの特定のログが出力されるなどの条件が発生したときに、通知をしたり、何かの処理をしたりできます。

アクセスするには、GCPコンソールのStackdriver中項目のLoggingへアクセスします。このときにフィルターをかけられるため、「GKEクラスタ」を選択して、GKEのログをチェックします。

## 5.8.6 リソースのクリーンアップ

最後に、本章で解説したリソースをクリーンアップする方法を説明します。不要なリソースはクリーンアップして、無料トライアルクレジットを節約しましょう。Ingressの削除は次のコマンドです。

```
$ kubectl delete ing/hello-ingress
```

Serviceの削除は次のコマンドです。

```
$ kubectl delete svc/hello-node
```

Deploymentの削除は次のコマンドです。

```
$ kubectl delete deployment/hello-node
```

GKEクラスタの削除は次のコマンドです。

```
$ gcloud container clusters delete cluster-1 --zone=us-central1-a
```

Google Container Registryに登録したコンテナイメージも削除します。

図5.38　Container Registryの削除

GCP コンソールのストレージから「Storage」→「ブラウザ」と辿ります。そうすると、`asia.artifacts.` `[project-id].appspot.com` のバケットが生成されています。そのバケットにチェックを入れて削除してください。これで今回解説したすべてのリソースの削除は完了です。

＊　＊　＊

GKE は、Kubernetes のメリットと、ロードバランサーやリージョンがあらかじめ接続されているといった GCP のグローバルネットワークなどのたくさんのメリットをどちらも活かすことができます。加えて GKE はマネージドでサービスが提供されるため、運用コストも低減することができます。

　本稿が皆さんのより良いサービス開発や開発スタイルの確立の一助となれば幸いです。

# 6

# Rancher

## 6.1 Rancher とは

### 6.1.1 Rancher 概要

　Rancher は、コンテナオーケストレーションにとどまらず、コンテナオーケストレーションを含めたエンタープライズレベルのマネージメントのためのオープンソースプロダクトです。

　AWS などのパブリッククラウドが持っている機能をプライベートクラウドで実現するのが難しいという課題を、コンテナで解決しようと開発されました。また、開発された当時、Docker が持っていなかった管理機能やネットワーク機能を実装して 2016 年 6 月にバージョン 1.0 がリリースされました。特定のOS や環境に依存せずに、コンテナ環境を構築できるという特徴もありました。

　エンタープライズでの利用を目指しているのでユーザー管理やアクセスコントロール、ストレージ管理やネットワークのセグメンテーション、セキュリティといった機能も充実しています。Kubernetes をはじめとしたさまざまなオーケストレーターを選択することも可能となっています。

Rancher lassoes up Docker containers for production deployments
https://www.infoworld.com/article/2935975/application-virtualization/rancher-lassoes-up-docker-containers-for-production-deployments.html

Rancher Rolls Out Docker Container Management Platform
http://www.eweek.com/enterprise-apps/rancher-rolls-out-docker-container-management-platform

### 6.1.2 プロダクションレベルの管理

　Rancher は、エンタープライズレベルの利用に耐えられるコンテナ管理プラットフォームとして開発されており、次の事項の実現を目標に定めています。

## 第 6 章　Rancher

- ◆ クラウドフリー、ベンダーフリーであること
- ◆ Kubernetes や Cattle といったコンテナオーケストレーターを選択できること
- ◆ ID 管理システムとの連携が可能なこと
- ◆ Web ブラウザや CLI ツールによって分かりやすいインターフェイスを提供すること
- ◆ 開発者と運用者に権限を分割して運用できるようにすること
- ◆ 開発者と運用者に分かりやすいシステムにすること
- ◆ コンテナ環境に対して、ネットワーク／負荷分散／サービス検知／サービス監視／マルチテナント機能を包括的に提供すること

また、Rancher は、これらを統合的に管理できる仕組みを備えています。

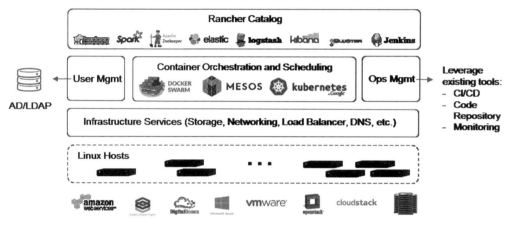

図 6.1　Rancher のアーキテクチャ

### 6.1.3　アーキテクチャ

　Rancher はシステム全体を管理する「Rancher サーバー（マネージャー）」と、コンテナを実際に動作させる「Rancher エージェント（ホスト）」で構成されます。Rancher マネージャーがエージェントに指示を出し、エージェントが Docker ホストを操作するアーキテクチャとなっています（図 6.2）。
　マネージャーもエージェントも、Docker 上で動くコンテナです。これらは 1 つの物理サーバー（もしくは、仮想サーバー）で動かすことも可能ですが、テスト用途以外ではそれぞれ別のホストで動かすことが推奨されています。

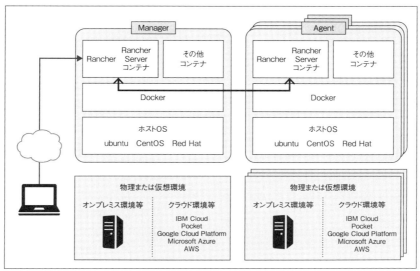

図 6.2　Rancher 構成

## 6.1.4　オーケストレーター

　Rancher は、オーケストレーターを選択して利用可能です。次のオーケストレーターに対応しており、1.x 系では Cattle をメインに開発が進められました。

- Cattle（1.x 系、2.0 は Technical Preview）
- Kubernetes（1.x 系、2.0 は Technical Preview）
- Mesos（1.x 系））

## 6.1.5　ユーザー管理（権限分離）

　商用利用で必要な認証や権限についても十分に配慮されています。認証については、Rancher 自身が持っている ID ストアや、Active Directory、Azure AD、GitHub 認証、OpenLDAP、Shibboleth といった認証システムと連携することができます。これらの認証システムと連携して、操作権限を役割ごとに分けるロールベースのアクセスコントロールが可能です。

## 6.1.6　インフラストラクチャーオーケストレーション

　ホストの追加をオーケストレーションし、Rancher の環境を拡張することも可能です。たとえば、Docker サーバーで Rancher エージェントを動かすだけでホストが追加され、環境が自動的に拡張されます。ま

た、docker-machine Driver に対応しているクラウドであれば、APIの認証情報を入力し、必要なリソースを指定するだけでホストを拡張することができます。

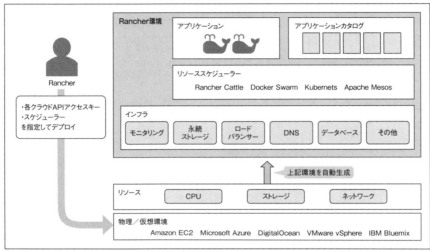

図 6.3　Rancher のスケーラビリティ

## 6.1.7　Rancher 2.0 について

　本書の執筆時点で、リリースされている Rancher の最新バージョンは 1.6 ですが、バージョン 2.0 のテクニカルプレビューが、2017 年 9 月 26 日にリリースされました。

Rancher 2.0
https://rancher.com/rancher2-0/

　Rancher は、1.x 系から 2.x 系のあいだに大きく方向転換されることになりました。1.x 系では、Rancher Labs 社の独自のコンテナオーケストレーターである Cattle をメインに開発されていました。一方、Kubernetes はオーケストレーターの選択肢のひとつでしかありませんでした。しかし、2.x 系では Kubernetes がメインのオーケストレーターとして据えられました。そのため、1.x 系のさまざまな機能が Kubernetes をベースとした機能に置き換えられていくことになります。2.0 は本書執筆の 2018 年 2 月の時点でアルファ版 16 ですが、今後は 2.0 をメインとして開発が進むことになります。1.x 系は 2018 年中までサポートされますが、これから導入を検討される方は 6.3 節で紹介する 2.x 系についても考えておくとよいでしょう。

# 6.2 Rancher 1.6 の機能

## 6.2.1 アプリケーションカタログ

Rancher 1.6.x には Catalog と呼ばれる機能があります。アプリケーションカタログは、複数の Docker コンテナイメージを組み合わせてサービスとして利用できるようにしたパッケージのようなものです。Catalog は Web UI を使って、アプリケーションの立ち上げから実行までを手軽に試すことができ、コマンドラインに不慣れなユーザーも簡単に利用できるようになっています。

Catalog の実態は Docker Compose および Rancher Compose の集合体で、コミュニティにより GitHub 上で管理されています。

### Docker Compose

Docker Compose に YAML 形式でコンテナの構成などを記載します。サポートしている Docker Compose バージョンは 2.0 までです。

### Rancher Compose

Rancher Compose では Catalog の各種管理の YAML を記述します。Catalog 上でユーザーに入力を求める項目などを指定できます。

プライベートな独自のカタログも作成可能なので、社内環境向けにも利用できます。

Catalog entries contributed by the community
https://github.com/rancher/community-catalog

## 6.2.2 ネットワーク接続

Rancher は、ホスト間通信のためにオーバーレイネットワークを自動構築し、異なるホスト上に配置されたコンテナの接続性を確保します。

Rancher は、おもに 2 つのネットワーク機能をサポートしています。標準で使用されるのが IPsec オプション、また、VXLAN の利用を選択することもできます。Rancher から複数のクラウドを利用することも可能で、IPSec によるクラウド間接続も可能となっています。

Networking in Rancher - Rancher Docs
http://rancher.com/docs/rancher/v1.6/en/rancher-services/networking/

## 6.2.3 ストレージ管理

コンテナは、永続的なデータの保存を前提としない揮発性（エフェメラリティ）を持つことが特徴ですが、実際にサービスを構築するにはストレージによるデータの永続化が求められることが多くあります

Rancher では、標準でローカルストレージドライバを利用することが可能です。オプションで 2 つのストレージドライバを公式にサポートしています。これらを、コンテナの永続ストレージとして利用可能です。

**Rancher NFS**　NFS ボリュームを利用する機能を提供
**Rancher EBS**　Amazon EBS（Elastic Block Store）を利用する機能を提供

Volumes in Rancher
https://rancher.com/docs/rancher/v1.6/en/cattle/volumes/#create-a-volume

Persistent Storage Service in Rancher - Rancher Docs
http://rancher.com/docs/rancher/v1.6/en/rancher-services/storage-service/

## 6.2.4　ユーザー認証と権限管理

Rancher のユーザー認証と権限管理は、Rancher Server にアクセスできるユーザーを制限する方法で実現しており、初期状態では無効になっています。Rancher Server の IP アドレスを知っている人なら API にアクセスして利用することができます。Rancher Server を起動した直後にユーザー認証を設定することを推奨します。

この認証サーバーで認証されたユーザーを Environment（環境）という単位で割り当てできます。環境を利用することで、オーケストレーション／ネットワーク／ストレージ／カタログ／認証／ロールを、コンテナを動かすリソース単位で分離独立させることができます。

図 6.4　ユーザー認証の設定

Rancher が対応している認証システムは次のとおりです。

- Active Directory
- Azure AD
- GitHub
- Local
- OpenLDAP
- Shibboleth

また、各環境（Environment）ごとに、ユーザーのアクセス権を設定できます。アクセス権の種類には次のようなものがあります。

**Owner** Environment の状態またはメンバーシップの変更を実行できる。メンバーシップリスト内では、所有者は環境のほかのメンバーの役割を変更することも可能
**Member** Environment に影響を与えない操作を実行できる
**Read-Only** ホスト／スタック／サービス／コンテナを表示できる
**Restricted** スタック／サービスに関連するすべてのアクションを実行できる。サービスのコンテナについては、開始／停止／削除／アップグレード／複製／および編集などのすべてのアクションを実行できる

Environments in Rancher - Rancher Docs
http://rancher.com/docs/rancher/v1.6/en/environments/#membership-roles

## 6.2.5 ホスト管理

Web UI 上でホストの状態を確認できます。グラフとテキストによって確認することができます。

図 6.5　ホストの管理

ホストの各種情報（ホストリソースや各種ソフトウェアのバージョン）を確認することもできます。また、ホストの接続状態、ホストに展開されているコンテナの状態も確認可能です。

Hosts in Rancher - Rancher Docs
http://rancher.com/docs/rancher/v1.6/en/hosts/

### 6.2.6 CLI と API

CLI のコマンドラインスクリプトとして次の 2 つのコマンドが用意されています。

◆ `rancher` コマンド
◆ `rancher-compose` コマンド

Rancher Server の右下の「Download CLI」より、各 OS 用のスクリプトがダウンロードできます。

図 6.6　CLI のコマンドラインスクリプトの入手

`rancher` コマンドは、環境全体の設定や確認のために利用します。`rancher-compose` は、`docker-compose.yml` と `rancher-compose.yml` を使ってコンテナを起動するときに利用します。API も豊富に用意されているため、自動化やインテグレーションも容易にできるようになっています。

## 6.3　Rancher 2.0 Tech Preview2

2018 年 1 月 24 日に Rancher Labs から Rancher 2.0 Tech Preview2 が発表されました。Rancher 2.0 Tech Preview 発表から僅か約 4 カ月ですが、バージョン 1 からの機能追加や変更があります。

Rancher 2.0 Tech Preview2 については開発途中の箇所が多々あるため、本書では全体的な概要と主要機能である「Launch a Cloud Cluster」、「Create a Cluster」、「Import an Existing Cluster」について解説します。まず、Rancher 2.0 Tech Preview2 の概要についてまとめておきましょう。

## 6.3.1 Rancher 2.0 Tech Preview2 のおもな特徴

Rancher Server は 100%Go 言語で書かれており、MySQL データベースがなくなりました。また、Rancher Server を従来の Docker ホストや既存の Kubernetes クラスタに展開できます。

図 6.7　Rancher 2.0 Tech Preview2 構成図

RKE（Rancher Kubernetes Engine）や GKE（Google Kubernetes Engine）などのマネージド Kubernetes サービスを使用して、新しい Kubernetes クラスタを作成できます。Rancher は、RKE と GKE の両方のクラスタプロビジョニングを自動化します。将来的には、Amazon EKS や AKS（Azure Container Service）などのマネージド Kubernetes サービスのサポートも予定されています。

統一されたクラスタ管理インターフェイスから、すべての Kubernetes クラスタを管理できます。Rancher は、これらの Kubernetes クラスタがホストされている場所に関係なく、Kubernetes クラスタ間で集中管理された認証を実装します。

また、開発中の機能ですが、Rancher はすべての Kubernetes クラスタに簡単なワークロード管理インターフェイスを提供します。直感的な Rancher 1.0 スタイルのコンテナ中心のインターフェイスが引き続き提供されます。アプリケーションカタログ、CI/CD やモニタリングの統合、統計、ログの集中管理など、多くのワークロード管理機能を追加しています。

## 6.3.2 Rancher 2.0 Tech Preview2 のアーキテクチャ

Rancher 2.0 Tech Preview2 のアーキテクチャの概要は図 6.8 のようになっています。それぞれのコンポーネントについて見ていきます。

**Rancher API Server**

Embedded Kubernetes API サーバーと etcd データーベース上に構築され、次の機能を持ちます。

**ユーザー管理機能**　Rancher API Server は、Active Directory や GitHub のような外部の認証プロバイダに対応するユーザー ID を管理する

第 6 章　Rancher

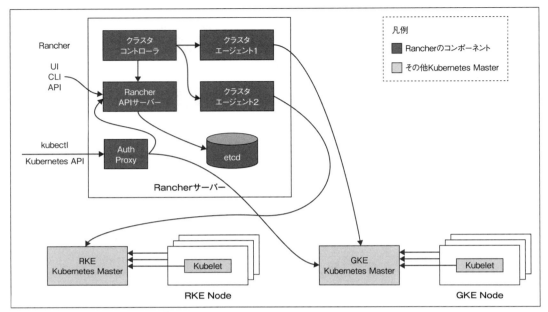

図 6.8　Rancher 2.0 Tech Preview2 Architecture

**認証機能**　Rancher API Server は、アクセス制御とセキュリティポリシーを管理する
**プロジェクト**　プロジェクトは、クラスタ内の複数の名前空間をグループ化したもの
**Node**　Rancher API Server は、全クラスタ内の全 Node の ID を追跡する

### Cluster Controller/Cluster Agents

　Cluster Controller と Cluster Agents は、Kubernetes の管理のための仕組みを実装しています。Rancher 全体に対する管理機能は Cluster Controller で実装されています。Cluster Controller には、次の機能があります。

- ◆ クラスタおよびプロジェクトへのアクセス制御ポリシーを管理
- ◆ Docker マシンドライバと RKE や GKE のような Kubernetes エンジンを起動して、クラスタをセットアップする

　一方、Cluster Agent インスタンスは、対応するクラスタに必要な機能を実装します。Cluster Agent には、次の機能があります。

- ◆ ワークロード管理。各クラスタに Pod を作成したり、デプロイしたりする
- ◆ グローバルポリシーで定義されているロールと制約をすべてのクラスタに適用
- ◆ クラスタから Rancher Server にイベント／統計／ Node 情報や状態を伝播する

### Auth Proxy

Auth Proxy は、すべての Kubernetes API の呼び出しをプロキシして、ローカル認証、Active Directory や GitHub のような認証サービスと統合します。

Auth Proxy は、Kubernetes API を呼び出すたびに呼び出し元を認証し、Kubernetes Master へ呼び出しを転送する前に適切な Kubernetes の偽装ヘッダーを設定します。Rancher は、サービスアカウントを使用して Kubernetes クラスタと通信します。

### RKE/GKE Kubernetes Master

Kubernetes Master は Kubernetes のコンポーネントで、API Server、Scheduler、Controller、etcd 等の機能を有しています。図 6.8 では、RKE と GKE ですが、将来的には EKS、AKS 等も利用可能になる予定です。

### Kubelet

Kubelet は、Kubernetes のコンポートです。Pod の起動や管理を行います。

## 6.3.3　Rancher 2.0 Tech Preview2 の導入

ここでは、Rancher 2.0 Tech Preview2 の導入手順を説明します。Rancher 2.0 Tech Preview2 のインストール要件は次のとおりです。

**OS**　64-bit Ubuntu 16.04
**メモリ**　4GB 以上
**ディスク**　80GB 以上
**Docker のバージョン**　最新の安定板

上記の条件を満たす環境上で、次のコマンドを実行してインストールします。

```
$ wget -qO- https://get.docker.com/ | sh
$ sudo docker run -d --restart=unless-stopped -p 80:80 \
-p 443:443 rancher/server:preview
```

Rancher 1.0 および 2.0 Tech Preview1 からの大きな変更として、これまでのデフォルトポート指定が 8080 から 80 と 443 に変わりました。

インストールが終了したら、ブラウザを起動して、https://< ホストの IP アドレス >/にアクセスします。初期状態のユーザー名は admin、パスワードは admin です。

初回ログインでは、初期ユーザー名と初期パスワード入力後に初期パスワードの変更が求められますので、任意のパスワードを入力してログインする形式となります。

第 6 章　Rancher

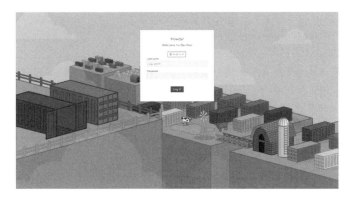

図 6.9　Rancher 2.0 Tech Preview2 ログイン画面

## 6.3.4　メイン画面

　Rancher2.0 Tech Preview2 Server にログイン後に、「Add Cluster」ボタンをクリックします。すると、クラスタの追加画面が表示されます。

図 6.10　Rancher 2.0 Tech Preview2 Add Cluster 画面

**Launch a Cloud Cluster**　Rancher 2.0 Server から GKE、EKS、AKS に Kubernetes クラスタを作成（2018 年 2 月時点では GKE のみ）

**Create a Cluster** RKE を利用し、AWS/Azure/DigitalOcean/Packet/VMware/Custom（2018年2月現在）と連携して Kubernetes クラスタを作成

**Import an Existing Cluster** Tech Preview1 からの機能で、既存の Kubernetes クラスタを Rancher 2.0 Server にインポートする

Tech Preview1 では、Rancher Server 側から提供される `kubectl` コマンドを実行することで、必要なコンポーネントをデプロイする形式でしたが、Tech Preview2 では、kubeconfig をインポートする形式に変更となりました。

## 6.3.5 Rancher 2.0 Tech Preview2 に関するドキュメント

Rancher 2.0 Tech Preview2 については、次のようなドキュメントが公開されています。

### Rancher 2.0 Tech Preview2

Announcing Rancher 2.0 Tech Preview 2：`https://rancher.com/announcing-rancher-2-0-tech-preview-2/`

Updated Rancher 2.0 Architecture Document：`https://cdn2.hubspot.net/hubfs/468859/Whitepapers/Rancher-2.0-Architecture-v0.6-jan-2018.pdf`

The Quick Start Guide：`https://rancher.com/docs/rancher/v2.0/en/quick-start-guide/`

Technical Release 2 page：`https://github.com/rancher/rancher/releases`

Hands-on with the Rancher2.0 Beta：`https://www.youtube.com/watch?v=ld7ctOg3waM`

### RKE

Announcing RKE, a Lightweight Kubernetes Installer：`http://rancher.com/announcing-rke-lightweight-kubernetes-installer/`

An Introduction to Rancher Kubernetes Engine (RKE)：`http://rancher.com/an-introduction-to-rke/`

# 6.4 Rancher 2.0 Tech Preview2 の基本操作

## 6.4.1 クラスタの起動 —GKE 上のクラスタを起動する —

Rancher 2.0 Tech Preview2 の主要機能として追加された「Launch a Cloud Cluster」は、GKE、EKS、AKS に対して既存の Kubernetes クラスタを作成することができます（2018 年 2 月現在、GKEのみ対応となっています）。

Rancher 2.0 Tech Preview2 から GKE 上に Kubernetes クラスタを作成してみましょう。

### GCPでサービスアカウントの作成

GKEと連携するために、GCPでサービスアカウントを作成し、JSONファイルをエクスポートします。「APIとサービス」-「認証情報」を選択します。

図 6.11　GCP サービスアカウントの作成

「認証情報を作成」を選択します。

図 6.12　認証情報 作成

「サービスアカウントキー」を選択します（図 6.13）。

「新しいサービスアカウント」を選択し、サービスアカウントに任意の名前を入力し、「役割」でProjectからオーナーを選択して、[作成]ボタンをクリックします（図 6.14）。

6.4 Rancher 2.0 Tech Preview2 の基本操作

図 6.13 サービスアカウントキー

図 6.14 サービスアカウントキーの作成

JSON ファイルがダウンロードされます。その後「閉じる」を選択します。

第 6 章　Rancher

図 6.15　JSON ファイルダウンロード

## GKE 上に Kubernetes クラスタの作成

Rancher 2.0 Tech Preview2 Server にもどり、［Add Cluster］ボタンをクリックします。

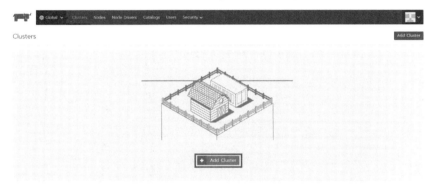

図 6.16　Add Cluster

「Launch a Cloud Cluster」の［Select］ボタンをクリックします。

図 6.17　Launch a Cloud Cluster

224

## 6.4 Rancher 2.0 Tech Preview2 の基本操作

［Read from a file］ボタンをクリックして、GCP で作成したサービスアカウントの JSON ファイルを選択し、［Next］ボタンをクリックします。

図 6.18　JSON ファイルの読み込み

図 6.19　gke クラスタの作成

Nameに任意の名前を入力し(ここではrancher-gke-clusterとします。)、Locationを「asia-northeast1-a」として、[Create]ボタンをクリックします。Node ConfigurationのQuantityで、Node数を設定できます(今回は3とします)。

上部のメニューで「Clusters」を選択します。GKEに作成されたクラスタが表示されることを確認します。

図 6.20　gke クラスタの確認

「Nodes」を選択すると、GKE上に作成されたクラスタの詳細を確認できます。

図 6.21　gke クラスタの詳細確認

リソースを確認するには、メニュー「Cluster.rancher-gke-cluster」を選択します。

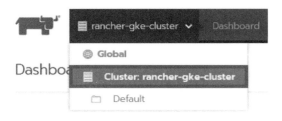

図 6.22　Cluster.rancher-gke-cluster

GKE上に構築されたクラスタのリソース状況を可視化されて確認できます。

6.4 Rancher 2.0 Tech Preview2 の基本操作

図 6.23　クラスタのリソース状況

## GCP のダッシュボードからの確認

　GCP のダッシュボードからも確認してみます。GCP にログインして、「Compute Engine」-「VM インスタンス」を選択します。

図 6.24　VM インスタンスの選択

　Kubernetes クラスタが構築されていることが確認できます。

227

第 6 章 Rancher

図 6.25 VM インスタンスの確認

「Kubernetes Engine」-「Kubernetes クラスタ」を選択します。

図 6.26 Kubernetes クラスタの選択

クラスタ名をクリックします。

図 6.27 クラスタ名選択

クラスタ内容を確認できます。

6.4　Rancher 2.0 Tech Preview2 の基本操作

図 6.28　クラスタ詳細

### 6.4.1.1　Google Cloud SDK Shell からの確認

Google Cloud SDK Shell からもクラスタの情報を確認してみましょう。Google Cloud SDK Shell を起動して、次のコマンドを実行します。

```
>gcloud auth login
↑ブラウザが起動し、GCP のアカウントでログインして「許可」ボタンをクリックします。
>gcloud config set project PROJECT_ID
↑ PROJECT_ID は、GCP のダッシュボードから確認できます。
>gcloud container clusters get-credentials rancher-gke-cluster --zone=asia-northeast1-a
>kubectl get nodes
NAME                                                STATUS   ROLES    AGE   VERSION
gke-rancher-gke-cluster-default-pool-a7cd8c2e-9nx4  Ready    <none>   26m   v1.8.7-gke.0
gke-rancher-gke-cluster-default-pool-a7cd8c2e-cf1c  Ready    <none>   26m   v1.8.7-gke.0
gke-rancher-gke-cluster-default-pool-a7cd8c2e-hbzb  Ready    <none>   26m   v1.8.7-gke.0
```

## 6.4.2 Create a Cluster

Rancher 2.0 Tech Preview2 の主要機能として追加された「Create a Cluster」は、RKE を利用して、AWS、Azure、DigitalOcean、Packet、vSphere、Custom（クラウドやオンプレミス等）に対して Kubernetes クラスタを作成します（2018 年 2 月現在）。

Rancher 2.0 Tech Preview2 から AWS 上に Kubernetes クラスタを作成してみましょう。

### Rancher 2.0 Tech Preview2 で AWS 上に Kubernetes クラスタを作成

Rancher 2.0 Tech Preview2 Server にログイン後に、[Add Cluster] ボタンをクリックします。

図 6.29　Add Cluster

「Create a Cluster」の [Select] ボタンをクリックします。

図 6.30　Create a Cluster

name には任意の名前を入力します（今回は aws-k8s-cluster とします）。その後、「Add a new cluster」をクリックします。

6.4 Rancher 2.0 Tech Preview2 の基本操作

**Custom 項目**

v2.0.0-alpha16 から、「Add Node」設定画面に「Custom」項目が追加されました。

Custom 項目については、事前にクラウドまたはオンプレミスのホストを用意し、サポートされているバージョンの Docker をインストールして、Rancher サーバーコンテナから SSH ログイン（公開鍵認証）できる準備をしておきます。

Name の部分には任意のクラスタ名、Hostname or IP Adress は対象ホストのホスト名または IP アドレス、SSH Username は、SSH アクセスする際のログインアカウント、SSH Private Key については、対象ホストに SSH ログインする際に必要となる秘密鍵を登録します。

図 6.31　Add a new cluster

第 6 章　Rancher

　「Amazon EC2」を選択し、name に任意の名前を入力（今回は aws-k8s-cluster とします）し、Count は「3」、Region は「ap-northeast-1」、Access key と Secret key は AWS の IMA Management Console でグループとユーザーを作成し、そのユーザーのものを入力します。そして、「Next:Authenticate & select a network」ボタンをクリックします。

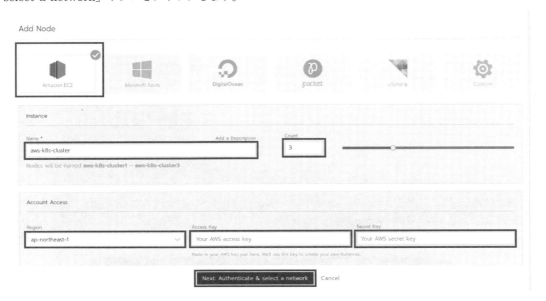

図 6.32　プロビジョニング

vpc を選択して、「Next:Select a Security Group」をクリックします。

図 6.33　vpc 選択

「Next:Set Instance options」をクリックします。

図 6.34　オプションの選択

［Create］ボタンをクリックします。

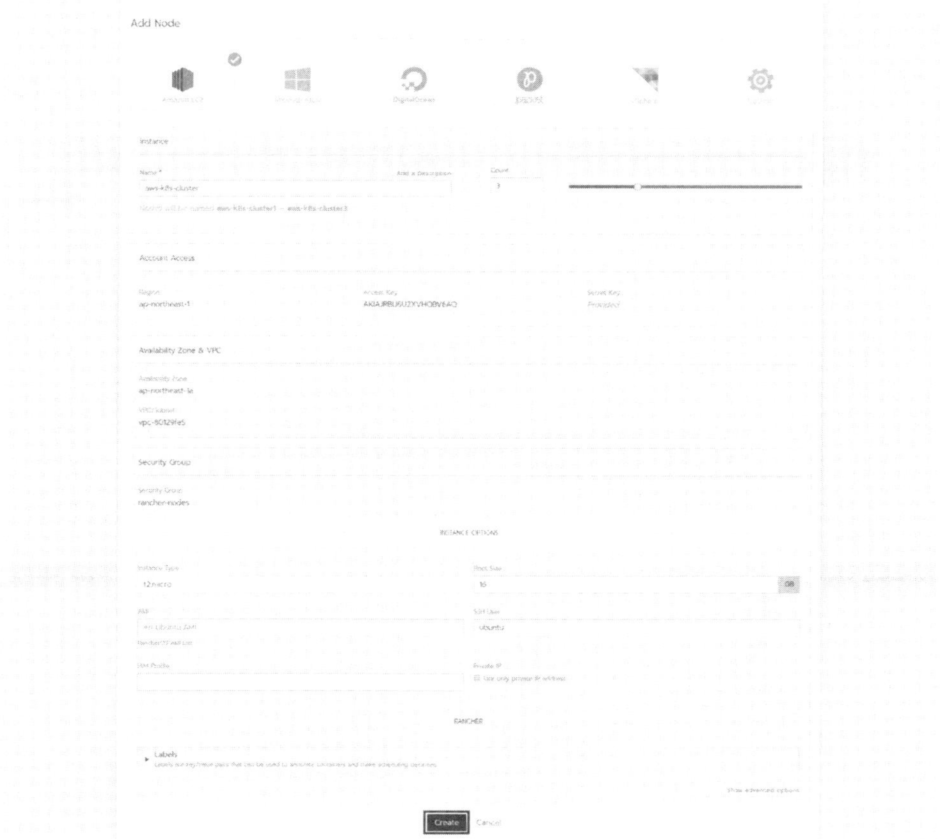

図 6.35　Create

kubernetes の構成を作成します。最後に［Create］ボタンをクリックします。

# 第 6 章 Rancher

図 6.36　kubernetes 構成

しばらくすると kubernetes クラスタ構築が完了します。

図 6.37　クラスタ構築完了

クラスタ名をクリックすると全体のリソース状況が可視化されます。

図 6.38　クラスタリソース状況の可視化

さらに、AWS 上に構築された kubernetes クラスタの状況を確認してみましょう。上部メニュー「Global」を選択します。

図 6.39　Global の選択

上部メニュー「Nodes」を選択します。

Kubernetes クラスタの状況を確認できます。各クラスタ名をクリックするとリソース状況が可視化されます。

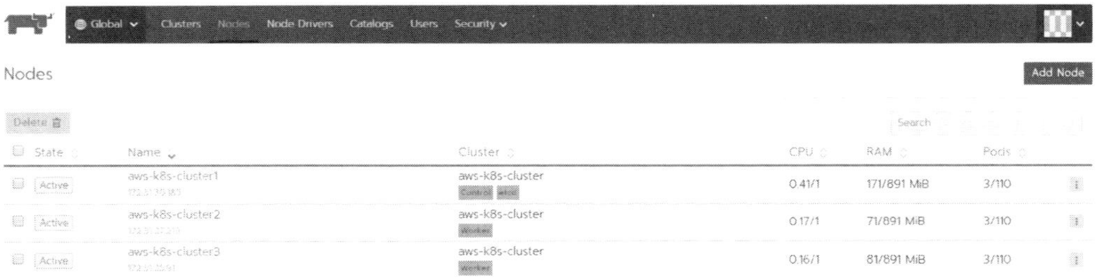

図 6.40　各クラスタ状況の確認

### kubectl コマンドからの確認

［KubeConfig File］ボタンをクリックします。

図 6.41　［KubeConfig File］ボタンをクリック

第 6 章 Rancher

kubectl コマンドの config ファイルをクリップボードにコピーできます。

図 6.42 kubeconfig

kubectl コマンドを実行できるクライアントをローカルまたはサーバーで構築します。今回は GCP 上に GCE のインスタンス（Ubuntu 16.04 LTS）を 1 台用意します。

## 6.4 Rancher 2.0 Tech Preview2 の基本操作

```
$ curl -LO https://storage.googleapis.com/kubernetes-release/release/$(curl →
-s https://storage.googleapis.com/kubernetes-release/release/stable.txt) →
/bin/linux/amd64/kubectl
$ chmod +x ./kubectl
$ sudo mv ./kubectl /usr/local/bin/kubectl
$ mkdir .kube
$ vim .kube/config
（クリップボードにコピーした内容をペーストして保存します）
:wq
$ kubectl get nodes
NAME                STATUS    ROLES         AGE      VERSION
aws-k8s-cluster1    Ready     etcd,master   8m       v1.8.7-rancher1
aws-k8s-cluster2    Ready     worker        8m       v1.8.7-rancher1
aws-k8s-cluster3    Ready     worker        8m       v1.8.7-rancher1
```

これで、`kubectl` コマンドでアプリケーションをデプロイすることが可能となります。

### AWS のコンソールからの確認

インスタンスが3台できていることが確認できます。

図 6.43　AWS コンソール

## 6.4.3　Rancher 2.0 Tech Preview2 〜Import an Existing Cluster〜

　Rancher 2.0 Tech Preview2 の「Import an Existing Cluster」は、Tech Preview1 の Rancher 2.0 Server に表示される `kubectl` コマンドを既存の Kubernetes クラスタに適用する形式ではなくなりました。

　Tech Preview2 では、インポートする Kubernetes クラスタの Kubeconfig を読み込む形式となりました。

　GKE の Kubernetes クラスタをインポートしてみましょう。

## Rancher 2.0 Tech Preview2 で GKE の Kubernetes クラスタをインポート

Rancher 2.0 Tech Preview2 Server にログイン後に、[Add Cluster] ボタンをクリックします。

図 6.44　Add Cluster

「Create a Cluster」の [Select] ボタンをクリックします。

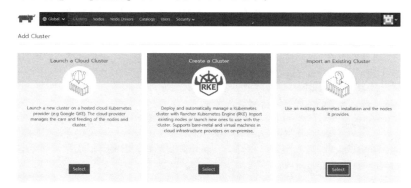

図 6.45　Create a Cluster

「Cluster Name」に任意の名前を入力（今回は gke-k8s-cluster とします。）し、[Read from a file] ボタンをクリックして GKE の config ファイルを選択し、[import] ボタンをクリックします。入力ボックスに config の内容をコピー＆ペーストすることも可能です。

## 6.4 Rancher 2.0 Tech Preview2 の基本操作

図 6.46　Config ファイルの読み込み

Google Cloud SDK Shell で config 内容は次のコマンドで確認できます。

```
$ gcloud container clusters get-credentials <GKEのクラスタ名> --zone <リージョン名> \
--project <ProjectID>
$kubectl config view
```

インポートの完了を確認します。

図 6.47　クラスタのインポート確認

クラスタ名をクリックすると全体のリソース状況が可視化されます。

第 6 章　Rancher

図 6.48　クラスタリソース状況の可視化

上部のメニューから「Nodes」を選択します。

図 6.49　Nodes の選択

GKE 上に構築された kubernetes クラスタの状況を確認できます。各クラスタ名をクリックするとリソース状況が可視化されます。

＊　＊　＊

Rancher は現在 1 系から 2 系への移行期にあるため、バージョン間で混乱が生じている状況ですが、開発している Rancher Labs 社の方向性は明確になっているので次第に落ち着いてくるはずです。2 系では Kubernetes をオーケストレーターとして据えているので長期間利用することができるツールとなることでしょう。Rancher 2.0 については、2018 年 3 月末に GA リリース予定というロードマップが発表されています。

また、日本では Rancher JP というコミュニティが Slack で活発に活動しています。コミュニティによ

るミートアップも盛んに開催されています。利用していて困ったことや疑問についても気軽に相談にのってくれるメンバーが揃っていますので上手くいかないときには、次のリンクから参加してみてください。

Rancher JP
COMPASS：`https://rancherjp.connpass.com`
Slack：`https://slack.rancher.jp`

# 7

# Kubernetes
## on IBM Cloud Container Service

## 7.1　IBM Cloud における Kubernetes

　Kubernetes のインフラの管理をすべてクラウド事業者が行う Kubernetes サービスはさまざまなクラウド事業者が提供しており、IBM Cloud もそのひとつです[1]。

　IBM Cloud は 2017 年 11 月に IBM Bluemix というブランド名から IBM Cloud に名称が変わりました。IBM Cloud では、IBM が独自に開発した Bluemix Container Service という名称の Docker コンテナのスケーラブルなクラスタサービスがありましたが、2017 年末までに廃止し、業界標準となりつつある Kubernetes クラスタサービスが 2017 年 3 月 23 日から始まりました。

　その後も、2017 年 11 月に IBM Cloud Container Service とオンプレミス用ソフトウェアパッケージ IBM Cloud Private が CNCF（Cloud Native Computing Foundation）の認証済 Kubernetes プラットフォーム（Certificated Kubernetes Program）を取得し[2]、IBM Cloud も Kubernetes を主力コンテナ環境として捉えた様子が窺えます。

　この章では、パブリッククラウド上の Kubernetes サービス「IBM Cloud Container Service」を利用して、IBM Cloud DevOps との連携、IBM Cloud ならではの Watson サービスに接続し、簡単にコンテナを構築する「コンテナ CI」の方法について解説します[3]。

---

[1] https://www.ibm.com/cloud-computing/bluemix/ja/containers

[2] https://www.cncf.io/announcement/2017/11/13/cloud-native-computing-foundation-launches-certified-kubernetes-program-32-conformant-distributions-platforms/

[3] 本書では Kubernetes の Master と Node をそれぞれ英文字で表記していますが、IBM Cloud Container Service では、ほかのサービスとの名称で混同しないよう公式ドキュメントやサイトでは、Master →「マスター・ノード」、Node →「ワーカー・ノード」のように表記しています。本章では画面キャプチャや、公式のドキュメントや Web 画面との齟齬が生じないようないように統一して記載します。

243

第 7 章　Kubernetes on IBM Cloud Container Service

図 7.1　IBM Cloud Cointainer Service

## 7.1.1　IBM Cloud の特徴

　IBM Cloud の歴史とも関連がありますが、IBM Cloud は Bluemix 時代から積み上げてきた Watson、データアナリティクスを始めとするクラウドサービス、CloudFoundry をベースとしたサービスなど、多くが提供されています。IBM Cloud の Kubernetes も、Service Broker を介して非常に多くのサービスと認証情報を連携でき、Kubernetes 上のコンテナでコーディングをすることなくサービスへ接続することが可能です。

　既存のアプリケーションをコンテナ化して、データ分析のための元データを生成したり、Watson の画像分析や感情分析をコンテナから簡単に利用できるところが IBM Cloud の Kubernetes を利用する際の魅力です。

　ほかにもコンテナイメージの脆弱性診断を行い、よりセキュアなコンテナを固有のプライベートリポジトリに保管したり、動作させることが可能です。

- ◆ 170 を超える IBM Cloud のクラウドサービス[4]への接続（Watson ／コグニティブ／ストレージ／分析／認証管理など）
- ◆ 標準機能として提供されているコンテナのセキュリティ検査機能（アプリケーションやイメージの脆弱性検出機能）

---

[4] 2018 年 2 月時点、英語版ログイン画面 console.bluemix.net より

## 7.1.2　無料クラスタと標準クラスタの違い

　IBM Cloud では無料サインアップ後、クレジットカード登録が必要な「従量課金（Pay-as-you-go）」
へアップグレードすることで、1つのワーカー・ノードを持つ Kubernetes クラスタを無料で使用できま
す。クラスタはマスター・ノードと1台のワーカー・ノードを組み合わせた無料クラスタ、マスター・ノー
ドと1台以上の複数ワーカー・ノードが利用できる標準クラスタの2種類から選択できます。

　無料クラスタがあるため、これから Docker/Kubernetes の学習や Waton サービスを利用したアプリ
ケーションなどを作って試してみたいという方には最適です。

　一方、標準クラスタでは本格的な利用のために Kubernetes のワーカー・ノードを複数立てられます。
ワーカー・ノードが複数存在することで対障害性の維持や、Pod の負荷分散のためのロードバランサーや、
データ保管のためにストレージ、ワーカー・ノードのスペックを選択できるようになります（**表 7.1**）。

表 7.1　無料クラスタと標準クラスタの違い（2018 年 2 月時点）

| 項目 | 無料クラスタ | 標準クラスタ |
|---|---|---|
| ワーカー・ノード | Lite 2CPUs 4GB RAM | u2c.2x4 2CPUs 4G RAM<br>b2c.4x16 4CPUs 16GB RAM<br>b2c.16x64 16CPUs 64GB RAM<br>b2c.32x128 32CPUs 128GB RAM<br>b2c.56x242 56CPUs 242GB RAM<br>※ 2018 年 2 月時点 |
| ワーカー・ノード数 | 1 台のワーカー・ノードのみ | デプロイ時に 1 台以上の複数ワーカー・ノードを作成可能 |
| リージョン | 選択不可 | 米国東／南部、東京を含む 6 データセンタから選択可能 ※ 2018 年 2 月時点 |
| 外部からの接続方法 | NodePort のみ | NodePort<br>Load balancer<br>Ingress<br>Ingress+Istio |
| Pod のオートスケール | 可能 | 可能 |
| IBM Cloud サービスの利用 | 可能 | 可能 |
| 永続 NFS ストレージ | なし | 可能 NFS ストレージ要求時に IOPS と容量を指定し、請求額がそれぞれで変動 |
| Docker Private Registry | 512MB までのコンテナイメージ保管、5GB までのコンテナダウンロード | 無料プランの範囲＋超過した場合は 1GB あたりの従量課金 |
| 専用グローバル IP | 無料。動的に取得 | 専用の有償ポータブル・パブリック（グローバル）IP が必要 |

第 7 章　Kubernetes on IBM Cloud Container Service

IBM Cloud の最新の料金体系は次の URL から確認できます[5]。

```
https://www.ibm.com/cloud-computing/bluemix/ja/pricing
```

## 7.1.3　アーキテクチャ

IBM Container Service ではマスター・ノードはすべて IBM Cloud が管理を行います。IBM Cloud のコンソールからクラスタの作成／削除のタイミングによってデプロイが行われます。

ワーカー・ノードは、ユーザーの VLAN 上にデプロイされ、マスター・ノードは IBM が管理を行うため、IBM が管理する VLAN 上にデプロイされます。この 2 つの VLAN をセキュアに接続するため、VPN が利用されます。

ワーカー・ノードのおもな機能は、第 4 章で紹介された Kubernets Node の標準的な機能に加え、マスター・ノードとの通信のための OpenVPN 機能、ネットワーク管理の Calico、Kubernetes の Web UI 画面の kube-dashboard、DNS 管理の kube-dns、コンテナリソース監視の Heapster、IBM Cloud が提供するロギングメトリック、ロードバランサーなどがあります。ワーカー・ノード上で、ユーザーが作成するポッドが動作します。

ワーカー・ノードの実態は 2018 年 2 月時点では、IBM Cloud IaaS（旧 SoftLayer）の VSI（Virtual Server Instance）です。デプロイ管理はすべて IBM Cloud 側で実施されます。

IBM Cloud では、管理の多くを Bluemix コマンド（`bx` コマンド）で行なっており、ContainerService プラグイン（`bx cs`）と ContainerRepository プラグイン（`bx cr`）の 2 種類のコマンドと、Kubernetes の管理コマンド `kubectl` を利用しています。

Kubernetes クラスタ運用で必要なコンポーネントから、IBM Cloud ではどのようなサービスを利用できるか、その一部を簡単に紹介します。

### Docker Repository

◆ IBM Cloud Container Private Repositories[6]
  - ユーザーが作成したコンテナが保管される Docker プライベートレジストリ
  - 初期設定の無料プラン向け設定から、標準プランへのアップグレード設定が必要
◆ IBM Cloud Container Public Registries[7]
  - IBM が認定／作成したコンテナが保管される Docker パブリックリポジトリ
  - 永続ストレージのバックアップコンテナイメージを始め、IBM WebSphere Application Server Liberty のコンテナイメージなどが利用できる

---

[5] IBM Container Service は従量課金以上のプランで利用できます。

[6] `https://console.bluemix.net/containers-kubernetes/registry/private`

[7] `https://console.bluemix.net/containers-kubernetes/registry/public`

## Logging
◆ IBM DevOps Log Analysis が利用可能（Lite プランあり）[8]
- Kibana によるログ可視化／保管サービス
- ログ保存と無料の 500MB ／日のログ検索が Lite プランで提供
- ログ保管容量や、ログの検索容量によってプラン種類あり

## Monitoring
◆ IBM DevOps Monitring（Lite プランあり）[9]
- Grafana ベースのモニタリングシステム
- アプリケーションの実行状況／リソース使用状況を収集／通知が可能
- 無料の Lite プランで、15 日間のデータ保持、10 個までのメトリックアラートルールまで提供
- 有償プランは 45 日のデータ保持、メトリックアラートルールは従量課金で提供

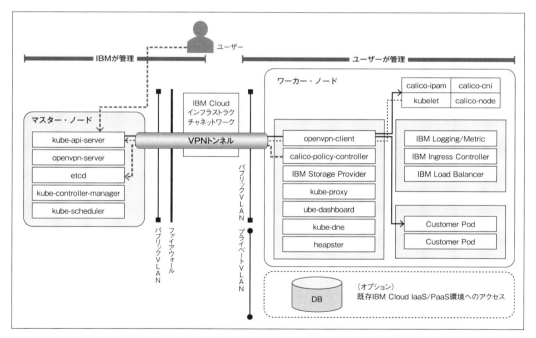

図 7.2　IBM Cloud Container Service サービスアーキテクチャの概要（参考画像： https://console.bluemix.net/docs/containers/cs_tech.html#architecture）

---

[8] https://console.bluemix.net/catalog/services/log-analysis
[9] https://console.bluemix.net/catalog/services/monitoring

第 7 章　Kubernetes on IBM Cloud Container Service

# 7.2　IBM Cloud Container Service の特徴

## 7.2.1　管理方法（API/Web UI/CLI）

IBM Cloud Container Service では、次の**表7.2**のようにさまざまな管理方法が提供されています。大きなくくりとして2つ「Kubernetes の構成管理（マスター・ノード／ワーカー・ノード）」と、「Kubernetes 上のアプリケーションの管理」があります。これらの内容に合わせてコマンドや管理画面を分けて利用します。

表 7.2　IBM Cloud Container Service での管理

| IBM Cloud 上の操作 | Kubernetes 上での操作 | |
|---|---|---|
| 操作 | クラスタの作成／削除 | アプリケーション（Pod）の作成／削除 |
| | Kubernetes のバージョンアップ | アプリケーション（Pod）のスケール |
| | IBM Cloud の他サービス連携 | Service の設定 |
| | | RBAC の設定 |
| ツール | IBM Cloud Container Service API | Kubernetes API |
| | Bluemix コマンド | `kubectl` コマンド |
| | IBM Cloud Web コンソール | |

## 7.2.2　API

IBM Cloud Container Service では、IBM Cloud の他サービス同様に API が提供されています。API を直接コールすることでクラスタの作成／削除をはじめとした管理を自動化できます[10]。

## 7.2.3　Web UI

IBM Cloud Container Service では、IBM Cloud の顔ともいえるコンソール画面からの管理（クラスタの作成／削除／バージョンアップ）が可能です。Kubernetes 上の Pod やサービスなどは Kubernetes 標準の Web UI が利用可能です。

IBM Cloud Container Service
`https://console.bluemix.net/containers-kubernetes/clusters`

Kubernetes Web UI は、次の CLI の項目を参考に IBM Cloud CLI（Bluemix）コマンド、`kubectl` コマンドの両方を実施し、proxy を利用してアクセスしてください。

---

[10] `https://console.bluemix.net/docs/containers/cs_cli_install.html#cs_api`

## 7.2.4 CLI

IBM Cloud Container Sevice では、2 つの CLI コマンドから操作を行います。

### Bluemix コマンド

IBM Cloud CLI は IBM Cloud のアプリケーション（PaaS）、コンテナ、インフラストラクチャ（IaaS）などのリソースを管理するためのコマンドラインインターフェイスです。

IBM Cloud のドキュメントページからダウンロードが可能で、macOS/Windows/Linux でのクライアント端末から利用できます[11]。

すべての操作はダウンロードページの URL や、IBM Cloud Container Service ドキュメントページから参照できますが、ここでは必要最低限の操作を紹介します。

#### IBM Cloud へのログイン

```
$ bx login
```

#### IBM Cloud Container Service Plugin の導入

IBM Cloud CLI は各サービスの管理をプラグイン方式で提供しています。Container Service と Docker Private Repository にあたる Container Repository のプラグインを導入して使用します。

```
$ bx plugin install container-service -r Bluemix
$ bx plugin install container-repository -r Bluemix
```

#### IBM Cloud Container Service から kubectl への設定引き継ぎ

コマンド実行の結果、クラスタの構成情報がダウンロードされます。KUBECONFIG 環境変数の内容をエクスポートして使用します。

```
$ bx cs cluster-config <クラスタ名>
```

### kubectl コマンド

Kubernetes プロジェクトの kubectl ページからダウンロード可能で、macOS/Windows/Linux でのクライアント端末から利用できます[12]。

Kubernetes の基本的なコマンドのため、第 4 章とも共通となりますが、ここでは最低限の操作を紹介します。

---

[11] https://console.bluemix.net/docs/cli/reference/bluemix_cli/get_started.html
[12] https://kubernetes.io/docs/tasks/tools/install-kubectl/

第 7 章　Kubernetes on IBM Cloud Container Service

### Kubernetes 認証情報の取得

```
$ kubectl config view -o jsonpath='{.users[0].user.auth-provider.config.id-token}'
```

### Kubernetes API/Web UI の中継

```
$ kubectl proxy
```

### Kubernetes Web UI の表示

　kubectl proxy を行うことで、Kubernetes dashboard にアクセスが可能です。次の URL をブラウザから開いて表示します。

```
http://localhost:8001
```

## 7.2.5　1 アクションでクラスタ作成が可能

　IBM Cloud Container Service では、IBM Cloud CLI（Bluemix）コマンドや IBM Cloud Container Service Web UI で簡単にクラスタの作成が可能です。必要な情報は、任意のクラスタ名、Node 数、起動するロケーション、マシンタイプです（無償プラン／標準プランの違いがあります）。
　クラスタの作成が始まると仮想マシンインスタンス（VSI）のプロビジョニングが始まり、20〜30 分でクラスタ／ Node の準備が完了し使用できるようになります。

### IBM Cloud CLI（Bluemix）コマンドでのクラスタ作成（推奨）

　標準プランで月に何度もデプロイ・キャンセルする場合は、ポータブルパブリック IP アドレス（インターネットから見た、クラスタのグローバル IP アドレス）を何度もオーダーしてしまうため（Note 参照）、既存のポータブルパブリック IP アドレスを再利用できる IBM Cloud CLI（Bluemix）コマンドでのクラスタ作成を推奨します。無償プランではこの制約がありませんので、IBM Cloud Container Service Web UI で作成可能です。

---

**Note**

　執筆時点（2018 年 2 月時点）での仕様ですが、オーダーしたワーカー・ノードにはグローバル IP アドレスが都度払い出されますが、ワーカー・ノード自体のグローバル IP はプライマリーパブリック IP と呼ばれノードの増変に応じてグローバル IP が変動してしまいます。この制約を回避するため、標準クラスタではポータブルパブリック IP アドレスをクラスタの生成時に毎回オーダーしてしまうため、都度料金が発生してしまいます。ポータブルパブリックを先に準備しておき、クラスタのデプロイ時に使用するポータブルパブリックのサブネットを指定することで回避ができ、サブネットを再利用できるようになるためです。

---

## 7.2 IBM Cloud Container Service の特徴

**ポータブルパブリック IP アドレスを自動生成しないクラスタの作成方法**

```
$ bx cs cluster-create --location <ロケーション> --machine-type <マシン名> \
--name <クラスタ名> --no-subnet --private-vlan <内部VLAN> \
--public-vlan <外部VLAN>
```

表 7.3　IBM Cloud CLI（Bluemix）コマンドのオプション

| 名称 | 説明 | 備考 |
| --- | --- | --- |
| LOCATION | 起動するデータセンタ名 | 無料クラスタの場合省略可 |
| MACHINE_TYPE | 標準プランのスペックから指定 | 無料クラスタの場合省略可 |
| CLUSTER_NAME | クラスタ名 | 必須 |
| PRIVATE_VLAN | 内部 VLAN 名 | 無料クラスタの場合省略可 |
| PUBLIC_VLAN | 外部 VLAN 名 | 無料クラスタの場合省略可 |

### IBM Cloud Container Service Web UI でのクラスタ作成

IBM Cloud Container Service Web UI からもクラスタの作成が可能です。

図 7.3　Web UI からのクラスタ作成

### マスター・ノードはマネージドサービス

一度構築した Kubernetes クラスタは、それが動作し続けるために管理が必要です。マスター・ノードはデータのバックアップや障害時の対応などをすべて IBM が実施します。

### ワーカー・ノードはセルフマネージド

Kubernetes は非常に開発スピードの速い OSS プロジェクトです。3 カ月に一度マイナーバージョンアップが行われるほどです。マスター・ノードおよびワーカー・ノードはそれぞれの環境ごとに手動による適用が可能です。

ワーカー・ノードについては 1 ワーカー・ノード単位でのバージョンアップ指定が可能で、バージョンアップしたことによる影響を 1 つずつ確認しながら実施できるようになります。

IBM Cloud Container Service での Kubernetes サポートバージョンは Web ページ[13]から確認可能です。アップデートの関係で英語版のほうが早く情報が提供されていることがありますので、併せて確認いただくことをお勧めします。

### マスター・ノードのアップデート

マスター・ノードはフルマネージドで IBM Cloud が管理するものの、バージョンアップについては IBM Cloud Container Service Web UI または IBM Cloud CLI（Bluemix）コマンドからの手動となります。

アップグレードが可能となっている場合は、IBM Cloud Container Service Web UI ダッシュボード上もしくは Bluemix コマンドのクラスタ一覧から知ることができます。

図 7.4　クラスタの一覧

ワーカー・ノードの管理画面上では、「Kubernetes API サーバー」部分に現在の Kubernetes バージョンが表示されまっます。

---

[13] https://console.bluemix.net/docs/containers/cs_versions.html#cs_versions

## 7.2 IBM Cloud Container Service の特徴

```
$ bx cs clusters
OK
Name   ID                                 State   Created      Workers   Datacenter   Version
ssk8s  d576c1c7c1884e62a5f4e132a20e4b2c   normal  1 month ago  1         mel01        1.7.4_1507*
```

クラスタ更新を実行し、バージョン 1.8.6_1505 に更新します。更新手順と Kubernetes バージョンの説明については、Web サイトの情報[14]を参照してください。

### ワーカー・ノードのアップデート

ワーカー・ノードはマスター・ノードをアップデートすることで、アップデートが可能な旨、通知されます。Node へのバージョンアップは 1Node ずつもしくは複数同時に指定可能です。

IBM Cloud Container Service Web UI では図 7.5 のように表示されます。

図 7.5　IBM Cloud Container Service Web UI でのアップデート可能表示

IBM Cloud CLI（Bluemix）コマンドで Node 一覧を取得した際の表示は次のようになります。

```
$ bx cs workers ssk8s
OK
ID                                                    Public IP      Private IP
Machine Type    State    Status   Zone    Version
kube-mel01-pad576c1c7c1884e62a5f4e132a20e4b2c-w1      168.1.140.83   10.118.180.178
free            normal   Ready    mel01   1.7.4_1504*
```

---

[14] https://console.bluemix.net/docs/containers/cs_cluster.html#cs_cluster_update

worker-update を実行し、バージョン 1.8.6_1506 に更新します。更新手順と Kubernetes バージョンの説明については、Web サイトの情報[15])を参照してください。

## 7.2.6 ワーカー・ノードの拡張計画

ワーカー・ノードのスペックやクラスタ構成が不足した場合は、次の手順でワーカー・ノードの追加ができます。追加時にスペックを変更できるので、ワーカー・ノード自体のスペックアップを行う際には、スペックアップしたワーカー・ノードを追加し、古いワーカー・ノードから Pod を移動したうえで、古い Node を削除します。

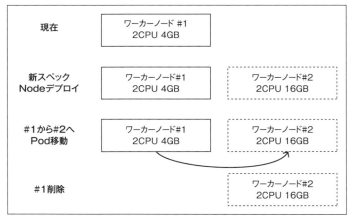

図 7.6　ワーカー・ノードの段階的なスペックアップグレード

### worker の追加（IBM Cloud CLI）
```
$ bx cs worker-add --cluster <クラスタ名> --workers <ワーカー・ノード> \
--machine-type <マシンタイプ> --private-vlan <内部VLAN> --public-vlan <外部VLAN>
```

### worker の削除（IBM Cloud CLI）
```
$ bx cs worker-rm <クラスタ名> <ワーカー・ノードID>
```

---

[15]) https://console.bluemix.net/docs/containers/cs_cluster_update.html#worker_node

## 7.2.7 既存 VLAN との接続

ワーカー・ノードはユーザーが管理する VLAN 上にデプロイされます。既存の VLAN にある BMS（Bear Metal Server）や、仮想インスタンス（VSI：Virtual Server Instance）と同じ VLAN 上にデプロイすることで、Kubernetes のサービスコントローラー（SVC）経由でデータベースや GPU などにアクセスでき、Kubernetes クラスタにない機能を提供できます。

セキュリティの観点から VLAN を分けて利用したい場合、ほかのデータセンターロケーションと接続する場合には、IaaS 側の VLAN-Spanning 機能を利用し、PrivateLAN 側（BCR）を経由してシームレスにアクセスできるようになります。

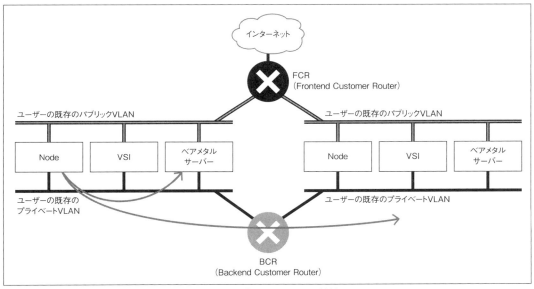

図 7.7　既存の VLAN への接続

## 7.2.8　IBM Cloud サービス（Watson など）への接続

冒頭で紹介したように、IBM Cloud には Watson を始めとした 170 を超えるさまざまなサービスがあります。これらに接続することで、コンテナサービス上から Watson の音声認識や画像認識が可能となります（図 7.8）。以降では、実際に Watson サービスを利用してコンテナアプリケーションを作成してみます。

第 7 章　Kubernetes on IBM Cloud Container Service

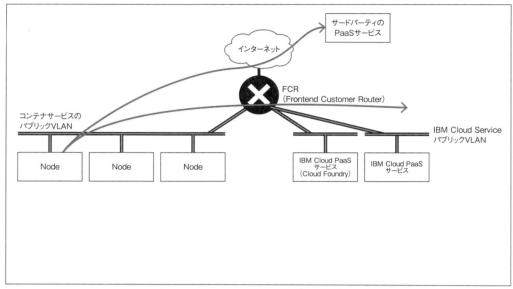

図 7.8　IBM Cloud PaaS サービスへの接続図

# 7.3 Kubernets on IBM Cloud Container Service を使ってみる

　実際に IBM Container Service を使ってアプリケーションの開発／デプロイの体験をしてみましょう。ここでは Kubernetes の標準的な Docker コンテナのビルド + Kubernetes コマンドによるデプロイは紹介しません。これは多くの Kubernetes サービスでの手順とほとんどが同じで、本章の前半と Kubernetes の章を組み合わせることで、IBM Cloud に特化しない Kubernetes が利用できます。

　ここでは IBM Cloud を利用することで実現がより簡単になったコンテナ CI（Continuous Integration）/CD（Continuous Deliver）を体験し、Watson サービスとの連動を行ってアプリを作っていきます。ここで紹介している内容は「無料クラスタ」で体験することができます。

## 7.3.1　IBM Cloud DevOps と組み合わせた CI/CD

　IBM Cloud では DevOps ToolChain というサービスを利用して CI/CD を行えます。
　DevOps ToolChain には多くのテンプレートが用意されており、Cloud Container Service 関連では、今回使用する Docker コンテナをビルドするためのサンプル ToolChain、Kubernetes のパッケージマネージャー Helm と組み合わせてビルドをするためのサンプル ToolChain の 2 種類が公開されていま

す（2018 年 2 月時点）。

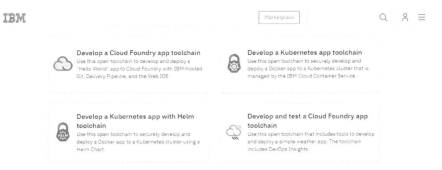

図 7.9　https://www.ibm.com/cloud/garage/category/tools/

ここでは IBM Cloud Container Service の標準的な機能を含む「Develop a Kubernetes app toolchain」を Fork（分岐）したサンプルで紹介します。

### ToolChain を活用してコンテナ CI/CD を利用する

ToolChain は、おもにツールチェーン本体のリポジトリとアプリケーションのソースコードを含むリポジトリの 2 つから成ります。

ツールチェーン本体のリポジトリは基本的なビルド／デプロイのみであれば、サンプルの初期設定のまま使用できます。カスタマイズすることにより Kubernetes へのデプロイ条件や、テスト工程の定義などが可能となります。

### ToolChain リポジトリ

2 つのうち 1 つ目のリポジトリは ToolChain そのもの、Delivery Pipeline など IBM Cloud DevOps の CI/CD フローを定義する設定ファイルが用意されています。

アプリケーションのソースコードリポジトリとの連携部分はこのリポジトリ内の定義によって git リポジトリのクローン元としてデフォルト値を定義されていますが、ToolChain の作成時（Create）に自由に設定変更が可能です。

この Toolchain では、課題（Issue）の起票から、ソースコード管理（GitLab）、開発（Web IDE）、ビルドのパイプライン、Kubernetes へのアプリケーションのデプロイまでの設定を一気通貫で登録できます。GitHub でこれらの設定ファイルがひな形として公開されており、［Create the ToolChain］ボタンをクリックすることで、IBM Cloud のアカウントがあれば誰でもこの ToolChain 設定を再現できます。

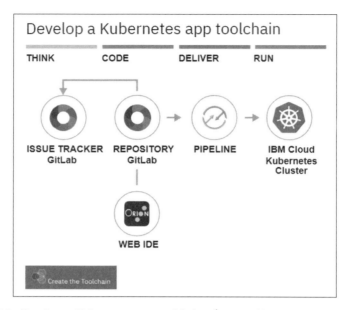

図 7.10　Develop a Kubernetes app toolchain　(https://www.ibm.com/cloud/garage/content/toolchains/develop-kubernetes-app-toolchain)

---

**ToolChain をオリジナルにカスタマイズする**

　本書で使用した ToolChain は、IBM Cloud が提供するサンプルコードをカスタマイズしたもので紹介しています。

　ToolChain を活用することで、同一の ToolChain を共有することや、取り込むデフォルトの git リポジトリアドレスを変更したり、Delivery Pipeline の中身を変更する部分については、本章では取り扱いません。

　このカスタマイズにより、Delivery Pipeline の中でアプリケーション配布前のテストの追加や通知を増やしたり、本番／検証／開発のように IBM Cloud 内の組織やアカウントを変更して同じものを作る際にも大変役立ちます。

　サンプルの ToolChain を変更する方法をまとめたものは次の URL に記載がありますので、興味を持たれた方は参照してください。

　「IBM Cloud DevOps ToolChain "Develop a Kubernetes app toolchain"をカスタマイズしてオリジナルの ToolChain を作成する」

　http://bit.ly/ch07-mod-toolchain

## アプリケーションのソースコードリポジトリ

利用するサービスにより変わりますが、アプリケーションのソースコードリポジトリは IBM Container Service では「アプリケーションの実体」を管理するのが中心です。アプリケーションのソースコード、Docker コンテナをビルドするための Dockerfile、Kubernetes のアプリケーションをデプロイするための `deploy.yml` やサービス定義など Pod 側の設定ファイルが登録されています。

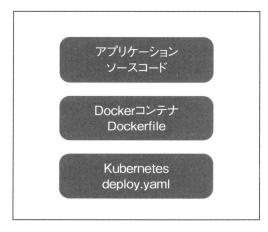

図 7.11　アプリケーションのソースコードリポジトリ

## ユースケース紹介

今回は次のコンテナアプリケーションを作成し、IBM Watson Visual Recognition（画像認識）を行い、写真にどんな食品が撮影されたかを判別します。

図 7.12　ユースケースの概要

## 開発の流れ

本 ToolChain を利用した開発は、ToolChain を登録後は GitLab のリポジトリへのコミットもしくは Web IDE からのコミットをトリガーとして、アプリケーションを自動的にビルドします。

Kubernetes で手動のデプロイを実施した場合、図 7.13 の左側のとおり約 6 〜 7 前後の手順が必要になります。これらは Kubernets API への連携を行う仕組みを作ることで、簡略化でき、Git のコミットやチャットツールからの指示において、Kubernetes のデプロイなどを指示することも可能です。

IBM Cloud Delivery Pipeline では、これらの部分が大幅に簡略化され、IBM Cloud がホスティングする GitLab 上にソースコードをコミットしたことをトリガーに、コンテナのビルドから始まり、Private Docker Registry への登録までの、「BUILD」ステージ、脆弱性検査の「VALIDATE」ステージ、Pod の配置、サービスの公開までの「DEPLOY」ステージのように3つの大きなステージに分けて実施します。

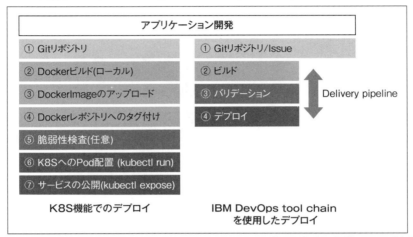

図 7.13　Kubernetes 機能でのデプロイと IBM DevOps を使った場合の作業ステップ比較

**ToolChain を IBM Cloud へ作成する**

ここではサンプルアプリケーションとなる ToolChain を IBM Cloud DevOps に登録し、コンテナアプリケーションを Container Service へデプロイします。

ToolChain の URL へアクセスして環境登録の準備をします。

`https://github.com/43books/ch07-toolchain`

Kubernetes クラスタ向けの ToolChain 作成に必要な情報は表 7.4 と表 7.5 のとおりです。

表 7.4　GitLabs 設定

| 名称 | 説明 |
| --- | --- |
| ToolChain 名 | GitLab のリポジトリ名／ ToolChain の名前 |
| 組織 | Container Service などのサービスがデプロイされている組織を選択 |
| GitLab リポジトリ | IBM Cloud 上に GitLab がホスティングされている。他 Git リポジトリから GitLab へクローンする方法、もしくは新規に登録する方法がある |
| ソースリポジトリ | リポジトリ URL（今回のサンプルでは `https://github.com/43books/ch07-app` の Git レポジトリの参照設定がデフォルトで表示される） |
| 所有者 | チーム開発している場合は所有ユーザー名 |
| リポジトリ名 | GitLab のリポジトリ名 |

表 7.5　DeliveryPipeline 設定

| 名称 | 説明 |
| --- | --- |
| アプリ名 | デプロイする Pod 名 |
| イメージレジストリ名前空間 | Docker Private Registry の名称（省略可） |
| Bluemix API キー | `bx iam` で取得した API キー（必須、コラム「Bluemix API キーの入手」参照） |
| 実働ステージ | Kubernetes クラスタのロケーション（必須） |
| クラスタ名 | 任意のクラスタ名 |

デプロイが完了すると、図 7.14 のイメージのように ToolChain に画面が遷移します。

図 7.14　サンプル ToolChain デプロイ後のイメージ

Delivery Pipeline をクリックすると、3 つのステージが表示されます。

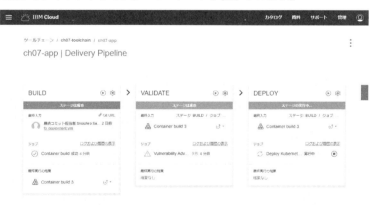

図 7.15　サンプル ToolChain3 つのステージ

第7章　Kubernetes on IBM Cloud Container Service

　本サンプルでは「VALIDATE」ステージのプロセスは脆弱性検査のみが失敗していますが、デプロイ
に致命的な問題とならないため、成功として進められます。脆弱性検査が異常なしで完了とならないと
「DEPLOY」ステージを継続して実施しないといった条件を変更することや、ステップの追加によりアプ
リケーションの動作試験を通過してから初めて「DEPLOY」ステージを実施するといったカスタマイズ
も可能です。

### 「DEPLOY」済みアプリケーションの動作確認

　標準クラスタで作成されたクラスタは、クラスタ画面に「入口サブドメイン」と表記された FQDN が表
示されるため、ブラウザから直接このアドレスと EXPOSE したポート番号を頼りにアクセスが可能です。

| 入口サブドメイン | <クラスタ名>.<リージョン>.containers.mybluemix.net |
| --- | --- |

　無料クラスタで作成されたクラスタは、各 Node のグローバル IP と Node Port で接続する必要があり
ます。無料クラスタでは Ingress などが使用できません。Delivery Pipline で「DEPLOY」ステージが
成功すると、ログ履歴上に URL が表示されます。

```
VIEW THE APPLICATION AT: http://<IP>:<Nodeのポート>
```

　アクセス後、図 7.16 のようにページが表示されれば動作完了です。

図 7.16　サンプルアプリの実行結果イメージ

---

**Bluemix API キーの入手**

　IBM Cloud では DevOps ツールチェーンや、Container Service の ToolChain と結びつけるため、IBM Cloud
の管理権限が必要となります。

　KeyName に任意の管理用のラベルを指定して実行してください。API キーの値を取得して ToolChain を登
録します。

```
$ bx iam api-key-create <KeyName>
```

## IBM Cloud サービスとの接続

本サンプルでは IBM Watson Visual Recognition サービスを利用して画像認識をするソースコードが含まれています。ここまでの内容のままですとサービス資格情報が存在せず、エラーとなります。

Watson サービスや CloudFoundry ベースのサービスでは、資格情報を個別に定義せずに、サービスのバインディングという方法で本番／検証などの連携を行うことができます。

JSON 形式で提供される個別サービスごとの API キーをソースコードに記述することでも同じことができますが、認証情報ごとに課金や内部にもつ学習データが異なるため、管理が煩雑になります。そのため、こちらの方法をお勧めします。

Watson サービスなどのサービスをデプロイする際は、次の点に注意が必要です。

- ◆ サービス欄のサービス名はスペースを入れない
- ◆ Kubernetes クラスタのロケーションと CloudFoundry の組織／ネームスペースをが一致していること

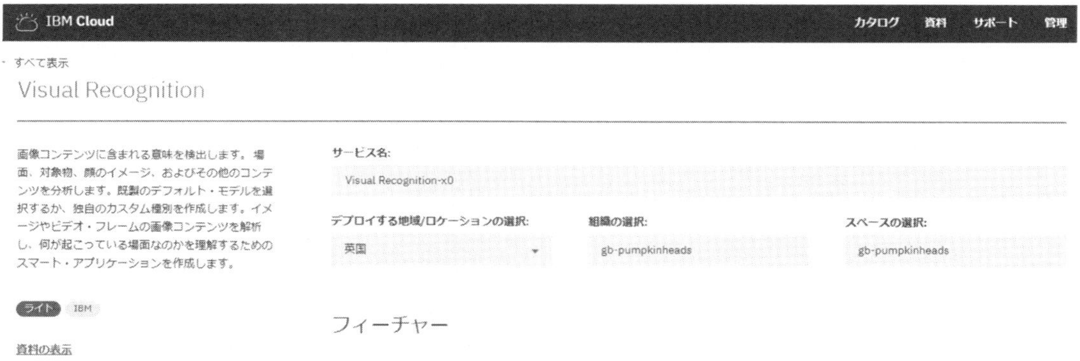

図 7.17　IBM Cloud サービスのデプロイ画面

## Watson Visual Recognition サービスへのサービスバインディング

Bluemix コマンドにて次のように実行し、クラスタへ資格情報（JSON）を提供します。

```
$ bx cs cluster-service-bind <クラスタ名> <Kubernetes名前空間名> <サービス名>
```

実行結果の Secret name 部分が実際にバインディングされた際の識別子となります。この内容を元にdeployment.yml へ定義を追記します。

```
Binding service instance to namespace...
OK
Namespace:      <Kubernetes名前空間名>
Secret name:    <識別子>
```

第 7 章 Kubernetes on IBM Cloud Container Service

### Pod への Watson Visual Recognition サービスへの紐づけ

deployment.yml に追記することで定義が可能となります。サンプルの yaml ファイルには具体的に必要な箇所をコメント付きで記載していますので、そちらを参考にしてください。

```
env:
 - name: <Pod内で利用可能な環境変数名 ex:WATSON_VR>
   valueFrom: secret
   KeyRef:
    name: <識別子>
    key: binding
```

＊　＊　＊

　本章では、IBM Cloud Container Service を利用し、IBM Cloud+Kubernetes を採用したコンテナ・ベース・オーケストレーションの一端を紹介しました。

　実際の Kubernetes 利用の現場では、ほかの Kubernetes サービスとあまり変わりませんが、IBM Cloud はベアメタルサーバーや専用線サービスとの組み合わせなど、既存ビジネスと PaaS/SaaS をつなぐ仕組みを数多く揃えます。ほかのクラウド事業者と同様、さまざまなサービスを提供していますので、選択肢のひとつとして検討してみてください。

　アプリケーション部分では DevOps 機能である ToolChain の紹介をしました。Pod のデプロイ、Service 定義と Dockerfile、アプリケーションソースなど、運用面で頻繁に変わる可能性のある部分をまとめた ToolChain は、Kubernetes クラスタへアプリケーションデリバリをほぼ数クリックで定義可能であり、今後のアプリケーション提供の手段としても有用ではないかと考えます。

　最後に、IBM Cloud Container Service の利用を検討される際に本稿が参考になれば幸いです。本稿の執筆には Bluemix User Group の常田秀明さんにご協力をいただきました。この場を借りてお礼申し上げます。

264

# 8

# OpenShift
## Networking & Monitoring

## 8.1　OpenShift Origin とは

　この章では OpenShift Origin（以降、OpenShift）が生まれた背景や、基本的な概要とアーキテクチャ、サポートされるコンポーネントを解説します。

### 8.1.1　OpenShift Origin が生まれた背景と歴史

　現在の OpenShift の前身である v1 および v2 と呼ばれる OpenShift は 2012 年 4 月にコミュニティ版が公開されています。初期のアーキテクチャでは、Docker や Kubernetes ではなく、独自のコンテナオーケストレーションエンジンを採用し、独自のコンテナ実行環境およびフォーマットをサポートしていました[1]。

　Red Hat 社は 2013 年 9 月に Docker のサポートを発表しましたが、その後、複数のコンテナオーケストレーションエンジンを検討した結果、Kubernetes をベースとしたコンテナオーケストレーションに必要な機能を拡張する方針を決定しました[2]。

　Kubernetes が採用されたおもな理由は、開発者とオペレーターからの異なる要望を実現できるアーキテクチャを持っていたこと、OCI（Open Containers Initiative）が進めるコンテナフォーマットをサポートし、Docker だけに依存しないコンテナの実行環境を提供する方針を採用していること、Go 言語ベースであったことなどがあります。当時 Kubernetes を開発していた Google は OSS（Open Source Software）の重要性を認識しており、コミュニティを形成するうえで重要なパートナーであったことも挙

---

[1] Broker と呼ばれる REST API を提供するインターフェイス。Docker の代わりに Cartridge と呼ばれるアプリケーションを構成するコンテナの実行環境など独自の仕組みをベースとしていました。

[2] 2014 年 6 月に Google が Github で OSS として Kubernetes Project を公開し、2015 年 6 月に OpenShift Origin 1.0（コミュニティ版）と OpenShift 3（製品版）をリリースしています。

265

第 8 章　OpenShift Networking & Monitoring

げられます[3]。

　技術的な観点からは、マルチホスト間での通信を管理するためにオーバーレイネットワークを形成できること、1つもしくは複数のコンテナから構成されるアプリケーションを1つの論理ユニット（Pod）として起動できること、複数のPodへの通信を振り分ける仕組み（Service）がありPodのスケールに動的に対応できることがありました。また、コンテナが停止した際に自動で再配備される仕組み（Controller Manager）やシステムリソースの利用状況やホスト間に分散してPodを配置するできる機能（スケジューリング）、ステートレス／ステートフルなアプリケーションの両方に対応していること、データの保持に永続性ストレージ（Persistent Volume）を提供していることなども挙げられます。

## 8.1.2　OpenShift のアーキテクチャと Kubernetes との違い

　OpenShift は Kubernetes をベースとしているため、基本的なアーキテクチャや公式ガイドで利用される用語は同じです。本書の目的は機能の比較ではないので、差異を明記するのは難しいのですが、たとえば、`docker build` コマンド以外にコンテナイメージをビルドできる S2I（Source To Image）や、Docker Registry をベースとしたレジストリ、後述する Router の機能などがおもな違いとして挙げられます。また、OpenShift がサポートする Kubernetes のバージョンは最新でないため、機能面だけを比較すると、OpenShift のほうが使える機能が少ないと考えることもできます。

　一方で商用製品（OpenShift Container Platform）になりますが、Red Hat 社に認証されたコンテナイメージを利用できることや有償でのサポートが特徴として挙げられます。ほかに OpenShift のコンポーネントも含めてコンテナベースで管理できる Atomic Host と呼ばれる OS がコミュニティベースで開発されており、OpenShift をインストールできます。

　OpenShift の基本的なアーキテクチャは**図8.1** に示しました。Master ホスト上に API Server（atomic-openshift-master-api）、Controller Manager（atomic-openshift-master-controllers）と Etcd が起動し、Node ホスト上に Kubelet（atomic-openshift-node）と Docker が起動します。また、Node ホストはユーザーのアプリケーションを稼働するものと、Infrastructure Node と呼ばれる Router や Docker Registry を起動させる OpenShift の管理コンポーネントに分かれます。

　OpenShift はオンプレミス（OpenStack や VMware vSphere など）とパブリッククラウド（AWS/GCE/Microsoft Azure など）の双方の構築環境に対応できるように設計されています。またインストール方式も Ansible の Playbook を前提としているため、構築する環境がオンプレミスかパブリッククラウドかによって、構築方法が異なるわけではありません。

　構成のパターンは1台で構成する All-in-one、Master ホストをシングルとする Single Master、すべてのコンポーネントを冗長化する Multiple Masters があります[4]。また、Kubernetes と同様に、パブリッククラウドが提供する EBS などのブロックデバイスや NFS、GlusterFS などがサポートされます。

---

[3] Apache Mesos や Apache Aurora は、ビッグデータの解析やクラスタ管理に特化しており、プラグインにコンテナを管理する機能はあるが Kubernetes よりも機能が弱く、C++ がベースのため拡張や保守が困難であることもあったようです。

[4] `https://docs.openshift.org/latest/install_config/install/planning.html` に情報が公開されています。

266

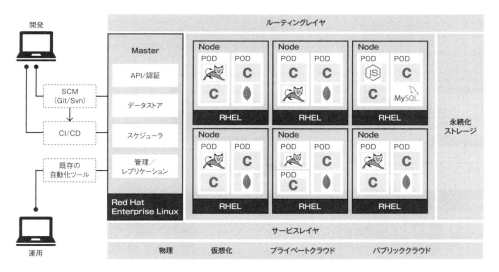

図 8.1　オープンシフトのアーキテクチャ

マルチポスト間で Pod のネットワークを形成するためのオーバーレイは OpenShift SDN と呼ばれ、デフォルトで Open vSwitch をサポートしており、そのほかの SDN（Software Defined Network）ソリューションもサポートされます[5]。ネットワークの詳細は「OpenShift のネットワーク」の節（P. 269）で解説します。

OpenShift は OAuth Server を内蔵しており、CLI やダッシュボードからオペレーションする場合の通信は REST API 形式の OpenShift API や Kuberntes API をコールし、認証に OAuth のトークンを利用します。ユーザー管理自体は Identity Provider と呼ばれる LDAP、GitHub、Keystone（OpenStack）などをサポートしています[6]。

## 8.1.3　Router によるアプリケーションの公開

Kubernetes では Service を外部に公開する場合、AWS や GCP などのパブリッククラウドであれば LoadBalancer でクラウドプロバイダが提供するロードバランサーと連携させる、オンプレミスなどであれば externalIPs で Global IP アドレスにルーティングさせる、あるいは Ingress で Ingress Controller に Nginx などを利用する方法が挙げられます。OpenShift はオンプレミスとパブリッククラウド双方での

---

[5] サポートされる永続化ストレージは https://docs.openshift.org/latest/install_config/persistent_storage/index.html、SDN プラグインは https://docs.openshift.org/latest/install_config/configuring_sdn.html に公開されています。

[6] サポートされる Identity Provider は https://docs.openshift.org/latest/install_config/configuring_authentication.html に公開されています。

利用を前提としているため、アプリケーションを外部に公開するためのルーティングレイヤーにHAProxyベースのRouterを利用し、Routerはアプリケーションが起動するPodに通信を振り分けることで、外部に公開する仕組みを実現しています[7]。

アプリケーションを外部に公開した際にインターネットなどからRouterを経由しアプリケーションに接続する際の流れは図8.2のようになります。

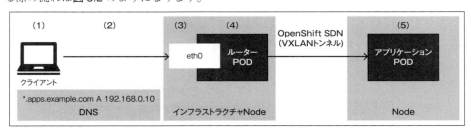

図8.2　インターネットからOpenShiftへのアクセス

（1）　クライアント端末などでアプリケーションのURL（`https://my.apps.example.com/`）にリクエストを送信
（2）　DNSサーバーが名前解決し、Aレコード（ワイルドカード）に登録したInfrastructure NodeのIPアドレスを応答
（3）　Infrastructure Nodeホスト上のRouterにパケットが届く
（4）　Router（HAProxy）はクライアントのHTTPヘッダと自身の`haproxy.config`からRouteとServiceに紐付くPodを判定し、Podにリクエストを振り分ける
（5）　OpenShift SDNを経由し、バックエンドのPodにパケットが届く

まず、事前にDNSのAレコードにワイルドカードを設定し、Infrastructure Nodeと呼ばれる専用のNodeホストのIPアドレスを登録します[8]。RouterはInfrastrucutre NodeにPodとしてデプロイします[9]。Router Pod内のHAProxyコンテナはInfrastrucutre NodeホストのNICをリッスンしているため、これによりNATなどを利用せず、OpenShift外部とOpenShift SDN内のPodにルーティングさせることができます。

---

[7] ルーティングレイヤーはプラグイン方式を採用しており、デフォルトはHAProxyです。そのほかにF5 Router Plug-inと呼ばれるF5 BIG-IPが利用できます。https://docs.openshift.org/latest/install_config/router/index.html
[8] OpenShiftではServiceを公開する際、Routeと呼ばれるオブジェクトを作成し、Routeは`<application_name>>-<namespace>-<subdomain>`の命名規則で生成されます。Serviceを公開するたびにDNSレコードを更新させる必要がないように、ワイルドカードの利用を前提としています。
[9] OpenShiftを検証や開発用途などでAll-in-oneやSingle Master構成とする場合、RouterをMasterホストにデプロイすることもできます。Infrastructure NodeホストをHA構成にする場合、Infrastructure Nodeのフロントにロードバランサーを配置、もしくはDNSラウンドロビンを利用するなどしてInfrastructure Nodeに振り分けます。詳細はリファレンスアーキテクチャを参照してください。https://blog.openshift.com/openshift-container-platform-reference-architecture-implementation-guides/

## 8.2 OpenShift のネットワーク

本節では OpenShift のネットワークの仕組み、オーバーレイネットワークやマルチテナント構成、外部通信のアクセス制御について解説します。

OpenShift を AWS や GCP などのパブリッククラウドや OpenStack のような IaaS 環境にデプロイする場合、公開されている Playbook（`https://github.com/openshift/openshift-ansible-contrib`）を利用することで、IaaS 層の Security Group や VM の作成から OpenShift 自体のインストールまで行うことができるため、本章でもこの Playbook を利用しています。各環境に OpenShift を構築するリファレンスアーキテクチャも公開されているので、OpenShift の検証にご活用ください。

### 8.2.1 コンテナオーケストレーション基盤に SDN が必要な理由

SDN を構成するコンポーネントの技術的な解説をする前に、Kubernetes などのコンテナオーケストレーション基盤に SDN が必要とされる理由を考えてみましょう。

基盤を構築する環境はサービス要件に応じて、仮想や物理ホストを前提としたオンプレミスやパブリッククラウド上の IaaS などのそれぞれを対象とできることが望ましいでしょう。たとえば、オーバーレイネットワークを形成せずにホスト上のネットワークを直接利用する方法も技術的には考えられます。しかし、IP アドレスが Pod に動的に割り当てられる環境でのファイアウォールによるアクセス制御、マルチホストにおいて Pod の通信をどのように実現するかなどを考えると、ネットワーク設計や機器／SDN ソリューションの選定の段階からに柔軟な制御の仕組みを検討しておく必要があります[10]。

また、Node ホストは、システムリソースを増やす際のホスト自体を容易に拡張できるようにスケールアウトできることが望まれます。また、仮想マシンや物理ホストなどの障害時には、サービス継続性を考慮しておく必要があります。たとえば、パブリッククラウド上に構築する場合、異なる AZ（Availability Zone）に配備できたほうがよいでしょう。異なる AZ で構成されたサブネットに Node ホストを配備しても Pod の通信に影響を及ぼさないよう、容易に拡張可能なネットワーク設計が必要になります。

パブリッククラウドやコンテナオーケストレーションの普及に伴い、基盤の構築やネットワークの設計は、ネットワーク管理者に設定変更を依頼するより、極力ユーザー自身で管理できることが望まれます。アクセス制御の設定方法をポリシーベースのような方法で抽象化させることにより、ネットワーク機器の知識や設定変更のためのコマンドを覚えることなく管理できるような仕組みが必要です。

このような理由を勘案すると、ホストのネットワーク上にオーバーレイネットワークによる SDN を形成する方法が有効です。基盤のネットワークを構成を意識させずに Pod のネットワークを構築し、通信させられるため、基盤を構築する環境やネットワーク設計に汎用性を持たせられます[11]。

---

[10] 基盤を AWS 上に構築し、Security Group を利用すれば、IP アドレスでなく Security Group ID で送信元や送信先を管理できるため、上記のような懸念は減るかもしれませんが、オンプレミスに構築する場合、すべての環境が同等の機能を提供しているとはかぎりません。

[11] オーバーレイネットワークを形成する際も既存のネットワークに対し、Pod の IP アドレスを割り当てるレンジを重複さ

第 8 章　OpenShift Networking & Monitoring

## 8.2.2　ネットワークプラグイン

OpenShift では Kubernetes の CNI（Container Network Interface）をサポートしており、次のネットワークプラグインが利用できます[12]。

**OpenShift SDN**　Open vSwitch と VXLAN を利用し、OpenShift SDN プラグインにより通信を制御する

**Flannel SDN**　Flannel を利用する。OpenStack など OpenShift を構築する環境ですでに SDN を利用している場合に選択

**Nuage Networks SDN**　ポリシーベースで集中管理されたネットワーク制御が求められる場合に利用

**Contiv SDN**　ポリシーベースでネットワークを管理。既存の L2 や L3 ベースのネイティブ接続などに対応する[13]

特別な要件がない場合、通常は OpenShift SDN プラグインを利用します。OpenShift をインストールする際に OpenShift SDN プラグインを選択すると、各ホストに Open vSwitch を用いて仮想ブリッジが構築されます。異なるホスト間の通信は VTEP（Virtual Tunnel End Point）によりパケットをカプセル化することで、VXLAN を用いて L3 によるオーバーレイネットワークを既存ホストのネットワーク上に形成します。

一方、OpenStack などは、IaaS 上の仮想ネットワークに VXLAN を利用しているため、IaaS 基盤の仮想ネットワークと OpenShift SDN によるオーバーレイネットワークとでパケットのカプセル化が 2 回行われ、ネットワーク性能の劣化が課題となります。Flannel SDN では Node 上で Open vSwitch の代わりに Flanneld サービスを起動し、host-gw モードを利用することでマルチホスト間の通信をルーティングをします。このため、OpenShift SDN による VXLAN を利用せずに、オーバーレイネットワークを形成できます[14]。

通信キャリアやデータセンターなどのサービスプロバイダを除き、一般的な環境で利用される機会は非常に少ないと思われますが、集中管理されたポリシーベースで SDN やさらに既存のホストとの連携が求められる場合、Nuage Networks SDN を利用します。Virtualized Services Directory と呼ばれるポリシーを管理するエンジンと VSP（Virtualized Services Platform）と呼ばれる SDN コントローラが XMPP で通信し、データプレーンである Node 上の Open vSwitch に OpenFlow を用いて通信を制御します。

---

[12] 執筆時点で一般的に利用されるネットワークプラグインは OpenShift SDN プラグインであることから、本章では OpenShift SDN プラグインを利用することを前提に解説を進めます。今後は、基盤とする IaaS 環境のネットワーク要件やネットワークを制御する際の要件に応じて、Flannel や Contiv などの使い分けが進むと考えられます。

[13] Flannel SDN の概要やネットワークダイアグラムは次の URL で公開されています。`https://docs.openshift.org/latest/architecture/networking/network_plugins.html#flannel-sdn`、`http://red.ht/2nM850s`（2.4.1.OpenShift SDN vs Flannel）

[14] Nuage SDN の概要は次の URL を参照してください。`https://docs.openshift.org/latest/architecture/networking/network_plugins.html`

270

Contiv SDN はポリシーベースで仮想マシン、物理ホストやコンテナのネットワークを統合的に管理することを目的としており、L2 や L3 によるネイティブ接続をサポートするなど、VXLAN によるオーバーレイネットワークの性能劣化を回避できるようになっています。アクセスポリシーは CLI や GUI で定義でき、より柔軟に通信を制御可能です[15]。

### 8.2.3　OpenShift SDN プラグイン

OpenShift SDN では次のプラグインをサポートしており、ユースケースに応じて Project 間における Pod と Service 間の通信の制御方式を選択できます[16]。

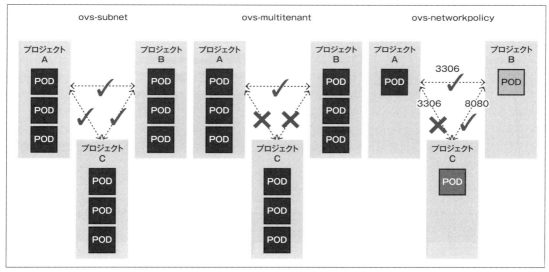

図 8.3　Pod と Service の制御

**ovs-subnet**

すべての Project の通信を許可し、異なる Project に属する Pod は互いに通信することができます。

ovs-subnet プラグインはインストール時にプラグインを指定しない場合、デフォルトで有効になるプラグインです。複数の Project を作成し、それぞれの Project に Pod をデプロイした場合、異なる Project 配下の Pod 同士は互いに通信できるため、開発環境での個人的に利用するなど、一般的にマルチテナント

---

[15] Contiv SDN は Openshift Origin 3.6 から採用され、Cisco を主体としたコミュニティ (http://contiv.github.io/) でオープンソースソフトウェアとして開発が進められています。

[16] OpenShift をインストールする際、Ansible インベントリファイルに変数 (os_sdn_network_plugin_name) を定義し、適用するプラグインを指定します。インストール用の Playbook を再度実行することで、OpenShift インストール後にプラグインを変更することもできます。変数に指定するプラグインの値は次の URL を参照してください。https://docs.openshift.org/latest/install_config/install/advanced_install.html#configuring-cluster-variables

第 8 章　OpenShift Networking & Monitoring

を必要としない場合に用います。

### ovs-multitenant

Project 間の通信を隔離することで、マルチテナントを構成する際に利用します。

VXLAN による VNID（VXLAN Network Identifier）を Project に割り当てることで Project 間の通信をネットワークレイヤーで隔離し、同じ VNID を持つ Project 同士が通信できます。Project を作成する際に異なる VNID が割り当てられるため、Project ごとの通信はデフォルトで隔離されます。oc コマンドと呼ばれる CLI を用いて通信を明示的に許可します。

### ovs-networkpolicy

隔離する対象を Project 単位でなく Project に属する特定の Pod と Service を対象にでき、ovs-multitenant より柔軟な制御が必要な際に利用します。

ovs-multitenant プラグインを利用する場合、制御対象は Project 単位となるため、異なる Project の通信を許可すると、各 Project に属するすべての Pod は互いに通信できます。一方、ovs-networkpolicy プラグインは Project 単位でなく、条件に合致する Pod や Service とポートを指定してポリシーベースで制御します。これには、バックエンドのアプリケーションからデータベースなどへの通信を管理するケースが該当します。NetworkPolicy と呼ばれるオブジェクトファイルを作成し、Label を Pod や Service に設定し、合致する Pod とポートを対象に通信を制御します。設定は ovs-multitenant プラグインと同様に CLI を用います。

有効にしているプラグインは次のどちらかの方法で確認できます。

**Master ホストの`/etc/origin/master/master-config.yaml` ファイルの networkPluginName を確認**

```
$ sudo grep 'networkPluginName: ' /etc/origin/master/master-config.yaml
  networkPluginName: redhat/openshift-ovs-networkpolicy
```

**`oc get clusternetwork` コマンドの結果から PLUGIN NAME を確認**

```
$ oc get clusternetwork
NAME      CLUSTER NETWORKS    SERVICE NETWORK    PLUGIN NAME
default   10.128.0.0/14:9     172.30.0.0/16      redhat/openshift-ovs-networkpolicy
```

## 8.2.4　OpenShift SDN を構成するコンポーネントとネットワーク構成

OpenShift SDN を説明する前に SDN のベースとなる仮想スイッチを構成する Open vSwitch のアーキテクチャを解説します。

Open vSwitch は `ovs-vswitchd` と `ovsdb-server` の 2 つのサービス（デーモン）で構成されます。

## 8.2 OpenShiftのネットワーク

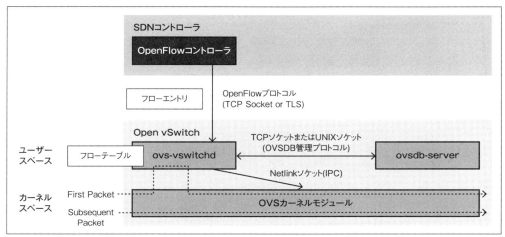

図 8.4　Open vSwitch は ovs-vswitchd と ovsdb-server の 2 つのサービスで構成される

`ovs-vswitchd` は仮想スイッチを管理／制御するためのサービスです。OpenFlow コントローラがパケットの通信を制御するルールであるフローエントリを生成し、フローテーブルとして仮想スイッチに格納されます。仮想スイッチにパケットが到達するとフローテーブルを検索し、合致したルールに従ってパケットが処理され、転送されます。初回のパケットは User Space で処理し、後続のパケットは Kernel Space に委任することで高速に処理させる仕組みです[17]。

`ovsdb-server` は仮想スイッチの構成情報を保持するデータベースを提供します。仮想スイッチの設定が更新されると情報を自動保存し、OS が再起動された際などでも構成情報を永続的に保持できます。

一方、OpenShift では Pod が作成もしくは削除されるなど Master ホストで情報が更新されると Node ホストに通知します。Node ホストが Master ホストから更新を受けると Open vSwitch (`ovs-vswitchd`) がフローテーブルを更新します（図 8.5）。そして OpenShift SDN では Node ホスト上に Open vSwitch がインストールされ、OVS Bridge と呼ばれる仮想スイッチが VXLAN を用いてトンネリングすることで、仮想マシンなど既存のネットワーク上に Node ホスト間で Pod を通信させるためのオーバーレイネットワーク（L2 over L3）を形成します（図 8.6）。

OpenShift 上のオーバーレイネットワークは Cluster Network と呼ばれ、デフォルトで **10.128.0.0/14** (**10.128.0.0 - 10.131.255.255**) のネットワークレンジが割り当てられます[18]。

---

[17] User Space でフローを制御、Kernel Space でパケットを処理させることで、フローを管理／制御するための柔軟性と高速な処理を両立しています。

[18] ネットワークのレンジやサブネットを変更するには、Ansible インベントリファイルに変数 (`osm_cluster_network_cidr`、`openshift_portal_net` や `osm_host_subnet_length`) を指定し、OpenShift をインストールします (https://docs.openshift.org/latest/install_config/install/advanced_install.html)。なお、インストール後にネットワークのレンジを変更するには OpenShift を再インストールする必要があります。Cluster Network における 10.128.0.0/14 のレンジから利用できる IP アドレスの数は 262412 で、Pod を同時に稼働できる台数もおよそこの台数となります。

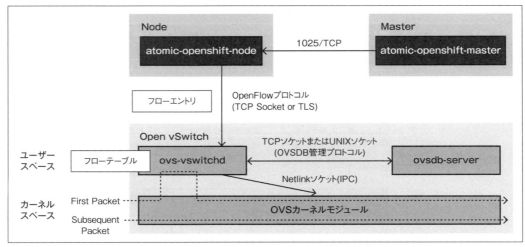

図 8.5　Open vSwitch によるホスト情報の更新

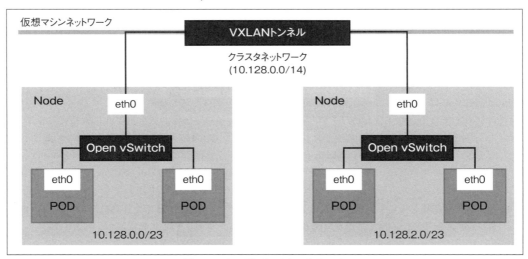

図 8.6　オーバーレイネットワーク

　Cluster Network は Pod が通信するためのネットワークであり、デフォルトで 10.128.0.0/14 のレンジが割り当てられます。各 Node ホストでは Cluster Network からさらにサブネットがデフォルトで 9bit（/23）で割り当てられ、Pod に割り当てられる IP アドレスはこのサブネットから払い出されます。また、Service が通信するためのネットワークは Service Network と呼ばれ、Cluster IP アドレスを割

り当てられるレンジはデフォルトで 172.16.0.0/16 になります[19]。
次に Open vSwitch が作成する仮想スイッチの構成を見てみましょう。

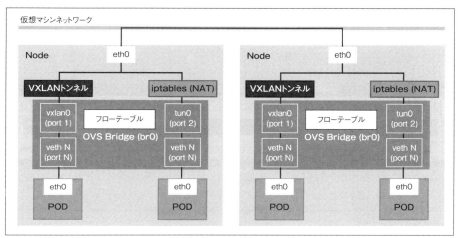

図 8.7　仮想スイッチの構成

Open vSwitch における仮想スイッチは OVS Bridge と呼ばれ、br0 の名称で作成されます。OVS Bridge に対し、Pod や VXLAN Tunnel、外部への通信など用途ごとにポートが割り当てられます。この OVS Bridge に OpenFlow を用いたフローテーブルがセットされ、どのパケットをどの Pod や Service に振り分けるかなどの通信は パケットが OVS Bridge を通過する際に処理されます。

仮想スイッチに割り当てられた各ポートの用途は次のようになります。

**vxlan_sys_4789（port 1）**

Node ホスト間で VXLAN Tunnel を確立するために使われ、異なる Node ホスト上の Pod が通信する際は vxlan_sys_4789 ポートを経由します[20]。

**tun0（port 2）**

インターネットや外部のホストなど OpenShift SDN の外と通信する際に利用します（VXLAN Tunnel は 4789/UDP ポートで通信します）。外部への通信は NAT を利用するため、各 Node の tun0 ポートに

---

[19] Service は iptables を用いて L4（TCP/UDP）で Pod にリクエストを振り分けるために抽象化されており、Cluster Network のように Node ホストごとにサブネットでは分割されません。OpenShift では Service の Proxy Mode はデフォルトで iptables ベースになります（https://docs.openshift.org/latest/architecture/core_concepts/pods_and_services.html）。インストール時に Userspace ベースを選択することもできますが、Kubernetes のマニュアルでも述べられているように、今後利用されるケースはないでしょう（https://kubernetes.io/docs/tasks/debug-application-cluster/debug-service/#is-kube-proxy-writing-iptables-rules）。

[20] Node ホストのサブネットに対し、10.128.0.0/23、10.128.1.0/23、10.128.2.0/23 と第 3 オクテットがインクリメントされます。ネットワークデザインの詳細は次の URL で公開されています。https://docs.openshift.org/latest/architecture/networking/sdn.html

はサブネットのゲートウェイとして 10.128.0.1 や 10.128.2.1 などサブネットの先頭の IP アドレスが割り当てられます。

### veth（port 3〜）

port 1 と 2 は vxlan_sys_4789 と tun0 ポート用に固定で割り当てられるのに対し、port 3 以降は Pod と通信するためのポートとして使われます[21]。

それでは、OpenShift SDN において実際に Pod が通信する際、パケットがどのように通信するかフローを見てみましょう。ここでは 2 台の Node ホスト（Node#1 と Node#2）に Pod が起動しているものと想定し、次のパターンをもとに解説します[22]。

### 同一 Node ホスト上の Pod 間の通信

Node#1 の POD#1 から同 Node ホスト上の POD#2 に通信する場合、OVS Bridge の veth を経由します。

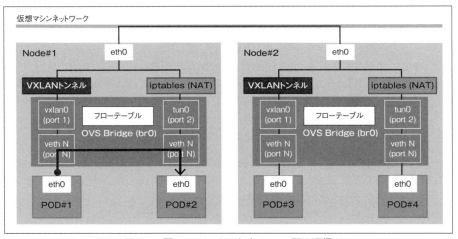

図 8.8　同一 Node ホスト上の Pod 間の通信

---

[21] veth は virtual Ethernet device と呼ばれ Linux namespace を利用したコンテナが通信するための仕組みで、実際には veth の後ろに veth5fc2f69c のようにランダムの文字列が割り当てられます。

[22] Kubernetes はネットワーク管理における詳細な知識を必要とさせないように基盤を抽象化させることで、コンテナを管理できるためのプラットフォームを目指しています。そのため、どこまで詳細な知識を必要とすべきかを一概に断言することは難しいですが、障害時の調査に必要な前提の知識として、このような通信のフローや前提となる仕組みを理解する必要はあるでしょう。OpenShift のマニュアルではネットワークのトラブルシュート時のガイドも公開されています（https://docs.openshift.org/latest/admin_guide/sdn_troubleshooting.html）。また、診断ツールも公開されており、障害時の調査目的以外に、基盤構築後の動作確認にも利用できます（https://docs.openshift.org/latest/admin_guide/diagnostics_tool.html）。

### 異なる Node ホスト上の Pod 間の通信

Node#1 の Pod 1 から Node#2 の pod 3 に通信する際、リモートホストと通信する必要があるため、`vxlan0` の VXLAN Tunnel を経由します。

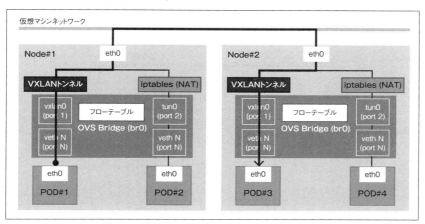

図 8.9　異なる Node ホスト上の Pod 間の通信

### Pod から外部のホストへの通信

Pod からインターネットや外部のホストなど OpenShift SDN の外部に通信する際、`tun0` ポートを通り、パケットは Netfilter（iptables）により NAT されます。そして、Pod が起動している Node ホストの NIC から転送されます。

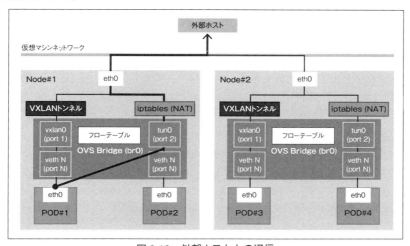

図 8.10　外部ホストとの通信

# 第 8 章 OpenShift Networking & Monitoring

### Service を経由した異なる Node ホスト上の Pod への通信

Web から DB の Pod など Service（Cluster IP）を指定し、かつ異なる Node ホスト上の Pod に通信する場合、外部への通信となるため tun0 ポートが使われます。そして、Service から Pod への通信は OpenShift SDN を経由する必要があるため、vxlan0 ポートから VXLAN Tunnel により宛先の Node ホストの同ポートを通り、宛先の Pod にパケットが届きます。

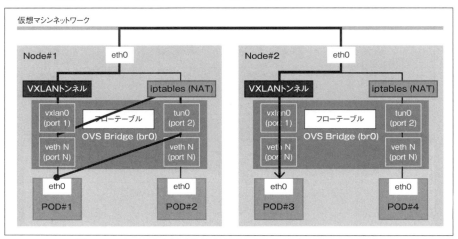

図 8.11　Service を経由し異なる Node ホスト上の Pod への通信

## 8.3　OpenShift SDN によるマルチテナント構成

ここでは OpenShift SDN プラグインを用いたマルチテナントを構成する際のオペレーションを解説します。ovs-subnet プラグインを利用する場合、Project 間の通信を制御することはできないため、マルチテナントを構成する場合、ovs-multitenant もしくは ovs-networkpolicy プラグインを利用します。これらのプラグインは次のようなユースケースに応じて使い分けることができます[23]。

**ovs-multitenant**
　複数の部署やサービス事業者が複数のエンドユーザーにマルチテナントを前提としたサービスを提供する

　部署やユーザーごとに Project を提供するポリシーを想定した場合、管理者に Project 同士の通信を許可する権限を割り当て、要件に応じて Project 同士を許可します。そのほか、提供するサービスやアプリケーション、また実際の案件ベースなどで Project の通信を管理するパターンも考えられます。

---

[23] たとえば、ホスティングサービスを提供するケースを想定し、エンドユーザーごとに 1 つの OpenShift クラスタを提供し、テナントをクラスタ単位で隔離させる方針も考えられますが、実際にそのようなケースに合致しないことも多々あるため、ここでは 1 つの OpenShift クラスタを利用することを前提とします。

8.3 OpenShift SDN によるマルチテナント構成

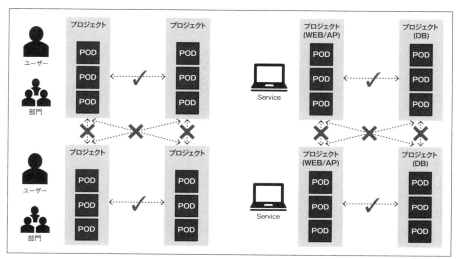

図 8.12 ovs-multitenant

**ovs-networkpolicy**
マイクロサービスを展開する際に Project ごとにデプロイしたサービスの通信を柔軟に制御する

マイクロサービス化された複数のサービスを OpenShift 上に展開し、Project ごとに複数のサービスを分割する場合、次のように Project をサービスに分割し、許可するポートを指定して管理すると想定します[24]。ovs-networkpolicy プラグインを用いると、NetworkPolicy と呼ばれるオブジェクトファイルを作成し、NetworkPolicy に Label やポート番号を指定することでポリシーベースで通信を管理できます。

表 8.1 Project とサービス構成 (OpenShift SDN)

| Project | 概要 | アプリケーション | Label |
|---|---|---|---|
| msclient | ユーザーインターフェイスを提供するフロントエンドの WEB サービス | PHP | `app=userreg` |
| msservices | ユーザー管理のためのバックエンドのアプリケーション | Node.js | `app=userregsvc` |
| msservices | ユーザー情報を含める KVS | MongoDB | `app=mongodb` |
| msservices | Twitter から Tweet をプルするバックエンドのアプリケーション | Tomcat | `app=twitter-api` |
| msinfra | 登録したユーザーにメールを通知するバックエンドのアプリケーション | Python | `app=emailsvc` |
| msinfra | ログを保存するための RDBMS | MySQL | `app=mysql` |

---

[24] この構成は OpenShift Blog の「Network Policy Objects in Action」(https://blog.openshift.com/network-policy-objects-action/) で公開されています。

第 8 章 OpenShift Networking & Monitoring

表 8.2 通信要件（OpenShift SDN）

| 番号 | Project | To（Label） | From（Label） | To（ポート） |
|---|---|---|---|---|
| 1 | msinfra | app=mysql | app=emailsvc | 3306/TCP |
| 2 | msclient | app=userreg | - | 8080/TCP |
| 3 | msservices | app=userregsvc | userregsvc | 8080/TCP |
| 4 | msservices | app=twitter-api | twitter-api | 8080/TCP |
| 4 | msservices | app=mongodb | userregsvc | 27017/TCP |
| 4 | msinfra | app=emailsvc | userregservices | 8080/TCP |

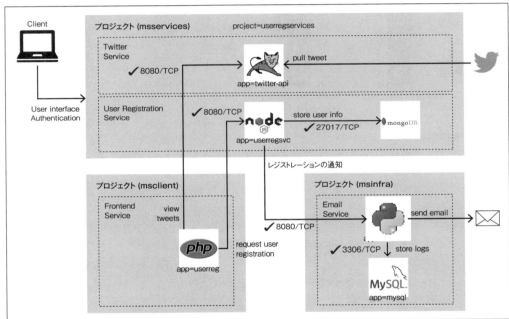

図 8.13　ネットワークの概要（OpenShift SDN）

　NetworkPolicyの例を示します。図8.13では省略していますが、実際にはPodやServiceに`app=userreg`などのようにLabelをセットし、Labelやポート番号をもとにポリシーを作成します。LabelはPodやServiceでなくProject（namespace）に指定することもできます。

```
kind: NetworkPolicy
apiVersion: extensions/v1beta1
metadata:
  name: allow-8080-emailsvc
```

8.3 OpenShift SDN によるマルチテナント構成

```
spec:
  podSelector:
    matchLabels:
      app: emailsvc
  ingress:
  - from:
    - namespaceSelector:
        matchLabels:
          project: userregservices
    ports:
    - protocol: TCP
      port: 8080
```

ovs-multitenant プラグインを利用する場合、Project 単位で通信が許可され、Project 同士を許可した場合、Project に属するすべての Pod は互いに通信ができます。

Project 配下の特定の Pod や Service を対象に通信を制御することはできず、管理できる対象が Project 単位となります。

ポリシーベースで特定の条件に合致する対象をもとに通信を制御するケースには ovs-networkpolicy プラグインを利用する必要があります[25]。

## 8.3.1 ovs-multitenant プラグイン

ovs-multitenant プラグインは Open vSwitch と OpenFlow を利用し、OpenFlow のルールに VNID による識別子を加えることで通信を隔離します。Node ホストの OVS Bridge にフローテーブルがセットされ、パケットが OVS Bridge を通る際に Project に割り当てられた特定の VNID がパケットに付与され、送信元と宛先の Pod で VNID が合致する場合に通信は許可されます[26]。

ovs-multitenant プラグインを有効にすると、すべての Project に異なる VNID が割り当てられ、デフォルトですべての Project のネットワークは隔離されます。そして、異なる Project に属している Pod

---

[25] このケースを ovs-multitenant プラグインで対応させる場合、すべてのサービスを異なる Project に配備すれば可能ですが、Project 単位で管理した結果、Project の構成を管理すること自体が煩雑になることが課題になります。たとえば、1 つの Project に複数の種類やサービスのアプリケーションをデプロイした場合、あとで通信を拒否させるには別の Project に配置し直す必要があり、事前に許可する Project とその Project にデプロイするアプリケーションの通信要件などを厳密に定義する必要があります。事前に Project 構成と各 Project に配備するアプリケーションや通信要件をすべて明確に定義したうえで一切変更を許可しなければ要件を満たせますが、一方で、すでに作成した Project に別のアプリケーションを配備することは難しくなり、柔軟性は失われます。

[26] ovs-subnet プラグインではすべてのパケットの VNID に 0 がセットされるため、すべての Project の通信が許可されます。

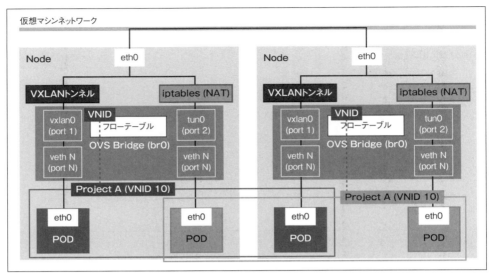

図 8.14　ovs-networkpolicy

が通信する場合、VNID が異なるため通信は拒否されます。

ovs-multitenant プラグインを有効にする際は、Ansible インベントリファイルに変数(`os_sdn_network_plugin_name='redhat/openshift-ovs-multitenant'`)を指定し、インストール用の Playbook を実行します[27]。

以降では、マルチテナントのネットワーク構成の操作を見ていきます。

### 8.3.2　Project のネットワークを許可

マルチテナントを検証するために、検証用に 2 つの Project 作成し、Project にサンプルのアプリケーションをデプロイし、Project のネットワークを許可したあと、Project 配下の Pod が通信できることを確認します。

**一般ユーザーにスイッチ**
```
$ oc login -u <ユーザー名>
```

ユーザー名は任意に指定して構いませんが、`system:admin` などの cluster-admin 権限が割り当てられていないユーザーを指定してください。

---

[27] 詳細は https://docs.openshift.org/latest/install_config/configuring_sdn.html を参照してください。

### Project を作成

```
$ oc new-project mypj01
$ oc new-project mypj02
```

Project 名は任意で構いませんが、ここでは mypj01 と mypj02 の名称で作成します。

### ユーザーに cluster-admin 権限を割り当て

Project のネットワークを許可する際、cluster-admin 権限を割り当てずに system:admin ユーザーにスイッチし、oc adm pod-network join-projects コマンドを実行しても問題はありませんが、ここでは必要な権限を明示するためにこの流れにしています[28]

```
$ oc adm policy remove-cluster-role-from-user cluster-admin <ユーザー名>
```

### VNID を確認

```
$ oc get netnamespace mypj01 mypj02
NAME       NETID       EGRESS IPS
mypj01     7966815     []
mypj02     13497945    []
```

Project を作成した時点で oc get netnamespace コマンドを実行すると、異なる VNID がセットされていることが分かります[29]

### 各 Project にサンプルのアプリケーションをデプロイ

```
$ oc create -f https://raw.githubusercontent.com/openshift/origin/master/example
s/hello-openshift/hello-pod.json -n mypj01
$ oc create -f https://raw.githubusercontent.com/openshift/origin/master/example
s/hello-openshift/hello-pod.json -n mypj02
```

各 Project の Pod 同士の通信が拒否されることを確認するため、HTTP を応答させる Pod をデプロイします[30]

---

[28] なお、add-cluster-role-to-user で権限を割り当てると Cluster Role と呼ばれるすべての Project を対象に操作できてしまいます。ユーザーに委任する権限管理を検討する際には注意が必要です（最小の権限を割り当てられるか確認するために add-cluster-role-to-user で特定の Project を対象に権限を付与し、oc adm pod-network join-projects や oc get netnamespace が成功するか試しましたが、権限が足りないため、成功しませんでした）。

[29] NETID の値が VNID に該当します。

[30] 単純な HTTP での疎通を確認するため、'Hello OpenShift!' を返すコンテナ（https://hub.docker.com/r/openshift/hello-openshift/）を利用します。

第 8 章　OpenShift Networking & Monitoring

### Pod の IP アドレスを確認

```
$ oc get pod hello-openshift -o wide -n mypj01
NAME             READY   STATUS    RESTARTS AGE      IP            NODE
hello-openshift 1/1     Running   0        22m      10.130.2.7    node02.localdomain
```

```
$ oc get pod hello-openshift -o wide -n mypj02
NAME             READY   STATUS    RESTARTS AGE      IP            NODE
hello-openshift 1/1     Running   0        21m      10.131.2.15   node02.localdomain
```

Project のネットワークが拒否されていることを確認するために、各 Pod の IP アドレスを確認します。

### 疎通を確認する Pod をデプロイ

```
$ echo 'apiVersion: v1
kind: Pod
metadata:
  name: busybox
spec:
  containers:
    - image: docker.io/openshift/busybox-http-app
      command:
        - sleep
        - "3600"
      name: busybox' | oc create -f - -n mypj01
```

デプロイしたサンプルのアプリケーションの疎通を確認するために、別の Pod をデプロイします[31]。

### Pod の IP アドレスに HTTP リクエストの応答を確認

```
$ oc rsh busybox wget -T 5 -q0 - <PODのIP>:8080
```

<POD の IP> には oc get pod コマンドで確認した各 Project にデプロイした Pod の IP アドレスをそれぞれ指定します[32]。mypj01 にデプロイした Pod の IP アドレスからは HTTP で応答が返ります。

---

[31] ここでは busybox<docker.io/openshift/busybox-http-app> のコンテナイメージを利用していますが、HTTP への応答の確認が目的なので、curl コマンドなどがインストールされていれば利用するコンテナにとくに指定はありません。
[32] wget コマンドに指定した -T オプションはタイムアウトするまでの秒数を、-q0 オプションは結果をファイルでなく標準出力させています。

8.3 OpenShift SDN によるマルチテナント構成

```
$ oc rsh busybox wget -T 5 -qO - 10.130.2.7:8080
"Hello OpenShift!"
```

mypj02 にデプロイした Pod の IP アドレスからはタイムアウトのメッセージが表示されます。

```
$ oc rsh busybox wget -T 5 -qO - 10.131.2.15:8080
wget: download timed out
command terminated with exit code 1
```

疎通を確認するための Pod は mypj01 にデプロイしており、mypj01 内の Pod とは通信が許可されているため、応答が返ります。mypj02 のネットワークとは通信が許可されていないため、応答は返りません。

### Project のネットワークを許可

```
$ oc adm pod-network join-projects --to=<PROJECT_1> <PROJECT_2>
```

Project のネットワークを許可する場合、`oc adm pod-network join-projects` コマンドを実行します。`--to` オプションに許可する Project 名を、引数に関連付ける Project 名を指定します。上記の場合、`<PROJECT_2>` に対し `<PROJECT_1>` のネットワークを許可します。

ここでは、次のように mypj02 の Project のネットワークに mypj01 の Project を許可します。

```
$ oc adm pod-network join-projects --to=mypj01 mypj02
```

複数の Project を対象とする場合、次のように引数にスペース区切りで Project 名を指定します。

```
$ oc adm pod-network join-projects --to=<PROJECT_1> <PROJECT_2> <PROJECT_3>
```

### Project の VNID を確認

```
$ oc get netnamespace mypj01 mypj02
NAME      NETID      EGRESS IPS
mypj01    7966815    []
mypj02    7966815    []
```

改めて、`oc get netnamespace` コマンドで Project に割り当てられた VNID を確認すると、mypj01 の VNID が mypj02 に割り当てられていることが分かります。

285

第 8 章　OpenShift Networking & Monitoring

**Pod の IP アドレスに HTTP リクエストの応答を確認**

```
$ oc rsh busybox wget -T 5 -qO - 10.131.2.15:8080
"Hello OpenShift!"
```

　Project のネットワークを許可したあと、`mypj02` の Pod の IP アドレスに疎通を確認すると、HTTP リクエストの応答を確認することができます。

## 8.3.3　Project のネットワークを隔離

　Project のネットワークを隔離する場合、`oc adm pod-network isolate-projects` コマンドを実行します。引数に対象とする Project 名を指定します。

```
$ oc adm pod-network isolate-projects <Project名>
```

`mypj02` のネットワークを隔離します。

```
$ oc adm pod-network isolate-projects mypj02
```

隔離した Project の VNID を確認すると、異なる VNID が割り当てられたことを確認できます。

```
$ oc get netnamespace mypj01 mypj02
NAME      NETID     EGRESS IPS
mypj01    7966815   []
mypj02    9968376   []
```

## 8.3.4　すべての Project とのネットワークを許可

　今までは、Project を指定し、ネットワークを許可しましたが、すべての Project とのネットワークを許可する場合、`oc adm pod-network make-projects-global` コマンドを実行します。`oc adm pod-network make-projects-global` コマンドを実行すると、指定した Project の VNID に 0 がセットされ、すべての Project との通信が許可されます。

```
$ oc adm pod-network make-projects-global <プロジェクト名>
```

　たとえば、Router や Registry がデプロイされる `default` の名称で作成される Project はすべての Project のネットワークと通信する必要があるため、VNID に 0 がセットされています。

8.3 OpenShift SDN によるマルチテナント構成

```
$ oc get netnamespace default
NAME      NETID      EGRESS IPS
default   0          []
```

## 8.3.5 Project にセットした Label をフィルタして適用

複数の Project を対象とする場合、すべての Project 名を明示的に指定し、コマンドを実行する必要があり、対象とする Project の件数に比例し、管理が煩雑になります。--selector オプションを利用すると、引数に明示的に Project 名を指定せずに Project にセットした Label をもとに、Label に合致した Project を対象とすることができます。

--selector オプションを用いて、mypj03 の Project に対し mypj04 と mypj05 の Project を許可する例を解説します。

### Project を作成

```
$ oc new-project mypj03
$ oc new-project mypj04
$ oc new-project mypj05
```

### Project に Label をセット

```
$ oc label namespace mypj03 mypj04 mypj05 project=mypj
```

oc label namespace コマンドで Project に Label をセットします。Label は project=mypj とします。

### Project にセットされた Label を表示

```
$ oc get namespace mypj03 mypj04 mypj05 --show-labels
NAME      STATUS     AGE        LABELS
mypj03    Active     25s        project=mypj
mypj04    Active     23s        project=mypj
mypj05    Active     22s        project=mypj
```

oc get namespace コマンドに --show-labels オプションを指定し、Project に Label がセットされていることを確認します。

### Project のネットワークを許可

```
$ oc adm pod-network join-projects --to=mypj03 --selector=project=mypj
```

第 8 章 OpenShift Networking & Monitoring

`--selector` オプションに Label を指定し、`oc adm pod-network join-projects` コマンドを実行します。

**Project の VNID を確認**

```
$ oc get netnamespace mypj03 mypj04 mypj05
NAME       NETID       EGRESS IPS
mypj03     13749003    []
mypj04     13749003    []
mypj05     13749003    []
```

Label に合致する Project に同じ VNID が割り当てられたことが確認できます。

次に ovs-networkpolicy プラグインの使い方を見てみましょう。

# 8.4　ovs-networkpolicy による通信の制御

ovs-networkpolicy プラグインでは、Pod や Service を作成する際に Label を割り当て、NetworkPolicy オブジェクトファイルに許可する Pod の Label とポート番号を定義することで条件に合致する Pod や Service の通信が許可されます。

ovs-multitenant プラグインではすべての Project のネットワークはデフォルトで隔離されていますが、ovs-networkpolicy プラグインではすべての Project のネットワークはデフォルトで許可されており、明示的に NetworkPolicy を適用することで通信の拒否と許可を管理します。たとえば、ovs-multitenant プラグインでは Router が所属する default Project は VNID に 0 がセットされ、すべての Project のネットワークとの通信が許可されていますが、ovs-networkpolicy プラグインでは NetworkPolicy オブジェクトファイルを作成し、許可する Pod や Service を定義する必要があります。

ovs-networkpolicy プラグインを有効にする際は、Ansible インベントリファイルに変数（`os_sdn_network_plugin_name='redhat/openshift-networkpolicy'`）を指定し、インストール用の Playbook を実行します[33]。

次にサンプルとして公開されている NetworkPolicy オブジェクトファイルをもとに設定を解説します[34]。

---

[33] ovs-multitenant から ovs-networkpolicy プラグインに変更する場合、ovs-networkpolicy プラグインを有効にする前にすべての Project の VNID を一意にする必要があります。次のようなケースで VNID を変更している場合に該当します。「`oc adm pod-network make-projects-global` コマンドで特定の Project を Global（VNID を 0）に設定している場合」、「`oc adm pod-network join-projects` コマンドで Project 同士の通信を許可している場合」Project の VNID を変更するスクリプトは次の URL で公開されています。https://docs.openshift.org/latest/install_config/configuring_sdn.html#migrating-between-sdn-plugins-networkpolicy

[34] これらの NetworkPolicy オブジェクトファイルは次の URL で公開されています。https://docs.openshift.org/latest/admin_guide/managing_networking.html#admin-guide-networking-networkpolicy

288

## すべての通信を拒否する

```
kind: NetworkPolicy (1)
apiVersion: networking.k8s.io/v1 (2)
metadata:
  name: deny-by-default (3)
spec:
  podSelector: (4)
  ingress: [] (5)
```

**(1)** NetworkPolicy オブジェクトであることを宣言する
**(2)** API のバージョン (networking.k8s.io/v1) をセットする
**(3)** NetworkPolicy の名前を任意に指定する
**(4)** 該当する Pod の条件を定義する。定義しない場合、すべての Pod が対象となる
**(5)** Inbound (Ingress) の通信に対する条件を定義する。定義しない場合、すべての通信が対象となる

この NetworkPolicy を設定した Project に対し、Project 内すべての Pod を対象に通信を拒否します。

## Project 内すべての Pod の通信を許可する

```
kind: NetworkPolicy
apiVersion: networking.k8s.io/v1
metadata:
  name: allow-same-namespace
spec:
  podSelector:
  ingress:
  - from:  (1)
    - podSelector: {}
```

**(1)** Inbound (Ingress) の通信に対し、合致させる Label を指定する

上記のポリシーは Project 内すべての Pod を対象に通信を許可し、ほかの Project からの通信は拒否します。ingress の from.podSelector は空（NULL）であるため、すべての Pod が対象となります。

## HTTP（80/TCP）と HTTPS（443/TCP）を許可する

```
kind: NetworkPolicy
apiVersion: networking.k8s.io/v1
metadata:
  name: allow-http-and-https
```

第8章　OpenShift Networking & Monitoring

```
spec:
  podSelector:
    matchLabels: (1)
      role: frontend
  ingress:
  - ports: (2)
    - protocol: TCP
      port: 80
    - protocol: TCP
      port: 443
```

**(1)**　Pod や Service にセットした Label を定義する。

**(2)**　Inbound（Ingress）の通信に対し、プロトコルとポート番号を指定する。

　先のケースでは特定の条件に合致する Pod や Service を対象とせず、Project 内すべてを対象としました。上記の例では、`podSelector` に `matchLabels` を組み合わせ、Label に合致する Pod や Service を対象とすることができます。Label（`role=frontend`）に合致する Pod や Service を対象に、HTTP（80/TCP）と HTTPS（443/TCP）への通信を許可します。

　ポリシーを 1 つでなく、複数のポリシーから合致させる場合、特定の Project に複数の NetworkPolicy を適用することができます。たとえば、上記の `allow-same-namespace` と `allow-http-and-https` ポリシーを同じ Project に適用すると、次の条件に合致する通信を許可することができます。

◆ ポリシーを適用した Project 内すべての Pod の通信を許可する

◆ Label（`role=frontend`）に合致する Pod や Service を対象にすべての Project から HTTP（80/TCP）と HTTPS（443/TCP）への通信を許可する

　次に NetworkPolicy オブジェクトを利用した場合のオペレーションを解説します。

## NetworkPolicy オブジェクトの設定

　「OpenShift SDN によるマルチテナント構成」（P. 278）で紹介したマイクロサービスのケース（**表8.3**）を前提に、**表8.4** に定義したポリシーをもとに NetworkPolicy オブジェクトを適用する手順を解説します[35]。

---

[35] ここでは NetworkPolicy に関する説明だけを対象とし、Project の作成やアプリケーションのデプロイなどは割愛します。OpenShift Blog の「Network Policy Objects in Action」（`https://blog.openshift.com/network-policy-objects-action/`）で公開されていますので、興味がある方はそちらを参照してください。Project の作成、アプリケーションのデプロイや Label のセットは完了していると想定し、「Step 6:Network Policy Objects to the rescue」の NetwokPolicy を手動で作成する手順から開始します。これらの NetworkPolicy は `https://github.com/VeerMuchandi/using` `networkpolicyobjects` で公開されています。

表 8.3 Project とサービス構成（NetworkPolicy）

| Project | 概要 | アプリケーション | Label |
|---|---|---|---|
| msclient | ユーザーインターフェイスを提供するフロントエンドの Web サービス | PHP | `app=userreg` |
| msservices | ユーザー管理のためのバックエンドのアプリケーション | Node.js | `app=userregsvc` |
| msservices | ユーザー情報を含める KVS | MongoDB | `app=mongodb` |
| msservices | Twitter から Tweet をプルするバックエンドのアプリケーション | Tomcat | `app=twitter-api` |
| msinfra | 登録したユーザーにメールを通知するバックエンドのアプリケーション | Python | `app=emailsvc` |
| msinfra | ログを保存するための RDBMS | MySQL | `app=mysql` |

表 8.4 通信要件（NetworkPolicy）

| 番号 | Project | To（Label） | From（Label） | To（ポート） |
|---|---|---|---|---|
| 1 | msinfra | `app=mysql` | app=emailsvc | 3306/TCP |
| 2 | msclient | `app=userreg` | - | 8080/TCP |
| 3 | msservices | `app=userregsvc` | userregsvc | 8080/TCP |
| 4 | msservices | `app=twitter-api` | twitter-api | 8080/TCP |
| 5 | msservices | `app=mongodb` | userregsvc | 27017/TCP |
| 6 | msinfra | `app=emailsvc` | userregservices | 8080/TCP |

　たとえば、NetworkPolicy を適用しない場合、Frontend Service から Email Service の MySQL に接続することができるため、各マイクロサービスに対し、必要最低限の通信の許可が目的になります。

　まず、ホワイトリスト方式で明示的に必要な通信を許可する方針とするため、すべての Project にすべての通信を拒否するポリシーを適用します。

```
kind: NetworkPolicy
apiVersion: extensions/v1beta1
metadata:
  name: default-deny
spec:
  podSelector:
```

第 8 章　OpenShift Networking & Monitoring

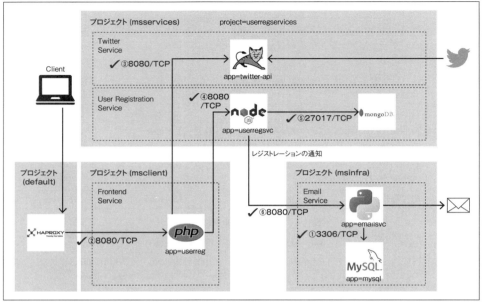

図 8.15　ネットワークの概要（NetworkPolicy）

```
$ oc create -f default-deny.yml -n msclient
$ oc create -f default-deny.yml -n msservices
$ oc create -f default-deny.yml -n msinfra
```

### 1. Email Service（Python）から Email Service（MySQL）への通信を許可する

```
kind: NetworkPolicy
apiVersion: extensions/v1beta1
metadata:
  name: allow-3306
spec:
 podSelector:
   matchLabels:
     app: mysql
 ingress:
 - from:
   - podSelector:
```

```
      matchLabels:
          app: emailsvc
    ports:
    - protocol: TCP
      port: 3306
```

**(1)** Label（`app=mysql`）に合致するオブジェクト (Pod や Service) を対象とする
**(2)** 送信元は Label（`app=emailsvc`）に合致するオブジェクトとする
**(3)** 送信先のポートは 3306/TCP とする

```
$ oc create -f allow-3306.yml -n msinfra
```

Email Service を提供する msinfra Project に MySQL への通信を許可するポリシーを適用することで Frontend Service から MySQL への接続を拒否します。

### 2.Frontend Service への通信を許可する

```
kind: NetworkPolicy
apiVersion: extensions/v1beta1
metadata:
  name: allow-8080-frontend
spec:
  podSelector:
    matchLabels:
        app: userreg
  ingress:
  - ports:
    - protocol: TCP
      port: 8080
```

```
$ oc create -f allow-8080-frontend.yml -n msclient
```

Frontend Service（8080/TCP）を外部に公開するための HAProxy Router から Frontend Service への通信を許可するために Frontend Service を提供する msclient Project にポリシーを適用します。ここでは `ingress` の `from` セクションを定義しておらず、フロントエンドのサービスを提供するうえで許可する送信元を制限する必要はないため、送信元は制限されません。

手順の 3 と 4 では User Registration Service と Twitter Service を提供する msservices Project にそれぞれ 8080/TCP ポートへの通信を許可するポリシーを適用します。

第 8 章　OpenShift Networking & Monitoring

### 3. User Registration Service（Node.js）への通信を許可する

```
kind: NetworkPolicy
apiVersion: extensions/v1beta1
metadata:
  name: allow-8080-userregsvc
spec:
  podSelector:
    matchLabels:
      app: userregsvc
  ingress:
  - ports:
    - protocol: TCP
      port: 8080
```

```
$ oc create -f allow-8080-userregsvc.yml -n msservices
```

### 4. Twitter Service への通信を許可する

```
kind: NetworkPolicy
apiVersion: extensions/v1beta1
metadata:
  name: allow-8080-twitter
spec:
  podSelector:
    matchLabels:
      app: twitter-api
  ingress:
  - ports:
    - protocol: TCP
      port: 8080
```

```
$ oc create -f allow-8080-twitter.yml -n msservices
```

294

### 5. Node.js から MongoDB への通信を許可する

```
kind: NetworkPolicy
apiVersion: extensions/v1beta1
metadata:
  name: allow-27107
spec:
 podSelector:
   matchLabels:
      app: mongodb  (1)
 ingress:
 - from:
   - podSelector:
       matchLabels:
          app: userregsvc  (2)
   ports:
   - protocol: TCP
     port: 27017  (3)
```

（1） Label（app=mongodb）に合致するオブジェクトを対象とする
（2） 送信元は Label（app=userregsvc）に合致するオブジェクトとする
（3） 送信先のポートは 27017/TCP とする

```
$ oc create -f allow-27017.yml -n msservices
```

こちらも手順1の Email Service と同じように、送信元を制限するために from セクションの podSelector に合致する Label を定義し、ポリシーを適用しています。

### 6. User Registration Service から Email Service（Python） への通信を許可する

```
kind: NetworkPolicy
apiVersion: extensions/v1beta1
metadata:
  name: allow-8080-emailsvc
spec:
  podSelector:
    matchLabels:
       app: emailsvc  (1)
  ingress:
```

第 8 章　OpenShift Networking & Monitoring

```
  - from:
   - namespaceSelector:
      matchLabels:
        project: userregservices   (2)
   ports:
   - protocol: TCP
     port: 8080   (3)
```

**(1)**　Label（`app=emailsvc`）に合致するオブジェクトを対象とする
**(2)**　送信元は Label（`project=userregservices`）に合致するオブジェクト（Project）とする
**(3)**　送信先のポートは 8080/TCP とする

```
$ oc label namespace msservices project=userregservices
$ oc create -f allow-8080-emailsvc.yml -n msinfra
```

　最後に Email Service（Python）への通信を User Registration Service から許可するために、User Registration Service を提供する msservices Project に Label（`project=userregservices`）をセットし、NetworkPolicy で送信元をこの Label に合致させるように定義しています。Label は Pod や Service だけでなく、Project（`namespace`）にもセットでき、送信元を特定の Project に制限する場合、`from` フィールドに `podSelector` でなく `namespaceSelector` を指定します[36]。

　このように NetworkPolicy ではオブジェクトにセットした Label を指定し、送信先や送信元に合致する対象を特定させることで、ovs-multitenant プラグインのように Project 単位でなく Project 内の Pod や Service を条件にポリシーベースで通信を管理することができます。

　オブジェクトファイルは YAML で書かれていますが、JSON もサポートされます。

# 8.5　外部通信のアクセス制御

　NetworkPolicy は Label に合致する Pod や Service を対象に Ingress（Inbound）に対し、通信を管理することはできますが、Pod から Egress（Outbound）への通信に対して適用することはできません[37]。そのため、Pod から外部への通信を制御する場合、目的に応じて次の方法を用いることができます。

**ファイアウォール（EgressNetworkPolicy）**　Pod から Egress への通信を IP アドレスやドメイン

---

[36] `oc label namespace` を実行する際、cluster-admin 権限が必要になるため、`system:admin` もしくは同等の権限を持つユーザーにスイッチします。

[37] Kubernetes 1.8 から NetworkPolicy に Egress をサポートしていますが、OpenShift Origin 3.7 は Kubernetes 1.7 に対応するため、NetworkPolicy で Egress を利用することはできません。

で制御

**Egress Router** 専用の Pod（Egress Router）で送信元を NAT させ、送信するホスト側のファイアウォールなどで送信元の IP アドレスを制御

**iptales** ホスト上の iptables のルールを直接修正することで、ファイアウォールや Egress Router 以外のケースに対応

## 8.5.1　ファイアウォール

　ファイアウォールではたとえば、次のようなユースケースを想定し、Pod から外部への通信を制御する場合に合致します。

◆ Master や Node ホストなど OpenShift のホストの NIC が属するサブネット → 許可 ＋ インターネット → 拒否

◆ OpenShift 以外のホストが所属するサブネット → 拒否 ＋ インターネット → 許可

◆ そのほか Pod が通信する必要がない特定のサブネット → 拒否

　ファイアウォールでは EgressNetworkPolicy オブジェクトファイルを作成し、**oc** コマンドで作成したファイルを指定し、ポリシーを適用します。EgressNetworkPolicy は次のようになります[38]。

```
kind: EgressNetworkPolicy
apiVersion: v1
metadata:
  name: default
spec:
  egress:
  - type: Allow
    to:
      cidrSelector: 1.2.3.0/24
  - type: Allow
    to:
      dnsName: www.foo.com
  - type: Deny
    to:
      cidrSelector: 0.0.0.0/0
```

**egress** セクションの **to** に指定できる単位は次のとおりです。

---

[38] Cluster Network（10.128.0.0/14）と Service Network（172.17.0.0/16）は暗黙的に許可されるため、0.0.0.0/0 を拒否しても、Pod や Service と通信することができます。

第 8 章 OpenShift Networking & Monitoring

**cidrSelector**　192.168.0.0/24 などのネットワークレンジをクラスや CIDR で指定する

**dnsName**　www.foo.com などのホスト名を指定する。**\*.foo.com** のようにアスタリスクでワイルドカードを指定することができる。

ファイアウォールの前提や制約は次のようになります。

◆ ovs-multitenant プラグインを有効にする

次の条件に合致する場合、ファイアウォールは適用できず、準拠しない場合、外部への通信はすべてドロップされます。

◆ default Project に EgressNetworkPolicy オブジェクトを適用する[39]
◆ Project のネットワークを許可している Project 同士に EgressNetworkPolicy オブジェクトを適用する[40]
◆ Project に 2 つ以上の EgressNetworkPolicy オブジェクトを適用する

ここでは、内部ネットワークと特定のインターネット上のホストだけを対象に通信を許可するポリシーを適用します。

```
kind: EgressNetworkPolicy
apiVersion: v1
metadata:
  name: allow-intra
spec:
  egress:
  - type: Allow
    to:
      cidrSelector: 192.168.1.0/24　(1)
  - type: Allow
    to:
      dnsName: www.google.com　(2)
  - type: Deny
    to:
      cidrSelector: 0.0.0.0/0　(3)
```

**（1）**　Master や Node ホストのネットワーク（**192.168.1.0/24**）を許可する

---

[39] default Project は OpenShift インストール時にデフォルトで生成され、Router や Registry が所属し、ほかのすべての Project と通信させる必要があるためです。

[40] oc adm pod-network join-projects コマンドで、Project のネットワークをすでに許可している場合に該当します。

298

(2) www.google.com への通信を許可する
(3) その他すべて（0.0.0.0/0）の通信を拒否する

```
$ oc create -f EgressNetworkPolicy.yml -n <プロジェクト名>
```

EgressNetworkPolicyを適用する際は、NetworkPolicyと同様に oc create コマンドの -f オプションでファイルを指定します。EgressNetworkPolicyは特定のProjectを対象に適用するため、ポリシーを適用したProject内のPodから外部への通信がポリシーに従い制御されます。

## 8.5.2 Egress Router

Egress Routerでは通信を許可するプロトコルに応じてRedirectとHTTP Proxyモードを提供しており、ユースケースに応じて次のように使い分けられます[41]。

表 8.5 Egress Router モード

| Mode | プロトコル | 概要 |
| --- | --- | --- |
| Redirect | TCP、UDP | iptables（SNAT/DNAT）により外部ホストへの通信をNATさせる |
| HTTP proxy | HTTP、HTTPS | Squid（TCP/8080）によりパケットをプロキシさせる |

次にEgress Routerの仕組みを解説します[42]。

Egress Routerを有効にする場合、特定のProjectで専用のPodを起動し、Podから外部への通信をNATさせます。

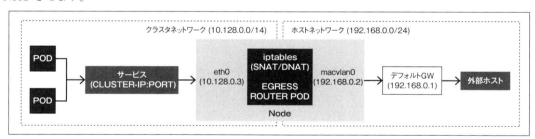

図 8.16　Egress Router によるリダイレクト

### 1. Node ホストで Egress Router を起動する

Egress Routerを起動すると、シェルスクリプト（/bin/egess-router.sh）が実行されます[43]。

---

[41] モードに応じて ose-egress-router と ose-egress-router-http-proxy のコンテナイメージを利用しています。
[42] HTTP ProxyモードはSquidを用いたプロキシとなり、一般的であるため、ここではRedirectモードを前提とします。
[43] DockerfileのENTRYPOINTにシェルスクリプト（/bin/egess-router.sh）が定義されています。https://github.com/openshift/origin/blob/master/images/egress/router/Dockerfile

第 8 章 OpenShift Networking & Monitoring

### 2. Macvlan を利用しコンテナに macvlan0 と呼ばれる 仮想 NIC を作成する

シェルスクリプトが実行されると、OpenShift SDN 内（Cluster Network）の Pod を Node ホストのネットワークと通信させるために、macvlan0 に Node ホストのネットワーク上の IP を割り当てます。この際、macvlan0 に割り当てる IP アドレスは Node ホストのネットワークから任意に指定します。

### 3. iptables により送信元 Pod からのリクエストを macvlan0 の IP アドレスで NAT させる

そして、引き続きシェルスクリプト内で iptables が呼ばれます。Pod の通信先に Egress の Service（Cluster IP:Port）を指定すると、Egress Router に届いたパケットに対し、iptables が SNAT で送信元の IP アドレスを変換したあと、DNAT で送信先の IP アドレスに変換します[44]。

このように、Egress Router を利用すると Pod から外部ホストに通信する際、送信元の IP アドレスを特定することができます。そして、送信先のホストやネットワークのファイアウォールなどで NAT される IP アドレスに許可する送信元を絞ることで、Node ホスト単位でなく、特定の Pod からだけ通信を許可することができます。

また Egress Router の前提や制約は次のようになります。

◆ Hypervisor や IaaS などの基盤で Promiscuous モードを許可する[45]
◆ AWS では利用できない[46]
◆ すべての Project やアプリケーションを対象に送信元を管理するケースには適していない[47]。

実際の操作を見ていきます。次の構成をもとに Egress Router と検証環境を設定し、Pod から Service の Cluster IP とポートに通信すると、外部ホストの Web サーバーに NAT されることを検証します（図 8.17）。Egress Router は Legacy と Init の 2 つのモードがあり、次のように使い分けられます[48]。

**Legacy モード** privileged（Root）権限で起動
**Init モード** Init Container を利用し、Egress Router コンテナを起動[49]

---

[44] egress-router.sh は次の URL で公開されています。https://github.com/openshift/origin/blob/master/images/egress/router/egress-router.sh

[45] 基盤に OpenStack や VMware vSphere などを利用している場合の注意点は次の URL で公開されています。https://docs.openshift.org/latest/admin_guide/managing_networking.html#admin-guide-limit-pod-access-egress-router

[46] AWS VPC では Promiscuous モードが許可されないことが理由となります。https://aws.amazon.com/answers/networking/vpc-security-capabilities/

[47] すべての Project やアプリケーションなどを対象に複数の Egress Router を作成すると、Egress Router が起動する Node ホストの NIC がボトルネックとなることや NIC が管理できる MAC アドレス数の制約などが挙げられます。Egress Router を利用せずに送信元を制限する場合、送信元を制御する Pod を専用の Node ホストだけで起動させることも考えられます。そのほかに Egress Router 以外の方法で送信元を特定させる場合、Project に IP アドレスを割り当てる方法もありますが、執筆時点では Technology Preview となります。https://docs.openshift.org/latest/admin_guide/managing_networking.html#enabling-static-ips-for-external-project-traffic

[48] Legacy モードは privileged 権限で、Init Mode は最終的に privileged 権限で起動しないため、一般的に、Legacy Mode で動作が検証できた際に、Init Mode で稼働させます。

[49] Init モードの解説はチュートリアルと合わせて後述します。

8.5 外部通信のアクセス制御

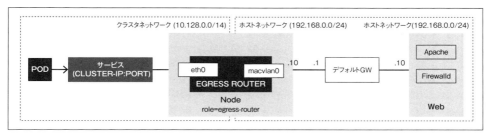

図 8.17 Egress Router と検証環境の構成

ここでは Legacy モードで Egress Router の動作を検証したあと、Init モードを設定します。まず Egress Router を起動させます。

### Label を割り当てる
Egress Router を起動させる Node ホストに Label を割り当てます[50]。

```
NODE=node01.localdomain
oc label node ${NODE} role=egress-router
```

Egress Router を起動させる Node ホストのホスト名を変数（$NODE）に指定します。Label に割り当てる Key と Value は任意の値で問題ありませんが、後述する Egress Router を作成する際の `nodeSelector` と一致させる必要があります。次に Node ホストに Label が割り当てられていることを確認します。

```
$ oc get node ${NODE} --show-labels
NAME                  STATUS   AGE   VERSION            LABELS
node01.localdomain    Ready    79d   v1.7.6+a08f5eeb62  beta.kubernetes.io/arch=amd6
4,beta.kubernetes.io/os=linux,kubernetes.io/hostname=node01.localdomain,region=p
rimary,role=egress-router
```

### Egress Router を起動させる Project を作成する
```
PROJECT=<プロジェクト名>
oc new-project ${PROJECT}
```

### Egress Router を Legacy モードで起動する
```
oc create -f egress-router-legacy.yml
```

---
[50] Node に Label を割り当てる際、`system:admin` ユーザーにスイッチ、もしくは実行するユーザーに cluster-admin 権限が必要になります。

第 8 章　OpenShift Networking & Monitoring

```
apiVersion: v1
kind: Pod
metadata:
  name: egress-1　(1)
  labels:
    name: egress-1　(2)
  annotations:
    pod.network.openshift.io/assign-macvlan: "true"
spec:
  containers:
  - name: egress-router
    image: openshift3/ose-egress-router
    securityContext:
      privileged: true
    env:
    - name: EGRESS_SOURCE
      value: 192.168.1.10　(3)
    - name: EGRESS_GATEWAY
      value: 192.168.1.1　(4)
    - name: EGRESS_DESTINATION
      value: 192.168.0.10　(5)
  nodeSelector:
    role: egress-router　(6)
```

**(1)**　Pod の名称を任意に指定する

**(2)**　Key と Value の値を任意に指定する[51]

**(3)**　Node ホストで NAT させる送信元の IP アドレスを指定する[52]

---

[51] Key と Value の値は任意で問題ありませんが、Servce を設定する際の `selector` に設定する Label と合わせる必要があります。

[52] Egress Router を起動させる Node ホストのネットワーク上のレンジから利用できる IP アドレスを指定します。外部ホストに接続する際、送信元はこの IP アドレスに NAT されます。この例では `EGRESS_DESTINATION` に特定の IP アドレスを指定しましたが、複数の送信先を指定することや、送信先に応じて通信させるポートを明示的に指定することもできます (`https://docs.openshift.org/latest/admin_guide/managing_networking.html#admin-guide-manage-pods-egress-router-multi-destination`)。ConfigMap を作成し `EGRESS_DESTINATION` を定義することで、送信先を Pod のオブジェクトファイルから分離させることができます。ただし、ConfigMap を更新しても iptables は更新されないため、更新の反映には Pod を再作成する必要があります (`https://docs.openshift.org/latest/admin_guide/managing_networking.html#admin-guide-manage-pods-egress-router-configmap`)。

**(4)** Node ホストのデフォルトゲートウェイを指定する

**(5)** 通信する外部ホストの IP アドレスを指定する[53]

**(6)** Node ホストに割り当てた Label を指定する

`oc create` コマンドを実行すると、`nodeSelector` の Label にセットした Node ホストで Egress Router が起動します。

```
$ oc get pod egress-1 -o wide
NAME       READY   STATUS    RESTARTS   AGE     IP            NODE
egress-1   1/1     Running   0          27m     10.129.2.23   node01.localdomain
```

Egress Router の起動を確認したあと、Maclvan や iptables などの内部の設定が適用されていることを確認します。`securityContext` フィールドに `privileged: true` を指定していることから、Pod は privileged（root）権限で起動します。

```
$ oc rsh egress-1 whoami
```

出力例は次のようになります。

```
root
```

macvlan0 の割り当てを確認するために、`oc rsh` コマンドで Pod にリモートシェルを実行すると、`EGRESS_SOURCE` で指定した IP アドレスが割り当てられていることが分かります。

```
$ oc rsh egress-1 ip address show macvlan0 | grep 'macvlan0'
```

出力例は次のようになります。

```
4: macvlan0@if2: <BROADCAST,MULTICAST,UP,LOWER_UP> mtu 1500 qdisc noqueue state UNKNOWN
    inet 192.168.1.10/32 scope global macvlan0
```

また iptables により NAT（SNAT/DNAT）のルールが設定されています。

```
$ oc rsh egress-1 iptables-save | grep -E '(S|D)NAT'
```

---

[53] 説明を簡素化するために Web サーバーとしていますが、DB はコンテナ化せず、仮想や物理ホストを想定する場合、目的に応じて MariaDB や PostgreSQL などに置き換えてください。

第 8 章 OpenShift Networking & Monitoring

出力例は次のようになります。

```
-A PREROUTING -i eth0 -j DNAT --to-destination 192.168.0.10
-A POSTROUTING -j SNAT --to-source 192.168.1.10
```

次に外部ホストである Web サーバーに Apache と firewalld を設定します[54]。

### Apache をインストールし、HTML ファイルをセットする

```
$ sudo yum -y install httpd
$ sudo systemctl start httpd
$ echo 'Hello World!' > /var/www/html/index.html
```

### firewalld をインストールし、ルールを設定する

```
$ sudo yum -y install firewalld
$ sudo systemctl start firewalld
$ firewall-cmd --permanent --zone=public --add-rich-rule="rule family="ipv4" \
source address="192.168.1.10/32" port protocol="tcp" port="80" accept"
$ firewall-cmd --reload
```

source address には EGRESS_SOURCE にセットした IP アドレスを指定します。
次に Egress Router の動作確認に移ります。

### Egress Router から外部ホストへの疎通を確認

```
$ oc rsh egress-1 curl http://<EGRESS_DESTINATION>
```

出力例は次のようになります。

```
Hello World
```

Web サーバーのアクセスログを確認すると、EGRESS_SOURCE に指定した IP アドレスで NAT されていることが分かります。

```
192.168.1.10 - - [18/Jan/2018:20:43:14 +0900] "GET / HTTP/1.1" 200 13 "-" "curl/7.29.0"
```

---

[54] ホスト上から Service の Cluster IP に接続していますが、先にデプロイした Pod（busybox）などから接続すると同様に NAT されていることが分かります。

304

8.5 外部通信のアクセス制御

**Egress Router に接続させる Service を作成**

```
$ oc create -f egress-servce-http.yml
```

```
apiVersion: v1
kind: Service
metadata:
  name: egress-service-http  (1)
spec:
  ports:
  - name: http
    port: 80  (2)
  type: ClusterIP
  selector:
    name: egress-1  (3)
```

(**1**)　Service の名称を任意に指定する
(**2**)　接続先（EGRESS_DESTINATION）のポートを指定する
(**3**)　Egress Router の labels にセットした Key と Value を指定する

**Service の Cluster IP から外部ホストへの疎通を確認**

```
$ curl $(oc get svc egress-service-http --template='{{ .spec.clusterIP }}')
```

　Service の Cluster IP に接続すると、外部ホストである Web サーバーに NAT されます。Cluster IP でなく Service 名を SkyDNS で名前解決させることもでき、内部ドメイン（.svc.cluster.local）を指定することもできます。

```
$ curl egress-service-http.$(oc project -q).svc.cluster.local
$ curl egress-service-http.$(oc project -q).svc
```

　それでは Init モードで Egress Router を起動します。

**Egress Router を削除**

```
$ oc delete pod egress-1
```

305

第 8 章　OpenShift Networking & Monitoring

**Egress Router を起動**

```
$ oc create -f egress-router-init.yml
```

```
apiVersion: v1
kind: Pod
metadata:
  name: egress-1
  labels:
    name: egress-1
  annotations:
    pod.network.openshift.io/assign-macvlan: "true"
spec:
  initContainers:  （1）
  - name: egress-router
    image: openshift3/ose-egress-router
    securityContext:
      privileged: true
    env:
    - name: EGRESS_SOURCE
      value: 192.168.1.10
    - name: EGRESS_GATEWAY
      value: 192.168.1.1
    - name: EGRESS_DESTINATION
      value: 192.168.0.10
    - name: EGRESS_ROUTER_MODE
      value: init  （2）
  containers:  （3）
  - name: egress-router-wait
    image: openshift3/ose-pod
  nodeSelector:
    role: egress-router
```

（1）`initContainers` フィールドに Egress Router の情報を設定する
（2）環境変数（`EGRESS_ROUTER_MODE`）に init モードを指定する
（3）`containers` フィールドに Egress Router コンテナの次に起動させるコンテナの情報を設定する

8.5 外部通信のアクセス制御

Egress Router を起動している権限を確認すると、Legacy モードとは異なり、privileged 権限で起動していないことが分かります。

```
$ oc rsh egress-1 whoami
```

出力例は次のようになります。

```
whoami: cannot find name for user ID 1001
command terminated with exit code 1
```

Init モードでは `initContainers` フィールドに指定した egress-router コンテナ（`openshift3/ose-egress-router`）が privileged 権限で起動され、Macvlan と iptables を設定したあと、同コンテナは exit します[55]。そして、`containers` フィールドに指定した egress-router-wait（`openshift3/ose-pod`）コンテナが起動します。

Macvlan と iptables のセットアップが完了したあと、privileged 権限で起動させ続けることはセキュリティ上望ましくないため、Init Containers を利用することで、privileged 権限が必要な処理が完了したあと、一般権限のコンテナとして起動させています。

先の例は直接 Pod をオブジェクトファイルから作成していますが、この場合、Pod が削除や停止された場合、自動で起動しません。Replication Controller を利用することで、Pod に障害が起きた際、動的に作成させることができます[56]。

## 8.5.3 iptables

ファイアウォールは EgressNetworkPolicy オブジェクトを作成し、Pod から外部への通信を制御し、Egress Router では iptables による NAT を利用することで、特定の IP アドレスから通信させることができます。

iptables ではこれらの方法とは異なり、Node ホスト上の iptables のルールに変更を加えることで通信を制御します。

たとえば、Cluster Network から Node ホストに割り当てられる **10.128.0.0/23** などの Host Subnet を制御する、特定の宛先へのトラフィックを記録する、特定の宛先へのコネクション数を制限するなどが考えられます。

filter テーブルの `OPENSHIFT-ADMIN-OUTPUT-RULES` チェーンにルールを加えることで、Pod から Out-

---

[55] Init Containers の詳細は次の URL を参照してください。`https://kubernetes.io/docs/concepts/workloads/pods/init-containers/`

[56] Replication Controller の設定は次の URL で公開されています。`https://docs.openshift.org/latest/admin_guide/managing_networking.html#admin-guide-manage-pods-egress-router-failover`

307

第8章 OpenShift Networking & Monitoring

bound への通信を対象に制御できます[57]。iptables の前提や制約は次のようになります。

◆ OpenShift 側で iptables のルールを反映させる機能は提供しないため、ユーザー自身がルールを反映させる
◆ Egress Router を利用している場合、Egress Router を経由するトラフィックには適用されない
◆ ファイアウォール（EgressNetworkPolicy）を利用している場合、EgressNetworkPolicy で拒否されたトラフィックには適用されない

次の条件をもとに iptables にルールを適用します[58]。

◆ 送信元は Cluster Network（10.128.0.0/14）を対象とする
◆ 合致する送信元からの通信をログ（/var/log/messages）に記録する

iptables コマンドのオプションに OPENSHIFT-ADMIN-OUTPUT-RULES チェーンを指定し、ルールを適用します[59]。

```
$ sudo iptables -A OPENSHIFT-ADMIN-OUTPUT-RULES -s 10.128.0.0/14 -j LOG \
--log-prefix " ## IPTABLES LOGGED ## "
```

上記のルールをすべてのホストで実行すると、/var/log/messages に次のようなメッセージが出力されます。

```
Jan 19 15:46:03 master03 kernel: ## IPTABLES LOGGED ## IN=tun0 OUT=eth0 MAC=9
a:1e:58:22:77:ca:0a:58:0a:80:00:03:08:00 SRC=10.128.0.3 DST=192.168.1.248 LEN
=52 TOS=0x00 PREC=0x00 TTL=63 ID=51088 DF PROTO=TCP SPT=33302 DPT=443 WINDOW=
1393 RES=0x00 ACK URGP=0
```

iptables のルールを削除する場合、次のコマンドを実行します。

```
$ sudo iptables -D OPENSHIFT-ADMIN-OUTPUT-RULES -s 10.128.0.0/14 -j LOG \
--log-prefix " ## IPTABLES LOGGED ## "
```

---

[57] OpenShift では Service の proxy-mode は iptables をベースとしており、iptables のルールを変更すると Pod や Service への通信に影響を及ぼすため、直接変更することは推奨していません（https://docs.openshift.org/latest/admin_guide/iptables.html および https://docs.openshift.org/latest/admin_guide/iptables.html）。Node ホストへの Inbound への通信は iptables コマンドで OS_FIREWALL_ALLOW チェーンにルールを加え、iptables-save コマンドで保存せず、/etc/sysconfig/iptables ファイルに変更を加えます。また、デフォルトのファイアウォールに iptables でなく firewalld を利用し、firewall-cmd コマンドで個別にルールを設定する方法があります（https://docs.openshift.org/latest/install_config/install/advanced_install.html#advanced-install-configuring-firewalls）。
[58] /var/log/messages にメッセージが出力される際のサイズは Node ホストで起動している Pod の台数によりますが、数分で数十 MB に達する可能性があるため、実行する際は注意してください。
[59] ansible コマンドを利用する場合、次のようになります。ansible nodes -m shell -a 'iptables -A OPENSHIFT-ADMIN-OUTPUT-RULES -s 10.128.0.0/14 -j LOG --log-prefix " ## IPTABLES LOGGED ## "'

308

特別な目的がない限り iptables を直接変更し、通信を管理するケースはまれだと思われますが、このような手順で設定を適用することができます。

# 8.6 アプリケーションや基盤の監視とリソース管理

ここでは OpenShift が提供するアプリケーション層を監視する仕組み、OpenShift クラスタ基盤や Pod などのシステムリソースの監視、システムリソースを管理する仕組みを解説します。

## 8.6.1 アプリケーションのヘルスチェック

Liveness と Readiness Probe によるアプリケーションヘルスチェックを用いて、コンテナ上で起動する Apache や MySQL などのヘルスチェックの設定を解説します。

アプリケーションヘルスチェックはコンテナ上で稼働するアプリケーションに対する HTTP や TCP Socket などの状態を閾値に基づき監視し、コンテナ上でアプリケーションは起動しているが、HTTP や TCP Socket の応答がないなどの正常にサービスを提供できない場合、Restart Policy の設定に基づいて、指定のアクションを実行します[60]。Liveness と Readiness の違いはヘルスチェックに失敗した際、Liveness は Pod を再作成するのに対し、Readiness は Service から Pod にリクエストを転送しない点です。それぞれのユースケースは**表 8.6** のとおりとなります[61]。

表 8.6　Probe が失敗した場合の動作とユースケース

| Probe | Probe が失敗した場合の動作 | ユースケース |
| --- | --- | --- |
| Liveness Probe | Restart Policy の設定に基づく | コンテナの再起動によりサービス復旧を優先する場合（デッドロックなどによりアプリケーションが終了せずサービスを提供できないなど） |
| Readiness Probe | Service から Pod の IP アドレスを削除 | アプリケーションのメンテナンス、デバッグやトラブルシュートなど（ローリングアップデートやスケールアウトする際、新しい Pod がサービスを提供できる状態になるまで Service から Pod にリクエストを転送しないなど） |

また、監視（Probe）方式のパターンは HTTP、TCP Socket に加え、コンテナ内部でコマンドを実行する方法があります。ユースケースを**表 8.7** に示します[62]。

---

[60] Restart Policy のアクションは Always（コンテナを再起動）、OnFailure（条件によりコンテナを再起動）、Never（何も実行しない）となり、デフォルトで Always となります。https://docs.openshift.org/latest/architecture/core_concepts/pods_and_services.html#admin-manage-pod-restart

[61] Service の Endpoint からヘルスチェックに失敗した Pod の IP アドレスを削除することで、Service 経由で紐付く Pod にリクエストを転送させません。

[62] コマンドを実行する場合、リターンコードを判定、リターンコードが 0 の場合、正常と判定します。

表 8.7　Probe の方式とユースケース

| Probe の方式 | ユースケース |
|---|---|
| HTTP Checks | Web や AP サーバーなど HTTP で通信するアプリケーション |
| TCP Socket Checks | AP や DB サーバーなど TCP Socket で通信するミドルウェア |
| Container Execution Checks | 特定のシェルスクリプトやコマンドを実行して動作を判定する必要があるアプリケーションやミドルウェアなど |

閾値の用途（表 8.8）と Probe が実行される際のプロセス（図 8.18）を示します。

表 8.8　閾値の用途

| フィールド | 概要 | デフォルト値 |
|---|---|---|
| failureThreshold | Probe が失敗したとみなす回数 | 3 |
| successThreshold | Probe が失敗した際に成功とみなす回数 | 1 |
| initialDelaySeconds | Probe を開始するまでの値（秒） | 15 |
| periodSeconds | Probe を実施する間隔（秒） | 10 |
| timeoutSeconds | Probe が失敗したとみなすタイムアウト値（秒） | 1 |

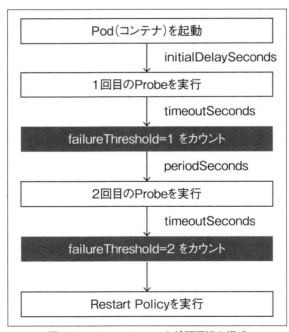

図 8.18　Egress Router と検証環境の構成

Probe に失敗し、Restart Policy が実行がされるまでのヘルスチェックに要する時間を算出する場合、

8.6　アプリケーションや基盤の監視とリソース管理

次の式で求めることができます。これらは**表8.9**を元に算出しています。

$$(\text{timeoutSeconds} + \text{periodSeconds}) \times (\text{failureThreshold} - 1) + (\text{timeoutSeconds})$$
$$(1 + 3) \times (2 - 1) + (1) = 5 \text{ sec}$$

表8.9　閾値の例

| フィールド | 閾値 |
|---|---|
| failureThreshold | 2 |
| periodSeconds | 3 |
| timeoutSeconds | 1 |

　Liveness と Readiness Probe は CLI とダッシュボードの双方から設定できます[63]。今回は CLI をベースに次の条件で Probe を設定します[64]。

**コンテナ**　MariaDB（docker.io/mariadb）
**Liveness Probe**　TCP Socket でポート（3306/TCP）をチェック
**Readiness Probe**　Container Execution で DB に SELECT を発行

　それではコンテナをデプロイし、各 Probe を設定します。

### MariaDB をデプロイする

```
$ oc new-app --docker-image=docker.io/mariadb --name=mariadb \
-e MYSQL_RANDOM_ROOT_PASSWORD
```

　Probe を DeploymentConfig に設定するため、`oc new-app` コマンドで MariaDB をデプロイし、Liveness Probe を DeploymentConfig に設定します[65]

```
$ oc set probe dc/mariadb --liveness --initial-delay-seconds=30 \
--timeout-seconds=1 --open-tcp=3306
```

　`oc set probe` コマンドの引数に DeploymentConfig を `dc/<DEPLOYMENTCONFIG>` の形式で指定し、

---

[63] ダッシュボードの場合、［Applications］-［Deployments］-［設定する DeploymentConfig］を選択し、右上の［Actions］-［Edit Health Checks］から設定します。

[64] 今回適用する Liveness と Readiness Probe の例は OpenShift のテンプレート（mysql-ephemeral）をもとにしており、`oc get template -n openshift mysql-ephemeral -oyaml` で確認できます。そのほかの Probe の例は OpenShift のテンプレート（https://github.com/openshift/origin/tree/master/examples）や Kubernetes のオフィシャル（https://kubernetes.io/docs/tasks/configure-pod-container/configure-liveness-readiness-probes/）で公開されています。

[65] `oc set probe` コマンドで指定しない `failureThreshold` などのオプションはデフォルトの値が適用されます。指定できるオプションは `oc set probe -h` で確認できます。

311

第 8 章　OpenShift Networking & Monitoring

--liveness と閾値に指定するオプションを指定します。

### Readiness Probe を DeploymentConfig に設定する

```
$ oc set probe dc/mariadb --readiness --initial-delay-seconds=5 \
--timeout-seconds=1 -- /bin/sh -i -c 'MYSQL_PWD="$MYSQL_PASSWORD" mysql \
-h 127.0.0.1 -u $MYSQL_USER -D $MYSQL_DATABASE -e "SELECT 1"'
```

　Container Execution を設定する場合、オプションの最後に -- <COMMAND> <COMMAND_OPTION> の
ように実行するコマンドやコマンドの引数やオプションを指定します。

　上記は TCP Socket や Container Execution の例でしたが、HTTP Check を選択する場合、--get-url
を利用します。このように oc set probe コマンドの引数に DeploymentConfig 名を指定し、オプショ
ンを指定することで、Liveness や Readiness Probe の選択、閾値を設定できます。アプリケーションヘ
ルスチェック自体には Probe に失敗した結果を通知する仕組みは備わっていないため、Probe が失敗し
た際、メールやチャットなどに通知することはできません[66]。Probe に失敗した際に外部に結果を通知す
る必要がある場合、Container Execution でコマンドやスクリプトを実行する際に外部に通知する仕組
みを加える、Prometheus と AlertManager などを利用し Pod のレプリカ数を監視しアラートで通知す
るなどの検討が必要になります。

## 8.6.2　Prometheus

　OpenShift では Cluster Metrics を有効にすることで Pod とコンテナのメトリクスを OpenShift の
ダッシュボードに表示できます[67]。ただし、Cluster Metrics は OpenShift のダッシュボードを利用する
各ユーザーが Pod のリソースを参照することを目的としており、クラスタ全体のリソースや複数のメトリ
クスを集約するようなカスタマイズ／アラートの機能は提供していません[68]。この章では OpenShift クラ
スタを監視するために Prometheus と Grafana をセットアップします（図 8.19）[69]。まず、Prometheus
をデプロイするために Ansible のインベントリファイルに変数を加え、Playbook を実行します[70]。

---

[66] oc get event や atomic-openshift-node ログには Probe の実行回数などが記録されます。

[67] Hawkular、Heapster、Cassandra の構成で、Heapster が Node（Kubelet）からメトリクス（CPU やメモリ、ネットワー
ク I/O）を取得し、Cassandra にデータストアを保管し、Hawkular が API を公開します。https://docs.openshift.org/
latest/install_config/cluster_metrics.html#overview

[68] Hawkular Alerting を利用すればアラートの機能を利用できますが、UI の提供などはなく直接 API を実
行する必要があり、OpenShift とのインテグレーションは実装されていません。https://github.com/openshift/
origin-metrics/blob/master/docs/hawkular_metrics.adoc

[69] 執筆時点では Prometheus は Technology Preview となりサポートは提供されませんが、今後は監視（メトリクスとア
ラート）のデファクトとなる見込みです。この例は、https://blog.openshift.com/prometheus-alerts-on-openshift/
を元にしています。

[70] PV や namespace の設定などそのほかの変数は次の URL で公開されています。https://docs.openshift.org/
latest/install_config/cluster_metrics.html#openshift-prometheus-roles

8.6 アプリケーションや基盤の監視とリソース管理

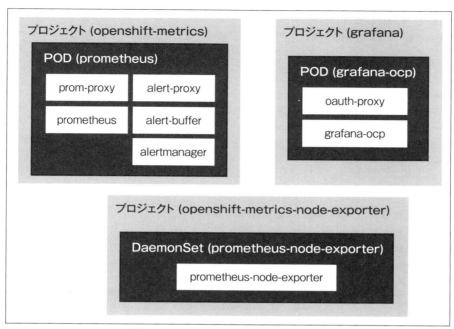

図 8.19　Prometheus のアーキテクチャ

**Ansible インベントリファイルを作成する**

```
openshift_hosted_prometheus_deploy=true
openshift_prometheus_namespace=openshift-metrics
openshift_prometheus_node_selector={"region":"infra"}
openshift_prometheus_additional_rules_file=/tmp/alertmanager_rule.yml
```

　OpenShift インストール時に利用したインベントリファイルの [OSEv3:vars] セクションに上記の変数を追加します。上記の例では Label（region=infra）をセットした Infrastrucutre Node に Prometheus をデプロイします。

　また、openshift_prometheus_additional_rules_file に AlertManager のアラートルールを定義したパスを指定すると、Prometheus をセットアップする際にアラートルールを設定することもできます。

```
groups:
- name: example-rules
  interval: 30s # defaults to global interval
  rules:
```

313

第8章　OpenShift Networking & Monitoring

```
  - alert: Node Down
    expr: up{job="kubernetes-nodes"} < 3
    annotations:
      miqTarget: "ContainerNode"
      severity: "HIGH"
      message: "{{ '{{' }}{{ '$labels.instance' }}{{ '}}' }} is down"
  - alert: "Over 10 Pods running"
    expr: sum(kubelet_running_pod_count) > 10
    annotations:
      miqTarget: "ExtManagementSystem"
      severity: "ERROR"
      url: "https://www.example.com/too_many_pods_fixing_instructions"
      message: "Too many running pods"
  - alert: "Node CPU Usage"
    expr: (100 - (avg by (instance) (irate(node_cpu{app="prometheus-node-expo
rter",mode="idle"}[5m])) * 100)) > 3
    for: 30s
    labels:
      severity: "ERROR"
    annotations:
      miqTarget: "ExtManagementSystem"
      severity: "ERROR"
      url: "https://www.example.com/too_many_pods_fixing_instructions"
      message: "{{$labels.instance}}: CPU usage is above 4% (current value is
: {{ $value }})"
```

**Prometheus をセットアップする Playbook を実行する**

```
$ ansible-playbook ${INVENTORY_FILE} \
openshift-ansible/playbooks/byo/openshift-cluster/openshift-prometheus.yml
```

　Playbook が正常に完了すると次のメッセージが出力され、Project（openshift-metrics）に Pod と Route が作成されます[71]。

---

[71] Prometheus の Pod は 5 種類のコンテナ（prom-proxy、prometheus、alert-proxy、alert-buffer、alertmanager）が含まれます。Prometheus と AlertManager の HA を考慮した場合、将来的にこの構成は変更される見通しです。

```
Initialization            : Complete
Prometheus Install        : Complete
```

```
$ oc get pod,route -n openshift-metrics
NAME                 READY      STATUS      RESTARTS     AGE
po/prometheus-0      5/5        Running     0            12m

NAME                 HOST/PORT                                          PATH    SERVICES
PORT        TERMINATION    WILDCARD
routes/alerts        alerts-openshift-metrics.apps.example.com                  alerts
<all>       reencrypt      None
routes/prometheus    prometheus-openshift-metrics.apps.example.com              prometheus
<all>       reencrypt      None
```

　次に、Node ホストのメトリクスを取得するための Node Exporter とダッシュボードを生成する Grafana
をデプロイし、Grafana のダッシュボードをセットアップします。

### Node Exporter をデプロイする

```
$ oc adm new-project openshift-metrics-node-exporter
$ oc create -f https://raw.githubusercontent.com/openshift/origin/master/ ⇒
examples/prometheus/node-exporter.yaml -n openshift-metrics-node-exporter
$ oc adm policy add-scc-to-user -z prometheus-node-exporter hostaccess ⇒
-n openshift-metrics-node-exporter
```

　Project（openshift-metrics-node-exporter）を作成し、`node-exporter.yaml` を実行すると Ser-
viceAccount、Service、DaemonSet が生成されます[72]。`oc adm policy` コマンドで Service Account
（`node-exporter.yaml`）に `hostaccess` の権限を割り当てます。

　次に Prometheus は Node ホストの Pod（Node Exporter）に対し、Node ホストの IP アドレスと
ポート（9100/TCP）で通信するため、ここでは `ansible` コマンドで Node ホストのファイアウォール
を有効にします。ホストのファイアウォールに iptables を利用している場合は iptables モジュールを、
firewalld を利用している場合は firewalld モジュールを利用します。

---

[72] DaemonSet を作成すると、すべての Node ホストに Pod はデプロイされ、Node ホストのメトリクスは収集されます。特
定の Node ホストを対象とする場合、`oc labe node` コマンドで Node ホストに Label をセットしたあと、`--node-selector`
オプションで指定の Label をセットします。

第 8 章　OpenShift Networking & Monitoring

```
$ ansible nodes -m iptables -a 'chain=OS_FIREWALL_ALLOW ctstate=NEW \
protocol=tcp destination_port=9100 jump=ACCEPT'
$ ansible nodes -m firewalld -a 'zone=public port=9100/tcp permanent=true \
state=enabled immediate=true'
```

### Grafana をデプロイする

```
git clone https://github.com/mrsiano/grafana-ocp ; cd grafana-ocp
./setup-grafana.sh prometheus-ocp openshift-metrics true
```

　setup-grafana.sh を実行すると、Project（grafana）を作成し、Route、Service、Deployment、ConfigMap などが生成されます。ovs-multitenant プラグインを利用している場合、grafana と openshift-metrics Project のネットワークを許可する必要があります。

```
$ oc adm pod-network join-projects --to=grafana openshift-metrics
```

　次に OpenShift のダッシュボードにログインするための OpenShift アカウントに cluster-reader 権限を割り当てます[73]。

```
$ oc adm policy add-cluster-role-to-user cluster-reader <USER>
```

### Grafana のダッシュボードをセットアップする

```
$ oc get route grafana-ocp -n grafana
$ oc sa get-token management-admin -n management-infra
```

　ここでは、Route（grafana-ocp）のホスト名を表示し、Service Account（management-admin）のトークンを取得します。次にブラウザから Grafana のダッシュボードを表示し、［Add data source］を選択、次の Data Source の情報を入力したあと、［Add］をクリックします[74]。

---

[73] Grafana のダッシュボードに接続すると、OpenShift のアカウントでの認証を求められ、また Project（openshift-metrics）にデプロイした Prometheus の UI を参照するため、すべての Project を参照できるよう cluster-reader 権限を割り当てています。なお、OpenShift のアカウントで Grafana のダッシュボードへの認証が完了すると、Authorize Access ページに遷移し、Service Account（grafana-ocp）が OpenShift のアカウントにアクセスする権限を要求されるため、Allow Selected Permission をクリックします。

[74] ［Save & Test］をクリックし、「Data source is working」と表示されれば、Data Source の登録は完了です。なお setup-grafana.sh スクリプトの最終行あたりで curl コマンドで Grafana の API をコールし、Data Source とダッシュボードを生成する JSON のインポートを行っているのですが、OpenShift の OAuth を利用する場合、認証周りで失敗するため、ここでは Grafana のダッシュボードから設定しています。

8.6　アプリケーションや基盤の監視とリソース管理

```
- Config:
  - Name: prometheus-ocp
  - Type: Prometheus
- HTTP Settings:
  - URL: https://prometheus.openshift-metrics.svc.cluster.local
  - Access: Proxy
- HTTP Auth:
  - Skip TLS Verification (Insecure): 有効
- Prometheus settings:
  - Token: Service Account (management-admin) のトークンを入力
```

最後に［Dashboards］-［New］をクリックし、［ADD ROW］から Graph を選択し、［Edit］を
クリックし、Metrics タブにクエリを入力すると、グラフにメトリクスが表示されます[75]。

表 8.10　メトリクスを取得するクエリの例

| 概要 | クエリ |
|---|---|
| Namespace ごとの CPU 使用率 | `sort_desc(sum by (namespace) (rate(container_cpu_usage_seconds_total[5m])))` |
| Node ホストごとの CPU 使用率 | `sort_desc(sum by (kubernetes_io_hostname,type) (rate(container_cpu_usage_seconds_totalid="/"[5m])))` |
| クラスタ全体のメモリ使用率 | `sum (container_memory_working_set_bytesid="/") / sum (machine_memory_bytes) * 100` |
| トラフィック消費上位 10Pod | `topk(10, (sum by (pod_name) (rate(container_network_receive_bytes_total[5m]))))` |
| メモリ使用率上位 10Pod | `topk(10, (sum by (pod_name) (rate(container_memory_rss[5m]))))` |

次に AlertManager にアラートの通知先を設定します[76]。なお、AlertManager の設定ファイルは
ConfigMap で管理されており、ConfigMap の名称とマウントパスは次のように構成されています。

### Alertmanager の通知先を設定する

```
$ oc edit cm prometheus-alerts -n openshift-metrics
```

---

[75] Grafana のダッシュボードからメトリクスを取得するクエリの例は https://github.com/openshift/origin/tree/
master/examples/prometheus#useful-metrics-queries で公開されています。また、OpenShift 向けのダッシュボー
ドも https://grafana.com/dashboards/3870 や https://grafana.com/dashboards/3657 で公開されています。
[76] アラートを Slack に通知する想定とします。Slack のチャンネルを作成し、通知先の URL を取得するために In-
comming Webhooks を有効にします。Slack Incoming Webhooks の設定方法は次の URL を参照してください。
https://api.slack.com/incoming-webhooks

第8章　OpenShift Networking & Monitoring

表 8.11　設定ファイルの管理

| 対象 | ConfigMap | コンテナ | マウントパス |
|---|---|---|---|
| AlertManager 設定ファイル (`alertmanager.yml`) | prometheus-alerts | alertmanage | `/etc/alertmanager` |
| ルールファイル (`prometheus.rules`) | prometheus | prometheus | `/etc/prometheus` |

```
data:
  alertmanager.yml: |
    global
      slack_api_url: '<INCOMING_WEBHOOKS_URL>'
    route:
      receiver: all
    receivers:
    - name: 'slack_alert'
      slack_configs:
      - channel: '#<CHANNEL_NAME>'
        send_resolved: true
```

　ConfigMap を更新したあと、`oc rsh` コマンドを実行することで、設定ファイルの更新を確認することができます。`-c` オプションにコンテナ名を指定すると、リモートログインする Pod（prometheus-0）内のコンテナを指定することができます。

　次に何台かの Node ホストを再起動、もしくは Pod の台数を増やすなどして、アラートの閾値を超過させると、アラートが指定の通知先に通知されます。アラートの履歴をブラウザから参照する場合、Project（openshift-metrics）の Route（alerts）に対し、`/topics/alerts` を指定します[77]。もしくは `oc rsh -c alertmanager prometheus-0 curl http://localhost:9099/topics/alerts` を実行すると、alertmanager コンテナ内部から `curl` コマンドで表示させることもできます。

　このように Prometheus、Grafana と AlertManager を利用することで、メトリクスの収集とダッシュボードの表示から、アラートの通知を設定することができます。Cluster Metrics 単体ではホストのメトリクスの取得に限られ、Grafana のようなダッシュボードを提供する仕組みは提供されていないため、Prometheus と Grafana の組み合わせのほうが利便性は高いでしょう。まだ OpenShift における Prometheus の設定例や情報はそれほど多く公開されていませんが、それぞれの設定方法や情報自体は英語と日本語を含めて非常に多く公開されているため、OpenShift 基盤やコンテナの監視を検討する場合、参考になると思います[78]。

---

[77] たとえば URL は、`https://alerts-openshift-metrics.<SUBDOMAIN>/topics/alerts` のようになります。

[78] そのほか、Cockpit（`http://cockpit-project.org/`）と呼ばれる Web ブラウザでのサーバー管理を目的としたプロジェクトを利用すると、ホストとコンテナのメトリクスを収集し、リアルタイムに表示させることができます。複数ホストのメトリクスをアグリゲーションする機能もありますが、Grafana のようにダッシュボードをテンプレートでインポートする仕組みやアラート通知の機能は実装されていないため、Cockpit だけで要件を満たすことは難しいはずです。

318

## 8.6.3 LimitRange と Quota によるリソース管理

クラスタ全体のリソースの利用状況や傾向を収集し、今後必要とされる CPU やメモリなどのリソースに関するキャパシティプランニングを検討する場合、システムリソースに関するメトリクスを取得し、傾向を分析する必要があります。一方で、一定のキャパシティプランニングを実現するうえで、ユーザーが利用できるシステムリソースそのものに対し、ホスト単位やそのほかの粒度で制限をかける必要もあります。ここでは Quota を利用した Project 単位でのシステムリソースを制限する方法と、LimitRange による Pod やコンテナに割り当てるリソースを管理する方法を解説します。

まず、LimitRange と Quota の違いを大まかに見てみると、Quota は Project 全体に対しシステムリソースや作成できるオブジェクト数を制限するのに対し、LimitRange は Pod やコンテナを対象にシステムリソースを制限します（表 8.12 および図 8.20）[79]。

表 8.12　Quota と LimitRange

| ターゲット | 適用する対象 | 制限できるリソース |
|---|---|---|
| Quota | Project | オブジェクト数（Pod/Route/PVC など）とコンピュートリソース（CPU／メモリ） |
| LimitRange | Pod とコンテナ | コンピュートリソース（CPU／メモリ） |

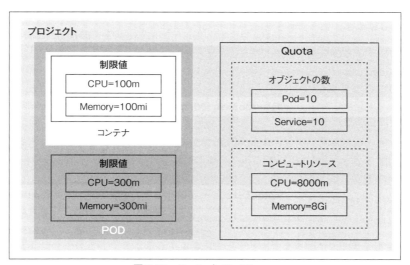

図 8.20　Quota と LimitRange

コンピュートリソース（CPU とメモリ）を定義する際は次のようになります。

CPU はミリコアを単位とし、1 秒間に 1 台の Node ホストの 1CPU コアを占有する場合、1,000 ミリコアと換算します。たとえば、cpu=100m とした場合、1 秒あたりに 100 ミリコア（1/10）を、cpu=1 とした

---

[79] 設定できるオブジェクトやコンピュートリソースは次の URL で公開されています。https://docs.openshift.org/latest/admin_guide/quota.html

第 8 章　OpenShift Networking & Monitoring

場合、1 秒あたりに 1CPU コアを要求します。メモリは通常はバイトで表記し、たとえば、`memory=200Mi`
とした場合、200MB を、`memory=2Gi` の場合、2GB を要求します。 単位は E/P/T/G/M/K もしくは
Ei/Pi/Ti/Gi/Mi/Ki のいずれかで表記します。

LimitRange と Quota の順に設定方法を見てみましょう。

### LimitRange の設定方法

LimitRange では CPU とメモリのコンピュートリソースを対象に割り当てることができます。オーバー
コミットに関する設定に Request（要求するリソースの最小値）と Limit（要求するリソースの上限値）
の 2 通りがあり、それぞれ表 8.13 のように動作が異なります。

表 8.13　オーバーコミットに関する設定

| 対象 | 動作 |
| --- | --- |
| Request（CPU） | Node ホスト上で処理される要求に競合がなければすべてのリソースを割り当て、競合があれば可能なリソースを割り当てる |
| Request（メモリ） | Node ホスト上で割り当て可能なメモリがあればすべてのリソースを割り当てる |
| Limit（CPU） | 要求が上限値を超えると、CPU の要求はスロットリングされ、調整される |
| Limit（メモリ） | 要求が上限値を超えると、コンテナは再起動される |

たとえば、コンテナにメモリを `Requests=100mi`、`Limits=300mi` の値で要求した場合、100MB が要求
され、Node ホストのリソース応じて 300MB までオーバーコミットされます。同様に、コンテナに CPU
を `Requests=100m`、`Limits=300m` の値で要求した場合、100 ミリコアが要求され、300 ミリコアまでオー
バーコミットされます。Limits を設定して Request を設定しない場合は、Limits の値が Request と解釈
されます。また、Request や Limits には QoS（Quality of Service）の概念があり、Limit と Request
の設定により表 8.14 のようなクラスに分類され、閾値を超過した際の優先度が定義されます。たとえば、
Limit や Request を設定しない場合、BestEffort に分類され、優先度は最も低くなります。リソースが
競合する場合、BestEffort から CPU やメモリの値に応じて、スロットリングもしくは再起動されます。

表 8.14　QoS

| 重要度 | クラス名 | 条件 |
| --- | --- | --- |
| 1 (Highest) | Guaranteed | Limit と Request を設定し、Limit と Request の値が同じ |
| 2 | Burstable | Limit と Request を設定し、Limit と Request の値が異なる |
| 3 (Lowest) | BestEffort | Limit と Request を設定していない |

LimitRange は CLI と ダッシュボードから設定することができ、今回は CLI を利用します[80]。ここで
は 8.6.1「アプリケーションヘルスチェック」（P. 309）でデプロイした MariaDB の DeploymentConfig
に設定します。

---

[80) ダッシュボードの場合、「Applications」→「Deployments」→「設定する DeploymentConfig」を選択し、右上の
「Actions」→「Edit Resource Limits」から設定します。

8.6　アプリケーションや基盤の監視とリソース管理

```
$ oc set resources dc/mariadb --limits=cpu=200m,memory=512Mi \
--requests=cpu=100m,memory=256Mi
```

oc set probe コマンドで Probe を設定したように、oc set resources コマンドの引数に dc/<DEPLOY
MENTCONFIG> で適用する DeploymentConfig を指定します。そして、--limits や --requests オプ
ションでそれぞれ Limit と Request の値を指定します。また、1 台の Pod 内で複数のコンテナを動かす
場合、-c オプションにコンテナ名を指定することで、特定のコンテナに LimitRange を適用することが
できます[81]。

次に、特定の Project を対象に適用する手順を解説します。Project に LimitRange を適用する場合、
cluster-admin 権限が必要になるため、system:admin ユーザーにスイッチするか、oc adm policy コ
マンドで該当する OpenShift のユーザーに権限を割り当てます。

```
$ oc adm policy add-role-to-user cluster-admin <USER> -n <PROJECT>
```

DeploymentConfig に適用する場合は oc set resouces を利用しましたが、Project に適用する場合
は LimitRange のオブジェクトファイルを作成し、oc create を実行します。

```
$ oc create -f limitrange_project.yml -n <PROJECT>
```

```
apiVersion: v1
kind: LimitRange
metadata:
  name: limits                      (1)
spec:
  limits:
    - type: Pod
      max:                          (2)
        cpu: 2
        memory: 1Gi
      min:                          (3)
        cpu: 200m
        memory: 6Mi
    - type: Container
      max:                          (4)
```

---

[81] そのほかのオプションは oc set resources -h を参照してください。

321

第 8 章　OpenShift Networking & Monitoring

```
      cpu: 2
      memory: 1Gi
    min:                          (5)
      cpu: 100m
      memory: 4Mi
    default:                      (6)
      cpu: 300m
      memory: 200Mi
    defaultRequest:               (7)
      cpu: 200m
      memory: 100Mi
    maxLimitRequestRatio:
      cpu: 10                     (8)
```

(**1**)　設定する LimitRange の名前を任意に指定する
(**2**)　Pod を対象に Limit に指定できる CPU とメモリの最大値を指定する
(**3**)　Pod を対象に Limit に指定できる CPU とメモリの最小値を指定する
(**4**)　コンテナを対象に Limit に指定できる CPU とメモリの最大値を指定する
(**5**)　コンテナを対象に Limit に指定できる CPU とメモリの最小値を指定する
(**6**)　コンテナを対象にデフォルトで Limit に適用される CPU とメモリの値を指定する[82]
(**7**)　コンテナを対象にデフォルトで Request に適用される CPU とメモリの値を指定する[82]
(**8**)　コンテナの CPU 使用率が Limit と Request の上限を超えた際に許可される最大値を指定する

　LimitRange のオブジェクトファイルに定義しているフィールドの意味は上記のとおりになります。また上記のオブジェクトファイルの値をテーブル形式で表示すると、**表 8.15** のようになります。

表 8.15　オブジェクトファイルの値

| タイプ | リソース | Min | Max | Default Request | Default Limt | Max Limit Request Ratio |
|---|---|---|---|---|---|---|
| Pod | CPU | 200m | 2 | - | - | - |
| Pod | メモリ | 200Mi | 1Gi | - | - | - |
| コンテナ | CPU | 100m | 2 | 200m | 300m | 10 |
| コンテナ | メモリ | 100Mi | 1Gi | 100Mi | 200Mi | - |

　この LimitRange を Project に適用したあと、Pod を作成する場合、DeploymentConfig に Limit や Request を指定しないと、(6) と (7) の値が適用されます。また、DeploymentConfig に Limit を指定

---

[82] これらは明示的に DeploymentConfig に Limit や Request を設定しない場合、デフォルトで適用される値になります。

322

する際、CPU に 2000 ミリコア、メモリに 1GiB を超えて指定することはできなくなります[83]。Project に適用した LimitRange を参照する場合、`oc describe limitrange -n <PROJECT>` や `oc describe project <PROJECT>` で表示できます[84]。このように LimitRange を DeploymentConfig や Project に適用することで、規定の CPU やメモリリソースを超過せずに、利用を制限させることができます。

### Quota の設定方法

Quota を設定する場合、LimitRange を Project に適用する場合と同様に、Quota のオブジェクトファイルを作成し、`oc create` コマンドを利用します[85]。

```
$ oc create -f compute-resource.yml -n <PROJECT>
```

```
apiVersion: v1
kind: ResourceQuota
metadata:
  name: compute-resources
spec:
  hard:
    pods: 4                (1)
    requests.cpu: 1        (2)
    requests.memory: 1Gi   (3)
    limits.cpu: 2          (4)
    limits.memory: 2Gi     (5)
```

**(1)** 起動できる Pod の最大数を指定する
**(2)** Request に指定できる CPU の最大値を指定する
**(3)** Request に指定できるメモリの最大値を指定する
**(4)** Limit に指定できる CPU の最大値を指定する
**(5)** Limit に指定できるメモリの最大値を指定する

この Quota を Project に適用すると、起動できる Pod は 4 台までとなります[86]。(2)〜(5)は Pod

---

[83] DeploymentConfig の LimitRange に規定以上の値を設定することはできますが、Pod が起動される際、Limit を超えているというエラーが Event に出力され、Pod は起動されません。
[84] ダッシュボードの場合、「Resources」→「Quota」から表示することができます。
[85] Quota を Project に適用する場合も cluster-admin 権限が必要になります。
[86] ステータス（ライフサイクル）が `non-terminal` である Pod がカウントの対象となり、Failed や Succeeded の場合、カウントされません。

第8章　OpenShift Networking & Monitoring

を何台か起動した場合、合計で指定できる Request や Limit の最大数を示しており、これ以上のリソースを要求すると、Pod は起動されません。

Quota にスコープを設定すると、Pod のステータスが特定の条件に合致する場合はカウントする対象に含めるなど、該当する Pod の条件を厳密に定義できます。たとえば、スコープを適用しない場合、イメージのビルドに利用される Build Pod やデプロイに利用される Deployer Pod も Quota の対象となり、同時に複数のイメージをビルドしている場合などは、実際に起動させたい Pod が想定よりも少なくなるといったケースが挙げられます。Quota のオブジェクトファイルの `spec.scopes` フィールドに次の値を設定することで、スコープ を適用することができます。

表8.16　スコープの適用

| スコープ | 動作 |
| --- | --- |
| Terminating | `activeDeadlineSeconds` が 0 秒以上（>= 0）である（Build Pod や Deployer Pod を対象に含めるが、Web や DB のような長期間起動している Pod を対象に含めません） |
| NotTerminating | `activeDeadlineSeconds` が nil に合致する（Build Pod や Deployer Pod を対象に含めません） |
| BestEffort | CPU やメモリの QoS が BestEffort に合致する |
| NotBestEffort | CPU やメモリの QoS が BestEffort に合致しない |

今までの例は特定の Project に Quota を適用するため、複数の Project を対象とする場合、Project が作成されるごとに Quota も作成する必要がありました[87]。

次は、`oc create clusterResourcequota` コマンドを利用し、特定のユーザーが複数の Project を作成する際、必ず規定の Quota を適用するケースを想定します[88]。

まず、すべての Project に cluster-admin の権限が必要になるため、`oc adm policy add-cluster-role-to-user` を実行し、Cluster Role（cluster-admin）を OpenShift のユーザーに割り当てます[89]。

```
$ oc adm policy add-cluster-role-to-user cluster-admin <USER>
```

次に `oc create clusterresourcequota` コマンドのオプションに `--project-annotation-selector` を指定することで、特定のユーザーを条件に ClusterResourceQuota を作成します[90]。

---

[87] もしくは `master-config.yaml` に `projectRequestTemplate` を有効にすることで、Project 作成時にデフォルトで適用されるオブジェクトを定義する方法もあります。`https://docs.openshift.org/latest/admin_guide/managing_projects.html#modifying-the-template-for-new-projects`

[88] OpenShift のユーザーでなく Project の Label を指定する場合、`--project-annotation-selector` の代わりに `--project-label-selector` を利用します。

[89] Cluser Role の概要は次の URL を参照してください。`https://docs.openshift.org/latest/admin_guide/manage_rbac.html`

[90] ClusterResourceQuota のオブジェクトファイルを作成し、`oc create` コマンドを利用することもできます。オブジェクトファイルの詳細は次の URL を参照してください。`https://docs.openshift.org/latest/admin_guide/multiproject_quota.html`

```
$ oc create clusterresourcequota <NAME> \
--project-annotation-selector=openshift.io/requester=<USER> --hard=pods=4 \
--hard=requests.cpu=1 --hard=requests.memory=1Gi --hard=limits.cpu=2 \
--hard=limits.memory=2G
```

新しく Project を作成したあと、`oc describe appliedclusterresourcequota` を実行すると、Project に適用された ClusterResourceQuota を表示することができます。

```
$ oc describe appliedclusterresourcequota
Name:basic
Created:2 minutes ago
Labels:<none>
Annotations:<none>
Namespace Selector: ["test01" "test02"]
Label Selector:
AnnotationSelector: map[openshift.io/requester:<USER></USER>]
ResourceUsedHard
----------------
limits.cpu02
limits.memory1Gi2G
pods54
requests.cpu01
requests.memory1Gi1Gi
```

このように Quota を Project に適用することで、Project 内で利用できるコンピュートリソースやオブジェクトの数を制限させられます。また、ClusterResourceQuota を利用すると、特定の Project に個別に Quota を設定するのではなく、Label などの条件に合致する対象に Quota を適用することができるため、より透過的に Quota を適用することができます。

第 8 章　OpenShift Networking & Monitoring

## コンテナオーケストレーション基盤における監視

　Kubernetes や OpenShift などのコンテナオーケストレーションを監視する場合、従来の仮想化環境などと前提や考え方が異なるケースがあり、たとえば主要な課題に次の項目が挙げられます。

**監視方式**　既存と新規の監視ツールや方式を検討する場合、監視要件や新規と既存での制約に対し、選定条件の優先度や住み分けをどうするか。コンテナオーケストレーションを想定して開発されていない従来の監視ツールを利用した場合、ツールの制約から設定ができない／機能が十分でない
**監視対象**　アプリケーション性能、コンテナ上のアプリケーション や Pod のヘルスチェック、コンテナ管理基盤の性能とヘルスチェック、クラスタ全体のリソース管理などと対象が多岐にわたるため、対象の優先度をどう検討するか

　これらの前提として、コンテナオーケストレーションにおける次の制約が挙げられます。

### OpenShift 外部のホストから OpenShift SDN 内部の Pod や Service の IP アドレスに直接通信することはできない

　たとえば、HAProxy の代わりに F5 BIG-IP プラグインを利用する際、Ramp Node を用いて SDN とトンネルさせる方法が可能かもしれませんが、監視用途だけを考慮すると現実的な選択肢ではありません (`https://docs.openshift.org/latest/install_config/routing_from_edge_lb.html`)。

### Pod の IP アドレスは動的に割り当てられるため、Pod の IP アドレスを意識したポーリングによる死活監視は適切でない

　一般的に IP アドレスを意識しない、もしくは動的に管理される環境では Service Discovery を利用することを前提とするため、この方法も選択肢とすることは難しいでしょう。

### 公開したアプリケーションへの通信はプロトコルが限定されるため、TCP などでポーリングするには適切でない

　たとえば、OpenShift の Router は HTTP、TLS SNI に対応するため、TCP を利用するケースには合致しないが、Web アプリケーションを HTTP 経由で監視することはできます。TCP Scoket を利用する場合、Node Port や Port Forwarding などのワークアラウンドにより通信させることはできるものの、監視用途には一般的に合致しないといえます。

　そのため、一般的な回答になりますが、レイヤーや用途に応じて監視ソリューションを使い分ける必要が出てきます。

- ◆ 監視サーバーから Kubernetes API や OpenShift API に REST API でポーリングする
- ◆ Node ホスト上の Daemon でエージェントを起動、もしくはエージェント用のコンテナからメトリクスを外部にプッシュする
- ◆ コンテナ上のアプリケーションやミドルウェアの死活監視はアプリケーションヘルスを利用する

8.6　アプリケーションや基盤の監視とリソース管理

システムやアプリケーションなどに関する監視項目と OpenShift 単体での機能、およびサポートされるコンテナベースの周辺ツールがカバーするスコープを体系的に分類すると、次のような結果になります。

| | Cluster Metrix | Hawkular OpenSift Agent | Prometheus | Cockpit | Application Health |
|---|---|---|---|---|---|
| Business Transaction | × | ○ | ○ | × | × |
| コンテナ上のアプリケーション性能 | × | ○ | ○ | × | × |
| ミドルウェア（JMX や DB 等）の性能 | × | ○ | ○ | × | × |
| システムリソース（Pod ／コンテナ） | × | × | ○ | ○ | × |
| システムリソース（ホスト） | ○ | × | ○ | ○ | × |
| ヘルスチェック（Pod ／コンテナ） | × | × | ○ | × | × |
| ヘルスチェック（ホスト） | × | × | ○ | × | × |
| アラート通知 | ○（※） | × | ○ | × | × |

※：サポート外

**Business Transaction**　OpenShift は機能を提供しないため、要否に応じて OSS や 3rd Party を利用する

**Application Performance Monitoring**　コンテナ上で起動するアプリケーションの性能監視。OpenShift は機能を提供しないため、要否に応じて OSS や 3rd Party を利用する（Hawkular OpenShift Agent は OpenShift でサポートされる周辺コンポーネントとして提供されていますが、執筆時点で Technology Preview です。マイクロサービスにより分散されたサービスの相関関係を Distributed Tracing により可視化し、Prometheus や Jolokia のエンドポイントからメトリクスを収集します。`https://docs.openshift.org/latest/install_config/cluster_me`
`trics.html#metrics-ansible-variables`

**システムリソース（Pod ／コンテナ）**　Pod やコンテナのシステムリソース（CPU ／メモリ／トラフィック等）を示す。OpenShift 上の Cluster Metrics 利用、もしくはエージェントから外部にメトリクスをプッシュさせる

**システムリソース（ホスト）**　Pod を起動させる Node ホスト自体のシステムリソース（CPU ／メモリ／ディスク I/O および使用率／トラフィック等）を示す。外部からポーリングでメトリクスを取得、エージェントから外部にプッシュさせる、もしくは Cockpit を利用し、複数ホストを透過的に表示する。

**ヘルスチェック（Pod ／コンテナ）**　OpenShift のアプリケーションヘルスチェック（Livenss と Readiness Probe）で監視（たとえば Zabbix で複数ホストのリソースを集約してグラフ化などはできますが、クラスタ全体として管理／傾向予測することは機能が乏しいケースもあるため、要件に応じて SaaS の利用等を検討するケースがあると思われます）

第 8 章　OpenShift Networking & Monitoring

**ヘルスチェック（ホスト）**　従来の監視サーバー（Nagios/Zabbix 等）から HTTP/TCP Socket/REST API などを
ポーリング、ホスト内部のプロセス や CLI（etcdctl など）の結果をエージェントから通知させる（REST API で公開
される Kubernetes や OpenShift API などをポーリングすることで一定の監視要件を満たすことはできるケースも
あるので、この点は Nagios のプラグイン〔https://github.com/appuio/nagios-plugins-openshift〕や
Zabbix〔https://github.com/monitoringartist/kubernetes-zabbix〕などで対応できそうです。ほかに
OpenShift Dedicated と Online（v3）を Zabbix で監視している例〔https://blog.openshift.com/build-moni
toring-solution-look-openshift-tools/〕が紹介されています。）

**アラート機能**　Email、Slack などのチャット、IRC にアラートを通知する機能

　また商用製品や OSS などによる監視ツールを検討する場合、要件、機能やコストなどのさまざまな観点から選定
する必要があります。次の表は SaaS 製品と OpenShift でサポートされる OSS による監視ツールを対象に、導入の
容易さや機能面などを比較した際のマトリクスになります（表の一部は https://blog.openshift.com/monito
ring-openshift-three-tools/ より抜粋し、Cluster Metrics の項目を追加しています）。SaaS 製品は監視
対象のホスト数などにより有償になりますが、数週間のトライアルを提供しているため、たとえば、既存の監視
ツールを利用する場合や新たに OSS を導入するうえで必要な要件をまとめるうえで、参考になると思います。

| | Grafana Prometheus Alermanager | Cluster Metrics | Sysdig | DataDog |
|---|---|---|---|---|
| オープンソース対応 | ○ | ○ | OSS& 商用 | × |
| データセンター対応（※） | ○ | ○ | ○ | × |
| SaaS 形態でのサービス提供 | × | × | ○ | ○ |
| エージェントインストールの難度 | 中 | 容易 | 低／中（オンプレミス） | 低（オンプレミス） |
| RPM によるインストールとサービス（Daemon）稼働 | × | × | ○ | ○ |
| エージェントインストール時のカーネルヘッダ要否 | × | × | ○ | × |
| ダッシュボードでグラフなどを設定する際の難度 | 中 | （無し） | 容易 | 容易 |
| アラート設定の難度 | 中 | 高 | 容易 | 容易 |
| Node ホストなどの仮想マシン監視 | ○ | × | ○ | ○ |
| APM（Application Performance Monitoring） | ○ | × | ○ | ○ |

※：データセンター対応の詳細は読み取れなかったため SaaS 形態でなくオンプレミスの対応可否を想定しています。

# 9
# OpenShift
## for Developers

## 9.1 本章の概要

OpenShift は Docker のコンテナ技術、Kubernetes のオーケストレーション技術を利用しコンテナ内のアプリケーションを管理および実行を行います。独自のビルド方式、イメージ管理などさまざまな機能が追加されているため、アプリケーション開発者は Docker、Kubernetes、OpenShift の最低限の知識でアプリケーション開発ができるようになります。

この章では OpenShift のビルド方式、基本的なアプリケーションの構築と展開、PHP と PostgreSQL を使ったより実践的なアプリケーションの作成について解説していきます。また、アプリケーションのリリースの簡素化や Jenkins を使った自動ビルドなど、継続的インテグレーション／デリバリ（CI/CD）を考えるためのアイディアについても紹介します。

本章で扱うアプリケーションの構築と展開のシナリオには開発担当と運用担当の両方が登場しそれぞれの役割が被らないよう設定されています。タイトルが OpenShift for Developers となっていますが、運用担当の方も十分に読んでいただける内容になっています。

## 9.2 環境の準備

この章では OpenShift Origin の 3.6 と 3.7 を使って、サーバー版の OpenShift Origin とクライアント版の MiniShift（v1.10.0）で動作確認を行いました

### 9.2.1 MiniShift とは

MiniShift は VirtualBox、KVM、xhyve または Hyper-V などのドライバを使用して仮想マシン内に単一ノードの OpenShift Origin（以下、OpenShift）を起動します。起動コマンドを実行するとすぐ

329

第 9 章　OpenShift for Developers

に OpenShift が利用でき、アプリケーション開発や OpenShift の評価ができます。起動コマンドのオプ
ションとしてディスクサイズ／ CPU ／メモリなどの設定をカスタマイズできるため、それぞれの用途に
合わせて OpenShift の環境を作成できるので便利です。

## 9.2.2　MiniShift の前提条件

MiniShift は、macOS、Linux、Windows 環境で動作します。インストールするためには次の条件が
必須となっています。

- ◆ 利用する OS に VT-x や AMD-v などの仮想化支援機能が有効になっていること
- ◆ 次のハイパーバイザーが動作していること
    - **macOS**　xhyve、VirtualBox、VMware Fusion
    - **Linux**　KVM、VirtualBox
    - **Windows**　Hyper-V、VirtualBox
- ◆ 仮想マシン起動時にインターネットに接続できること
- ◆ docker コマンドが利用できること

## 9.2.3　CentOS 7.4 の KVM を利用した MiniShift のインストール

ここでは CentOS7.4 の KVM を利用した MiniShift のインストールを説明します。macOS や Windows
環境で導入する場合は、次のサイトの情報を参考にセットアップを行ってください。

Installing MiniShift：
https://docs.openshift.org/latest/minishift/getting-started/installing.html

### KVM と KVM ドライバのインストール

次のコマンドで KVM と KVM ドライバのインストールを行います。usermod の username は実行し
ているユーザー名を入力します。

```
$ sudo yum install libvirt qemu-kvm -y
$ sudo systemctl enable libvitrtd
$ sudo systemctl start libvirtd
$ sudo curl -L https://github.com/dhiltgen/docker-machine-kvm/releases/download/ ⇒
v0.7.0/docker-machine-driver-kvm -o /usr/local/bin/docker-machine-driver-kvm
$ sudo chmod +x /usr/local/bin/docker-machine-driver-kvm
$ sudo usermod -a -G libvirt <username>
$ newgrp libvirt
```

330

### MiniShift のインストール

MiniShift のリリースページよりバイナリファイルをダウンロードします。

`https://github.com/minishift/minishift/releases`

ダウンロードした MiniShift の圧縮ファイルを解凍し MiniShift のバイナリをパスの通ったディレクトリに移動します。

### MiniShift の起動

`minishift start` コマンドで MiniShift を起動します。

```
$ minishift start --openshift-version v3.7.1 --iso-url centos --cpus 4 \
--memory 4GB --disk-size 40GB
```

オプションを指定しないで起動した場合は boot2docker を使って CPU：2 コア、メモリ：2GB、ディスク容量：20GB で仮想マシンを起動します。CPU とメモリとディスク容量は環境に合わせて設定してください。`--iso-url centos` オプションを使用しているのはサーバー版の OpenShift は SELinux が有効になっているためです。boot2docker は SELinux が無効なため、環境を合わせる観点で SELinux が有効な `centos` を指定しています。

### 環境変数設定

MiniShift 起動後はパスが通っていないため、設定を行います。

```
$ eval $(minishift oc-env)        ← OpenShift のクライアント（oc コマンド）
$ eval $(minishift docker-env)  ← MiniShift の仮想マシン内の Docker の接続
$ source <(oc completion bash)  ← コマンドとリソースのシェル補完
```

## 9.2.4　MiniShift の基本的な操作

MiniShift でよく使用するコマンドを記載しておきます。MiniShift のその他のコマンドは `minishift help` を実行すると一覧が出力されます。

### MiniShift でよく使用するコマンド一覧

```
$ minishift ip                       ← MiniShift の仮想マシンの IP アドレスを出力
$ minishift openshift registry  ← OpenShift の内部レジストリの IP アドレスとポート番号の出力
$ minishift console               ← OpenShift の Web コンソールへのアクセス
$ minishift stop                   ← MiniShift の仮想マシン停止
```

第 9 章　OpenShift for Developers

```
$ minishift delete         ← MiniShift の仮想マシン削除
$ minishift ssh            ← MiniShift の仮想マシンへの SSH 接続
```

### 9.2.5　OpenShift への CLI ログイン

　MiniShift では AllowAll という認証設定がされているのでユーザー名は任意、パスワードに空文字以外でログインできるようになっています。サーバー版の OpenShift ではインストール時に設定したユーザーを利用してください。この章では `developer` ユーザーを使用して進めていきます。

```
$ oc login -u developer        ← 一般ユーザー権限
$ oc login -u system:admin     ← 管理者権限
```

### 9.2.6　この章で使用するサンプルのコードについて

　本章で使用するアプリケーションのソースコードは GitHub のリポジトリに登録してあります。

#### 9.3 節

`https://github.com/43books/ch09-builderimage.git`

#### 9.3 節、9.4 節

`https://github.com/43books/ch09-apps.git`

#### 9.6 節

`https://github.com/43books/ch09-emp.git`

　GitHub のアカウントを使用して展開するために使用するアプリケーションのソースコードは fork して使用してください。fork するには GitHub にログインする必要があります。ブラウザにサンプルアプリケーションのリポジトリの URL を指定します。GitHub アカウントで認証され、リポジトリのページが表示されると、図 9.1 のように画面の右上にフォークボタンが表示されます。

図 9.1　リポジトリのページ

### 9.2.7 OpenShift の設定ファイルのリポジトリの変更について

本章で使用する OpenShift の設定ファイルは container-orchestration リポジトリの ch09 フォルダ以下の各節のフォルダ（/9-4〜/9-7）に配置されています。

リポジトリ URL：https://github.com/43books/container-orchestration.git

container-orchestration リポジトリを fork したあと、ビルド設定（BuildConfig、ファイル名に_bc.ymlが付いています）に書かれているソースコードのリポジトリの URL を、みなさんが fork したリポジトリの URL に変更してください。

## 9.3 OpenShift のビルド方式 — S2I

### 9.3.1 S2I とは

S2I（Source to Image）は、開発環境が準備された Builder イメージにソースコードを挿入し、新しいコンテナイメージを構築するためのツールキット／フレームワークです。アプリケーション開発者にとって S2I を使う最大のメリットは、ソースコードを変更して s2i コマンドを実行するだけで新しいコンテナイメージが作成されることです。開発者は、Dockerfile の詳細やコンテナイメージには影響されません。

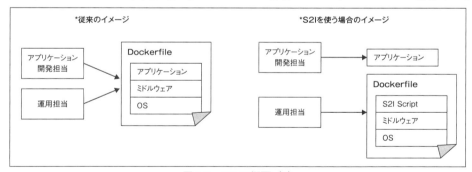

図 9.2　S2I の概要（1）

これまでアプリケーション開発者／運用担当者は、お互いにビルドをする必要があるため Docker の詳細な知識が必要でした。一方、S2I を使って運用担当者が Builder イメージを配布すると、アプリケーション開発者は一般的なコンテナのセキュリティや権限など最低限の知識[1]だけでビルドできます。この方法

---

[1] コンテナのセキュリティや権限については Docker の公式ドキュメントの Docker のセキュリティ（http://docs.docker.jp/engine/security/security.html）や OpenShift の公式ドキュメント Container Security Guide（https://docs.openshift.org/latest/security/index.html）を参考にするとよいでしょう。

第 9 章　OpenShift for Developers

はとくにビルドの詳細に直接関係しない人がたくさんいる大規模開発の環境では非常に効果的です。
　そのほかのメリットとして次のようなことがあります。

### スピード
◆ S2I を使用すると、今まで 1 つの Dockerfile に各ステップでレイヤーを作成していたものが、新しい
　レイヤーを作成せずに多数の処理を実行できるため、処理が高速になる[2]
◆ S2I の処理で生成した Artifacts（コンパイルしないケースではアプリのソースを含む）[3]を tar コ
　マンドでイメージにインプットすることで処理が高速になる

### 柔軟性
◆ アプリケーションのソースコードを処理するスクリプトを Builder イメージの中に挿入できるため、
　既存のアプリケーションの配信プロセスを組み込むことができる

### セキュリティ
◆ S2I では USER に 1001 などの UID を指定し、特殊な用途や要件[4]がないかぎり、root 権限を利用
　しない仕組みになっている[5]

### 検証容易性
◆ ソースコードとコンテナイメージの分離によりコンテナイメージとソースコードの検証を個別に実施
　できる。ソースコードとコンテナイメージの両方をバージョン管理をしている場合は、次のように異
　なるバージョンを組み合わせた検証が容易になる
　　－ Image: v1.1 ＋ Source: v1.1
　　－ Image: v1.1 ＋ Source: v1.2
　　－ Image: v1.2 ＋ Source: v1.0

　S2I を使ったアプリケーションのコンテナイメージの作成の流れは、まず S2I のバイナリファイルをロー
カル環境にインストールします。次に S2I スクリプトにソフトウェアの配信プロセスを定義して Docker
ビルドを実行すると Builder イメージが作成されます。最後に作成した Builder イメージとアプリケー
ションのソースコードを使って s2i build を実行すると、Builder イメージのコンテナが起動して S2I
の処理で生成した Artifacts を tar コマンドでイメージにインプットし、アプリケーションのコンテナイ
メージが作成される仕組みになっています（図 9.3）。

---

[2]標準の docker build は各ステップでレイヤーを保存しているため、イメージの肥大化やイメージビルドの処理低下に伴
いビルド時間がかかるのが問題でした。

[3]Java：コンパイルした JAR/WAR/EAR など、動的言語：ソースコードそのもの。

[4]コンテナのセキュリティは一般的に root 権限を使わずに必要最低限の権限を割り当てます。なお、OpenShift ではコン
テナ内のプロセスは root での実行が禁止されているため root 権限のあるコンテナの起動は失敗します。

[5]後述の assemble スクリプトでは何かの理由で要件が足りない場合は、既存の Builder イメージをオーバーラ
イドする必要があります。この場合、USER root で上書きするために root 権限が必要になることがあります。こ
のケースは OpenShift のブログ記事「How to override S2I builder scripts」を参考にするとよいでしょう。
https://blog.openshift.com/override-s2i-builder-scripts/

## 9.3 OpenShiftのビルド方式 — S2I

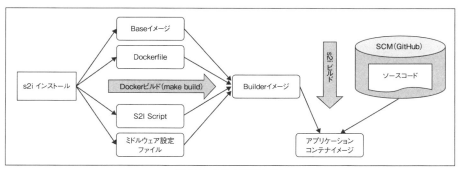

図 9.3　S2I の概要（2）

以降では実際にサンプルのアプリケーションを使って S2I Tool のビルドについて説明します。

### 9.3.2　S2I Tool のインストール

S2I Tool を導入するには、GitHub の source-to-image リポジトリ（https://github.com/openshift/source-to-image/releases/latest）よりバイナリファイルを取得し、ビルドを実行するホストに展開します。展開された `s2i` バイナリをパスの通ったディレクトリに配置します。本章では v1.1.8 を使って動作確認を行いました。

### 9.3.3　サンプルで作成するアプリケーションのコンテナイメージ

アプリケーションのコンテナイメージでは、次のような操作を行います。

- `lighttpd` をインストールをする
- `lighttpd` の設定ファイル（`lighttpd.conf`）を追加する
- `index.html` を追加する
- ユーザー ID を 1001 に固定する
- ホスト、ほかのコンテナがアクセスできるポートを 8080 に設定する
- `lighttpd` を起動する

### 9.3.4　サンプルで使用するソースコード

今回使用するソースコードは GitHub にあり、リポジトリの中には `index.html` のみがあります。

リポジトリ URL：https://github.com/43books/ch09-apps.git

#### index.html の内容

```
Hello World
```

### 9.3.5　Builder イメージの作成

それではさっそくアプリケーションのコンテナイメージの土台となる Builder イメージを作成していきましょう。説明に沿って順に設定を作成してもよいですし、GitHub にあるソースコードを fork して使用しても構いません。

リポジトリ URL：https://github.com/43books/ch09-builderimage.git

まず Builder イメージの雛形を作成します。

```
$ s2i create builderimage ./ch09-builderimage
```

上記コマンドは builderimage というコンテナイメージ名で出力先を ch09-builderimage ディレクトリに指定しています。s2i create を実行すると次のディレクトリ構造で出力されます。

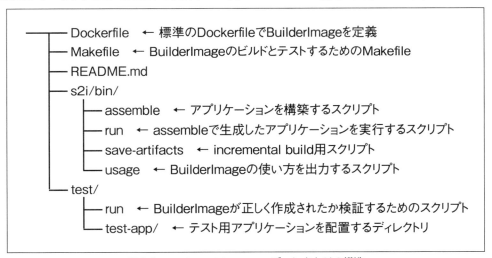

図 9.4　ch09-builderimage ディレクトリの構造

これから作成された雛形内のファイルを順に作成します。まず Dockerfile を作成します。

```
FROM openshift/base-centos7    (1)
RUN yum install -y epel-release && yum install -y lighttpd && yum clean all -y    (2)
COPY ./etc/ /opt/app-root/etc/    (3)
```

```
COPY ./s2i/bin/ /usr/libexec/s2i/  （4）
RUN chmod +x /usr/libexec/s2i/*  （5）
USER 1001  （6）
EXPOSE 8080  （7）
```

　この Dockerfile には次の処理が記述されていますが、一方で、アプリケーションのソースコードについて書かれていないことが分かります。

**（1）**　S2I の Builder イメージを作成するには CentOS または RHEL ベースのイメージを選択[6]

**（2）**　`lighttpd` をインストールする

**（3）**　`lighttpd` の設定ファイルが入った etc フォルダを`/opt/app-root/etc` に移動

**（4）**　S2I スクリプトを `s2i build` 用のディレクトリにコピーする

**（5）**　S2I スクリプトを実行可能にする

**（6）**　ユーザーとして base-centos7 イメージのデフォルトのユーザー ID（1001）を指定

**（7）**　ホスト、ほかのコンテナがアクセスできるポートを 8080 に設定する

　次に `s2i/bin/assemble` ファイルを作成します。

```
#!/bin/bash -e
echo "---> Installing application source..."  （1）
cp -Rf /tmp/src/. ./  （2）
```

　`assemble` はおもにアプリケーションのビルドを行います。`assemble` ファイルを実行するとアプリケーションのソースコードをデフォルトで`/tmp/src` に配置します（ソースファイルが `tar` で圧縮されている場合はファイルを解凍します）。その後、次の処理が実行されます。

**（1）**　ビルド時に `echo "<メッセージ>"`で記載したメッセージを標準出力

**（2）**　`cp` コマンドで`/tmp/src` にあるソースコードを base-centos7 イメージのルート`/opt/app-root/src` に展開（今回は `lighttpd` サーバーのドキュメントルートにソースコードをコピーするだけです。）

　次に、アプリケーションの実行を担当する `run` ファイルを作成します。

```
#!/bin/bash -e
exec lighttpd -D -f /opt/app-root/etc/lighttpd.conf
```

　今回は lighttpd を起動するコマンドを記述します。今回の例では Increasave-artifact は利用しないため削除し、最後に `lighttpd` の設定ファイルを `etc/lighttpd.conf` に作成します。

---

[6] openshift/base-centos7 の詳細は GitHub の s2i-base-container リポジトリを参照してください。https://github.com/sclorg/s2i-base-container/blob/master/core

```
server.document-root = "/opt/app-root/src"
server.port = 8080
index-file.names = ( "index.html" )
mimetype.assign = (
  ".html" => "text/html",
  ".txt" => "text/plain",
  ".jpg" => "image/jpeg",
  ".png" => "image/png"
)
```

これでBuilderイメージを作成するための準備が整いました（図9.5）。

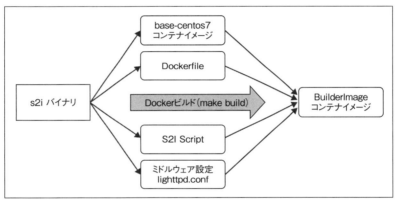

図 9.5　S2I Builder Image を作成

`make build` を実行して正常に終了すると `builderimage` のコンテナイメージが作成されます。

```
$ make build
$ docker images builderimage
REPOSITORY          TAG          IMAGE ID          CREATED             SIZE
builderimage        latest       5a787eb97a5f      About a minute ago  430.2 MB
```

## 9.3.6　アプリケーションのコンテナイメージ作成

これからBuilderイメージを使ってアプリケーションのコンテナイメージを作成します。S2Iのコンテナイメージ作成に必要な要素は「S2Iのバイナリ」「ソースコード」「Builderイメージ」の3つです。BuilderイメージはDocker Registryにあり、ソースコードはGitHubにあります図9.6。ローカル環境に必要な

のは S2I バイナリのみということが分かると思います。

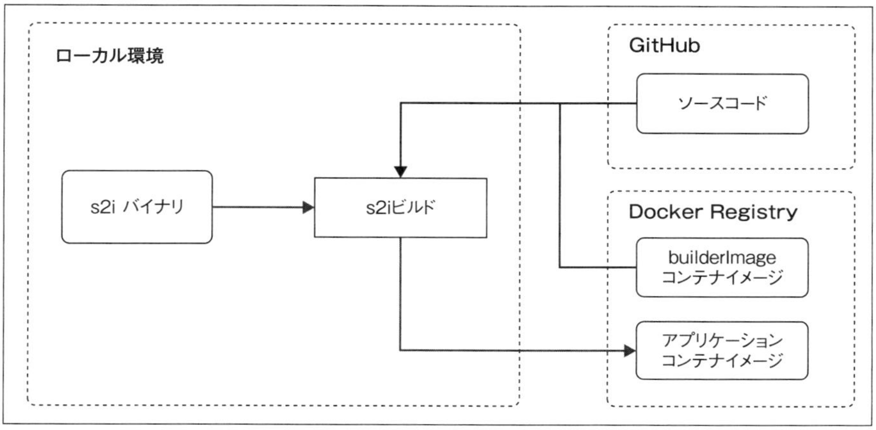

図 9.6　S2I アプリケーションコンテナイメージの作成

　それではアプリケーションのコンテナイメージを s2i build を実行して作成します。実行するための
コマンドは次のとおりです。

　s2i build < ソースコードの場所 > <Builder イメージ名 >:<tag 名 > < アプリケーションのコンテナ
イメージ名 >:<tag 名 >

　ビルドの出力結果は次のようになります。

```
$ s2i build https://github.com/43books/ch09-apps.git builderimage:latest \
appimage:latest
---> Installing application source...
Build completed successfully
```

assemble ファイルの echo で指定した文字列「Installing application source」が出力されたことから、
assemble が実行されていたことが分かります。

## 9.3.7　アプリケーションのコンテナの起動

　実際に作成したアプリケーションのコンテナイメージをホストから 8080 番ポートでアクセスできるよ
うに起動します。

```
$ docker run -d -t -p 8080:8080 appimage:latest
```

第9章　OpenShift for Developers

起動したら curl を使ってアクセスすると「Hello World!」が表示されます。

```
$ curl http://localhost:8080/index.html ← OpenShift Origin の場合
$ curl http://$(minishift ip):8080/index.html ← MiniShift の場合
```

最後に、起動したコンテナイメージは使用しないので停止します。

```
$ docker ps
CONTAINER ID    IMAGE
91745b21829c    appimage:latest
$ docker stop 91745b21829c
```

### 9.3.8　S2I のメリット

Builder イメージを作成すると、アプリケーションのコンテナイメージを作成するときはローカル環境の中には S2I のバイナリファイルのみが必要で Dockerfile が必要でないことが分かりました。

今回は html ファイルを使ったとても簡単な例でしたが、

- ◆ Dockerfile に S2I バイナリを記述する
- ◆ assemble にアプリケーションのビルドやデプロイの処理を記述する
- ◆ run にアプリケーションの実行を記述する

という流れは変わりません。みなさんの要件に S2I（Source-to-Image）が組み込めるか検討することは簡単です。

## 9.4　アプリケーションの構築と展開

前節では S2I の理解を深めるため OpenShift を使わずにローカル環境でビルドを行いました。この節では OpenShift を使ってアプリケーションの構築、展開を行う開発環境を作成します。開発環境ができるとアプリケーション開発者はソースコードの変更を SCM（GitHub）に push（1）して、OpenShift でビルドを実行すると自動的にアプリケーションが展開する（2）ので、ビルドの結果を確認／テストする（3）だけになります。

340

9.4 アプリケーションの構築と展開

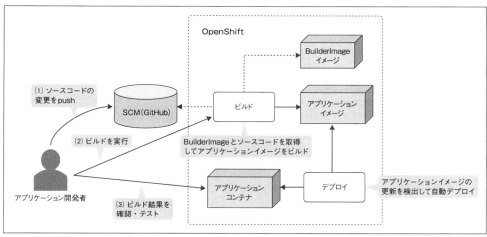

図 9.7　アプリケーションコンテナの起動

## 9.4.1　ImageStream

アプリケーションの構築を始める前に Kubernetes にはない OpenShift のオブジェクト ImageStrean（イメージストリーム）について説明します。OpenShift ではコンテナイメージを ImageStream を使って管理します。

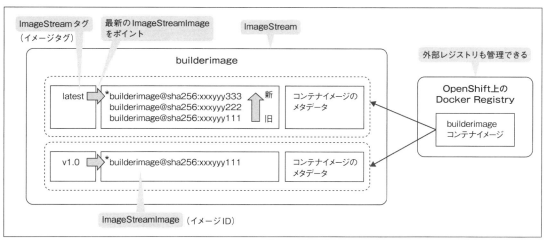

図 9.8　イメージストリーム概要

ImageStream はコンテナイメージを抽象化したものです。ImageStream はコンテナイメージを保持しませんが、内部のメタデータやタグを取得してイメージの状態を保持します。 ImageStream は Im-

341

ageStreamTagというタグで区切られた複数のイメージで構成されていて たとえば、図9.8のbuilderimageというImageStreamは`builderimage:latest`と`builderimage:v1.0`で構成されています。

第9.3節で作成したbuilderimageをOpenShift上のDockerRegistryにpushするとImageStreamとImageStreamTagが生成されます。ImageStreamはOpenShift上のDockerRegistry以外にDockerHubなどの外部レジストリのコンテナイメージからImageStreamを定義することができます。

ImageStreamTagはImageStreamからコンテナイメージを指すポインタで、コンテナイメージの履歴が含まれており、ImageStreamTagが更新されるたびに履歴が追加され最新のコンテナイメージがポイントされます。たとえば、図9.8のlatestのImageStreamTagは複数のコンテナイメージが時系列順に並んでおり、最新の`builderimage@sha256:xxxyyy333`をポイントしています。

ImageStreamImageは、ImageStreamの中からコンテナイメージを取得するためのリソースで`<ImageStream名> @ <sha256のハッシュ値>`で表現します[7]。

ImageStreamはコンテナイメージ管理の効率化、コンテナイメージ更新時にビルド、デプロイを自動実行する機能への情報提供などがおもな役割です。

## 9.4.2　アプリケーションのビルド概要

アプリケーションのビルドの概要は図9.9のようになります。

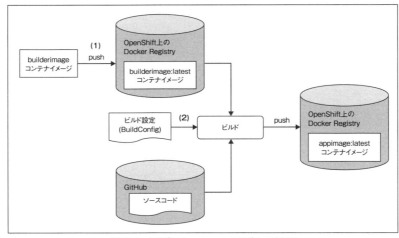

図9.9　アプリケーションのビルド概要

まずローカルにある9.3節で作成したbuilderイメージをOpenShift上のDocker Registryにpushします（1）。ビルド設定（BuildConfig）を登録するとビルドが開始され、builderイメージとソースコードを使って`appimage`というアプリケーションのコンテナイメージが作成されます。OpenShift上の

---

[7] sha256のハッシュ値はdocker images –digestsで出力されるDIGEST値です。

Docker Registry に push すると ImageStream の `appimage:latest` にアプリケーションのイメージが登録されます (2)。

## 9.4.3 OpenShift 上の Docker Registry のアドレスの確認

OpenShift 上の Docker Registry に、手動でコンテナイメージを push するためには、OpenShift 上の Docker Registry の IP アドレスとポート番号が必要です[8]。一般ユーザーでは確認できないため管理者権限を使って確認します。次の例では IP アドレスとポート番号 172.30.1.1:5000 を使って接続します。

```
$ oc login -u system:admin
$ oc get svc docker-registry -n default
NAME              CLUSTER-IP        EXTERNAL-IP     PORT(S)              AGE
docker-registry   172.30.1.1:5000   <none>          5000/TCP             15d
```

## 9.4.4 builder イメージの OpenShift 上の Docker Registry への登録

9.3 節で作成した builder イメージを OpenShift のビルドで使用するために、OpenShift 上の Docker Registry に登録します。OpenShift 上の Docker Registry にコンテナイメージを push するためには OpenShift へのログインと OpenShift 上の Docker Registry へのログインが必要です。まず、OpenShift に developer ユーザーでログインを行い `chapter09` プロジェクトを作成します。

```
$ oc login -u developer
$ oc new-project chapter09
```

次にログインしたユーザーで OpenShift 上の Docker Registry にログインします。

```
$ docker login -u developer -p $(oc whoami -t) 172.30.1.1:5000
Login Succeeded
```

**-p $(oc whoami -t)**　ログインユーザーのセッショントークンを記述する。`oc whoami -t` コマンドでセッショントークンが取得できる

**172.30.1.1:5000**　OpenShift 上の Docker Registry の IP アドレスとポート番号を記述

---

[8] IP アドレスとポート番号を調べなくても、MiniShift では `minishift openshift registry` コマンドで OpenShift 上の Docker Registry の IP アドレスとポート番号を取得できます。コマンドは、変数としても利用可能です。また、OpenShift 3.7 からは変数（`OPENSHIFT_DEFAULT_REGISTRY`）が追加され、サービス名で接続できるようになりました。

343

第 9 章　OpenShift for Developers

　セッショントークンの中にはそのユーザーの権限が含まれており、権限のあるプロジェクトにコンテナイメージを push できる仕組みになっています。

　最後に builderimage のコンテナイメージをイメージストリームの形式 <OpenShift 上の Docker Registry の IP アドレス >:< ポート番号 >/< プロジェクト名 >/< リポジトリ名 >:< タグ > でタグ付けし、push して ImageStream に登録します。

```
$ docker tag builderimage:latest 172.30.1.1:5000/chapter09/builderimage:latest
$ docker push 172.30.1.1:5000/chapter09/builderimage:latest
$ oc get is
NAME            DOCKER REPO                              TAGS     UPDATED
builderimage    172.30.1.1:5000/chapter09/builderimage  latest   10 seconds ago
```

## 9.4.5　アプリケーションのビルド設定

　OpenShift でイメージのビルド機能を利用するにはビルド設定（BuildConfig）を定義します。今回は 9.3 節で実行した s2i build を実行した処理を BuildConfig に置き換えます。

```
$ s2i build https://github.com/43books/ch09-apps.git builderimage:latest \
appimage:latest
```

　復習になりますが、上記 s2i コマンドは builderimage:latest に GitHub にある ch09-apps リポジトリのソースコードを挿入して appimage:latest というコンテナイメージを出力する処理でした。

　それでは実際に BuildConfig を順に見ていきましょう。

**appimage_bc.yml**

```
apiVersion: v1
kind: BuildConfig  (1)
metadata:
  name: appimage   (2)
spec: (3)
  triggers:   (4)
  - type: ConfigChange  (5)
  - imageChange: {}  (6)
    type: ImageChange
  - github:  (7)
      secret: L2iO2Azdk9QrhVtGUegR
```

```
      type: GitHub
  - generic: （8）
      secret: 4vubWdz4MO6IF50R4x0v
    type: Generic
  source: （9）
    git:
      uri: https://github.com/43books/ch09-apps.git
      ref: master  （10）
    type: Git
  strategy: （11）
    type: Source
    sourceStrategy:
      from: （12）
        kind: ImageStreamTag
        name: builderimage:latest
  output: （13）
    to:
      kind: ImageStreamTag
      name: appimage:latest
```

（1）　リソースタイプを定義、ビルド設定なので BuildConfig を記述する

（2）　BuildConfig 名を記述する

（3）　`spec` セクションに Build の情報を定義する

（4）　`trigger` セクションで新しいビルドが始まるトリガーを必要なぶんだけ定義する

（5）　ConfigChange トリガーはビルド設定（BuildConfig）に変更が発生した場合にビルドを実行する（初回登録も含む）

（6）　ImageChange トリガーは `from`（**12**）に定義したイメージに変更が起こった場合にビルドを実行する（imageChange のオブジェクトは常に `{}` で定義することになっています）

（7）／（8）　Github などの SCM からの Webhook 通知を受信したらビルドを実行する（9.5 節で解説します）

（9）　`source` セクションでビルドで入力するオブジェクトの情報を定義。ここでは Git を使って GitHub リポジトリにあるファイルを使用するので `uri:` に GitHub のリポジトリを記述し、`type:Git` を指定する

（10）　リポジトリのブランチを指定（省略可）。ここでは `master` を指定

（11）　`strategy` セクションでビルドの戦略を定義。アプリケーションのソースコードを使ったビルドの場合、`type` は `Source` で `sourceStrategy` を記述する

（12）　`from` セクションでビルドに使うコンテナイメージの情報を定義する

（13）　`output` セクションでビルド後の出力情報を定義する

第9章 OpenShift for Developers

source:の部分で GitHub にあるソースコードを使うことを指定しています。ビルド処理では from:で指定した ImageStream の builderimage:latest と GitHub にあるソースコードを使ってビルドを行い、output で指定した ImageStream の appimage:latest にコンテナイメージを登録する流れになります。

### アプリケーションの ImageStream 作成

ビルドを登録する前に出力先となるアプリケーションの ImageStream を作成します。この段階ではコンテナイメージはないので、空っぽの箱を作成したと想像してください。

**appimage_is.yml**

```
apiVersion: v1
kind: ImageStream
metadata:
 name: appimage   （1）
```

（1） ImageStream の名称を記述する

ImageStream を登録します。登録した時点ではまだコンテナイメージは作成していないので TAGS、UPDATED は空の appimage が作成されます。

```
$ oc create -f appimage_is.yml
$ oc get is
NAME          DOCKER REPO                               TAGS      UPDATED
appimage      172.30.1.1:5000/chapter09/appimage
```

### ビルドの実行

ビルド設定（BuildConfig）を登録します。oc get bc コマンドでビルドの登録を確認できます。appimage が定義した BuildConfig 名です。ビルドが登録されると初回は ImageChange トリガーが検出されてビルドが自動的に始まります。

```
$ oc create -f appimage_bc.yml
$ oc get bc
NAME          TYPE      FROM          LATEST
appimage      Source    Git@master    1
```

BuildConfig の詳細は oc describe bc <BuildConfig名> で確認できます。

```
$ oc describe bc appimage
Name:        appimage
```

346

```
（省略）
Build        Status      Duration    Creation Time
appimage-1   complete    15s         2018-01-29 00:09:59 +0900 JST
```

appimage-1 という Build 名で Status は complete になっているとビルドが終了しています。
oc logs -f build/<Build 名>でログを確認できます。---> Installing application...のメッセージから、assemble スクリプトを実行しているのが分かります。またイメージが OpenShift 上の Docker Registry に push されているのが確認できます。

```
$ oc logs -f build/appimage-1
---> Installing application source...
Pushing image 172.30.1.1:5000/chapter09/appimage:latest ...
Pushed 0/9 layers, 1% complete
Pushed 1/9 layers, 11% complete
```

ImageStream を確認すると、latest のタグで UPDATED が更新されていることからコンテナイメージが登録されていることが確認できます。

```
$ oc get is appimage
NAME       DOCKER REPO                              TAGS      UPDATED
appimage   172.30.1.1:5000/chapter09/appimage       latest    3 minutes ago
```

## 9.4.6　アプリケーションのデプロイ

ImageStream に登録されたコンテナイメージを使ってアプリケーションのコンテナを起動するには、デプロイ設定（DeploymentConfig）を定義する必要があります（図 9.10）。

デプロイ設定（DeploymentConfig）では Pod を何個作るのか？ Pod をどのように展開するのか？を定義し、デプロイを実行すると DeploymentConfig で指定された数の Pod を ReplicationController が生成します。 また、ReplicationController は常に指定された数の Pod が実行されるよう Pod を管理します[9]。

---

[9] 第 4 章「Kubernetes によるコンテナオーケストレーション概要」で解説している Deployment は OpenShift 3.7 では TechnologyPreview になっています。OpenShift は Kubernetes の Deployment が作られる前から独自に DeploymentConfig を定義し、高レベルのデプロイ管理が行えるようになっています。OpenShift では Kubernetes 側で alpha や beta のステータスにあるリソースは TechnologyPreview として扱う方針になっています。Kubernetes の Deployment は 1.9 で GA になったので、OpenShift 側では 3.9（Kubernetes 1.9 ベース）で GA になると思われます。

第9章 OpenShift for Developers

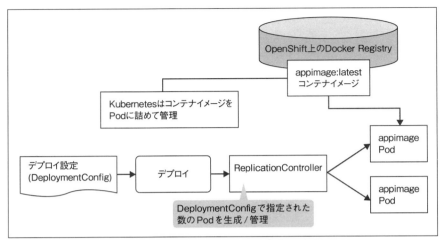

図9.10 アプリケーションのデプロイ概要

**アプリケーションイメージのデプロイ設定（DeploymentConfig）**

今回登録するデプロイ設定（DeploymentConfig）を順に見ていきましょう。

**appimage_dc.yml**

```
apiVersion: v1
kind: DeploymentConfig  (1)
metadata:
  name: appimage  (2)
spec:
  template:  (3)
    metadata:
      labels:
        name: appimage  (4)
    spec:
      containers:  (5)
      - name: appimage  (6)
        image: appimage:latest  (7)
        ports:  (8)
        - containerPort: 8080
          protocol: TCP
  replicas: 1  (9)
  selector:
```

9.4　アプリケーションの構築と展開

```
    name: appimage　（10）
triggers:
- type: ConfigChange　（11）
- type: ImageChange　（12）
  imageChangeParams:
    automatic: true
    containerNames:
    - appimage　　　　（13）
    from:　（14）
      kind: ImageStreamTag
      name: appimage:latest
```

**（1）**　リソースタイプを定義、デプロイ設定なので DeploymentConfig を記述する

**（2）**　DeploymentConfig 名を記述する

**（3）**　`template` セクションには起動する Pod の情報（テンプレート）を定義する

**（4）**　起動する Pod が一意となる Label を Key-Value 形式で記述する。ここでは `name: appimage` と記述する

**（5）**　起動するコンテナの情報を定義する

**（6）**　コンテナの名称を記述する

**（7）**　Pod の起動に使用するコンテナイメージ記述する。ここでは ImageStream の `appimage:latest` を使用する

**（8）**　開放するポート番号とプロトコルを定義する

**（9）**　レプリカ数（Pod の並列数）を記述する

**（10）**　（4）と同じ Label を記述する。`selector:` セクションを定義しない場合は DeploymentConfig 登録時の `selector` の（4）の値が登録される

**（11）**　ConfigChange トリガーを定義、`config` に変更が発生した場合にデプロイが実行される

**（12）**　ImageChange トリガーを定義、`imageChangeParams` セクションに（6）で定義したコンテナの情報を記述。コンテナイメージに変更が発生したらデプロイを開始

**（13）**　（6）と同じコンテナ名を記述

**（14）**　`from` セクションで変更を監視するコンテナイメージの情報を定義する。（7）と同じコンテナイメージにする

　`template:` セクションに起動する Pod の情報を記載します。`template` セクションの内容に基づいて Replication Controller が `replicas` 数ぶんの Pod を生成／管理します。また ReplicationController と Pod を紐付けるために Label が必要となり（4）の指定は必須になります。（4）と（10）は同じ内容になる必要があります。

　ConfigChange トリガーは、DeploymentConfig に変更があった場合に再デプロイを行います。初期

349

第 9 章　OpenShift for Developers

登録時も ConfigChange と見なされるので、今回登録するときには自動的にデプロイが開始されます。
ImageChange トリガーは、from で定義されているイメージストリーム appimage:latest に変更があっ
た場合にデプロイが開始されます。

　それでは実際にデプロイ設定（DeploymentConfig）を登録します。appimage が DeploymentConfig
名です。appimage-1-8q72d が起動した Pod です。

```
$ oc create -f appimage_dc.yml
$ oc get dc
NAME        REVISION    DESIRED    CURRENT    TRIGGERED BY
appimage    1           1          1          config,image(appimage:latest)

$ oc get pod
NAME                READY       STATUS      RESTARTS    AGE
appimage-1-8q72d    1/1         Running     0           30s
```

今回登録したデプロイメント設定（DeploymentConfig）の詳細は oc describe dc <DeploymentConfig
名 > で確認できます。

```
$ oc describe dc appimage
```

## 9.4.7　起動したアプリケーションへのアクセス

　デプロイ設定（DeploymentConfig）では公開するポート番号（8080）を指定しましたがこの段階では
ほかの Pod や外部と接続することができません。起動した Pod へアクセスするには Service と Route の
作成が必要になります。Service を追加すると同じプロジェクトの Pod 間通信ができるようになります。
Route は OpenShift に固有のもので、作成すると外部ネットワークからの URL アクセスが可能になり
ます。 Service の Pod 間通信については 9.6 節「複数コンテナの連携設定」（P. 360）で説明します[10]。
　まず、Service の設定を確認しましょう。次の設定ファイルは appimage という Service 名で 8080 番
ポートを公開する Serivce の定義ファイルです。

---

[10] Service の仕組みは第 4 章の「Service」（P. 92）、Route については第 8 章の「Router によるアプリケーションの公
開」（P. 267）も参照すると理解が深まるでしょう。

350

9.4 アプリケーションの構築と展開

**appimage_svc.yml**

```
apiVersion: v1
kind: Service  （1）
metadata:
  name: appimage  （2）
spec:
  ports:
  - name: 8080-tcp
    port: 8080    （3）
    protocol: TCP
    targetPort: 8080  （4）
  selector:
    deploymentconfig: appimage  （5）
```

**（1）** リソースタイプを定義、Service を記述する

**（2）** Service 名を記述する

**（3）** Service が listen するポート番号を記述する

**（4）** Service が接続を転送する Pod のポート番号を記述する。デフォルトでは（3）と同じポート番号を記述

**（5）** selector：セクションに Service のリクエストの転送先 Label を記述

　Service は Label と selector を使用し、selector で指定した Key-Value 形式の Label を検索します。今回はデプロイメント設定（DeploymentConfig）の appimage の Pod にリクエストを転送する仕組みになっています。

　デプロイ設定（DeploymentConfig）では Label は name: appimage を使ってましたが、Label は Pod のグループ化や抽出などで利用可能です。詳細は第 4 章の「Label と Annotation」（P. 88）を参照してください。

　それでは Service を登録しましょう。

```
$ oc create -f appimage_svc.yml
service "appimage" created
$ oc get svc
NAME          CLUSTER-IP       EXTERNAL-IP PORT(S)     AGE
appimage      172.30.63.37     <none>      8080/TCP    6s
```

appimage という Service 名で IP アドレス 172.30.63.37 の 8080 番ポートに転送されるようになりました。curl コマンドでアプリケーション（index.html）にアクセスすると index.html の内容が出力さ

351

第9章 OpenShift for Developers

れるようになりました。

```
$ curl http://172.30.63.37:8080/index.html
```

MiniShift では上記アドレスは MiniShiftVM 内のアドレスであり、ホストマシンからはアクセスできないため minishift ssh コマンドを使って MiniShiftVM で curl を実行します。

```
$ minishift ssh -- curl -s http://172.30.63.37:8080/index.html
```

最後に、外部からアプリケーションへアクセスするための Route を定義します。次のファイルを使って設定します。

**appimage_route.yml**

```
apiVersion: v1
kind: Route （1）
metadata:
  name: appimage （2）
spec:
  host: （3）
  to:
    kind: Service
    name: appimage （4）
```

（1） リソースタイプを定義、Route の設定なので Route を記述する
（2） Route 名を記述する
（3） FQDN を定義、記載しない場合は **<route 名 >-< プロジェクト名 >.< ドメイン名 >** という形式の URL が登録される
（4） 振り先のサービス名を定義

Route を登録します。

```
$ oc create -f appimage_route.yml
route "appimage-latest" created


$ oc get route
NAME      HOST/PORT                               PATH  SERVICES PORT TERMINATION WILDCARD
appimage appimage-chapter09.192.168.42.83.nip.io appimage <all>       None
```

352

登録が完了すると appimage-chapter09.192.168.42.83.nip.io という形式の FQDN が生成され
ました。これで、Route で設定された FQDN を使ってアプリケーションにアクセスできるようになりま
した。

```
$ curl http://appimage-chapter09.192.168.42.83.nip.io/index.html
Hello World
```

## 9.4.8 変更と再構築

すでに予想されていると思いますが、ソースコードを修正して GitHub に push して変更を確認したい
場合は、ビルドを実行するだけです。

oc get bc コマンドで BuildConfig 名を探し、oc start-build <BuildConfig 名> コマンドでビ
ルドを開始します。

```
$ oc get bc
$ oc start-build appimage
```

ビルドを開始する前後で watch オプション（-w）を有効にした oc get pod コマンドを実行すると、ビ
ルドの進捗が分かりやすくなります。

```
$ oc get pod -w
```

## 9.4.9 OpenShift での開発のメリット

駆け足となりましたが、これで OpenShift を使ったアプリケーションの開発環境を手に入れることがで
きました。一度、ビルド／デプロイを設定しておけば、アプリケーション開発者はビルドを実行するだけ
でソースコードの変更の結果を確認／テストできます（図 9.11）。

Builder イメージの管理、ビルド／デプロイなどの設定は運用担当者に任せ、開発者はインフラについ
ての最低限の理解でアプリケーションの開発ができるようになります。

このように、それぞれがそれぞれの専門分野で本来のパフォーマンスを発揮できる環境を標準機能とし
て用意しているのが OpenShift の強みです。

第 9 章 OpenShift for Developers

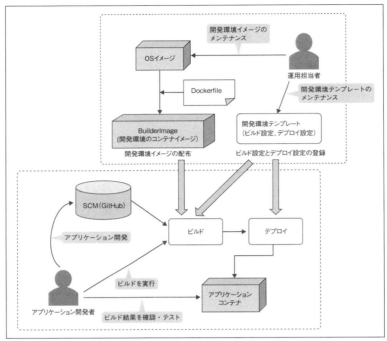

図 9.11　OpenShift における役割分担

> **BuilderImage のビルド設定**
>
> 　BuilderImage のビルド設定（BuildConfig）は触れませんでしたが、作成する場合の設定ファイルは builderimage_bc.yml になります。アプリケーションのコンテナイメージのビルド設定と大きく変わるところは、アプリケーションのビルド戦略は sourceStrategy でしたが、BuilderImage は Dockerfile を使うので dockerStrategy となります。from: で BuilderImage のベースイメージとなる base-centos7:latest を指定します。
>
> **builderimage_bc.yml**
>
> ```
>     strategy:
>       type: Docker
>       dockerStrategy:
>         from:
>           kind: ImageStreamTag
>           name: base-centos7:latest
> ```
>
> source:セクションでは 9.3 節で make build を行なった Dockerfile のあるディレクトリが含まれるリポジ

トリを指定します。

```
    source:
      git:
        uri: https://github.com/43books/ch09-builderimage
      type:  Git
```

　この設定は、すでに運用している Dockerfile を `source` に指定して、`from` にベースにしたいコンテナイメージを指定すれば転用できます。Dockerfile を使ったビルドはブログ記事「OpenShift で Dockerfile やバイナリビルド利用してコンテナをビルドする」も参考にするとよいでしょう。

http://nekop.hatenablog.com/entry/2017/12/08/155326

　BuildConfig を登録する前に、ローカルにある `base-centos7` イメージを OpenShift 上の Docker Registry に push します。そしてビルド設定を登録すると、初回は `base-centos7:latest` の更新を ImageChange トリガーが検出し、自動的にビルドが始まります。

```
$ oc login -u developer
$ docker tag openshift/base-centos7:latest 172.30.1.1:5000/chapter09/base-centos7:latest
$ docker login -u developer -p $(oc whoami -t) 172.30.1.1:5000
$ docker push 172.30.1.1:5000/chapter09/base-centos7:latest
$ oc create -f builderimage_bc.yml
```

　`builderimage` のビルドが完了すると Imagestream の `buildeimage:latest` が更新されるため、アプリケーションの BuildConfig の ImageChange トリガーが検出し、ビルドが始まります。後続のデプロイも自動実行され、新しいアプリケーションの Pod が起動します。

# 9.5　OpenShift を使った開発環境の機能拡張

　前節では OpenShift を使った基本的なアプリケーションの構築と展開を行い、開発環境ができあがりました。この節では、ソースコードを SCM（GitHub）に push すると自動でビルドが始まる Webhook、SCM（GitHub）のブランチを使った機能別開発、複数人数開発で利用する開発環境の作成を説明します。

## 9.5.1　Webhook を利用した自動ビルド

　前節で作成したアプリケーションのビルド設定では、アプリケーションのソースコードに変更を加えた場合は手動でビルドを実行する必要がありました。

　Webhook を追加すると、ソースコードを GitHub へ Push するだけでビルドからデプロイまで自動処

理されるので、開発者はできあがったアプリケーションを確認するだけになります。

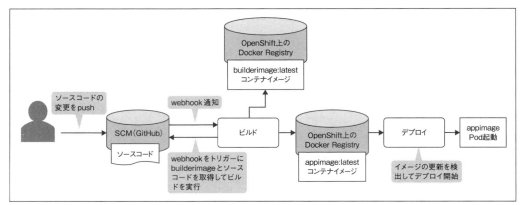

図 9.12　webhook の概要

　Webhook を利用するには Webhook の Callback URL に OpenShift の URL（Master）を設定する必要があります。そのため、インターネット経由などで OpenShift の API Server に通信できることが条件になっています。MiniShift はローカルホストのみを公開している構成になっているため、残念ながらインターネット経由の通知は受けとれません。ここからはサーバー版の OpenShift Origin を使用して説明します。

### Webhook で設定する URI の確認

　GitHub に設定する前に、前節で作成したアプリケーションイメージのビルド設定の詳細から、Webhook の URI を探してください。

```
$ oc project chapter09
$ oc describe bc appimage
Webhook GitHub:
    URL:    https://192.168.25.225:8443/oapi/v1/namespaces/chapter09/buildconfigs/appimage/webhooks/L2iO2Azdk9QrhVtGUegR/github
Webhook Generic:
    URL:    https://192.168.25.225:8443/oapi/v1/namespaces/chapter09/buildconfigs/appimage/webhooks/4vubWdz4MO6IF50R4xOv/generic
```

　今回は GitHub を使って Webhook を利用するため、枠で囲った `Webhook Github` の URL を使用します。`URL:`のアドレスを使用しますが、もし NAT している場合は IP アドレスを OpenShift の URL（Master）に変更します。

## 9.5.2 Webhookで設定するURIをGitHubへ追加

GitHubに接続し、ch09-appsリポジトリ →「Settings」→「Webhooks」の順に画面を遷移し、管理画面を表示します。

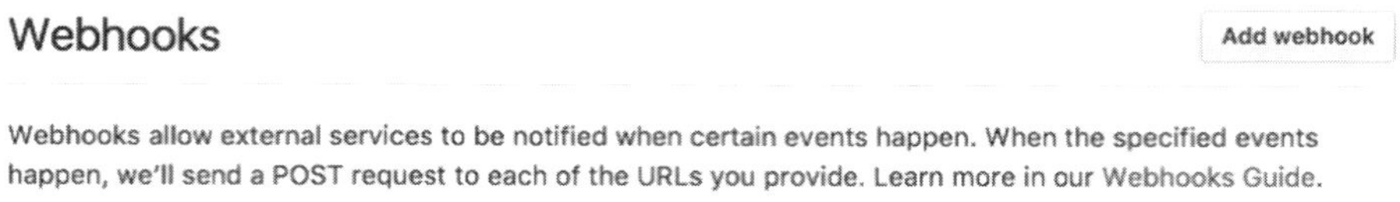

図9.13 Webhook（1）

［Add webhook］ボタンを選択しPayload URLに先ほど確認したURIを記載します。「Content type」は「application/json」を選択し、次に「Disable SSL verification」を選択します（この設定が行われていない場合は接続が失敗します）。OpenShiftが自己署名SSLで設定されている場合は、設定は不要です。

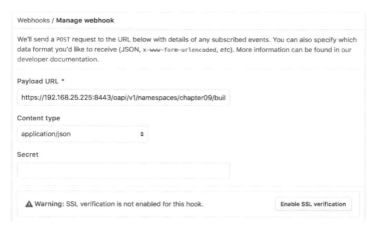

図9.14 Webhook（2）

最後に［Add webhook］を押して登録します。この時点でGitHubリポジトリにソースコードの変更をPushするたびにGitHubからOpenShiftに通知され、ビルドが始まります。appimageのコンテナイメージが更新され、ImageChangeトリガーによってデプロイが開始し、アプリケーションが展開されます。

実際にソースコードの変更を行う前にwatchオプション（-w）を付けてpodの変化を確認できるようにすると、ビルドとデプロイの変化が分かりやすくなります。

```
$ oc get pod -w
```

これで、GitHub にソースコードの変更を push すると、ビルド／デプロイが自動で行われる環境ができました。今回は GitHub を設定する例を取り上げましたが、Webhook を通知する **GitLab** や **Bitbucket** などの仕組みがあれば同じように利用することができます。詳細は OpenShift のドキュメント「Triggering Builds」[11] を確認してください。

## 9.5.3　GitHub のブランチを使った開発環境の作成

アプリケーションを開発していると、GitHub などの SCM で機能別や担当者別にブランチを作成することがあります。OpenShift でブランチを使った開発をするには、開発環境とは別にブランチ環境のプロジェクトを作成し、開発を行います。今回は chapter09-dev プロジェクトを作成し、新たな開発環境を作成します。GitHub にはブランチ名:dev を作成しておきます。

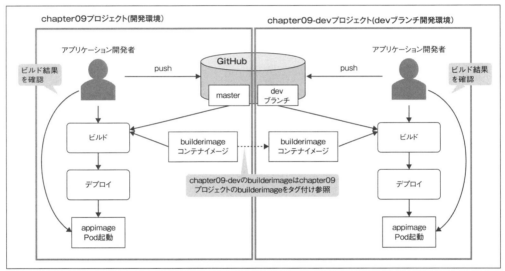

図 9.15　GitHub のブランチと連携させた開発

chapter09-dev プロジェクトでは、chapter09 プロジェクトで使ったビルド設定などを 1 つにまとめた ch09-branch.yml を利用します。ブランチを使う場合の BuildCoinfig は、前節の `source:` セクションで `ref: master` と定義していたところを、`ref: dev` に変更するだけです。

**ch09-branch.yml**

```
    source:
      git:
```

---

[11] https://docs.openshift.org/latest/dev_guide/builds/triggering_builds.html#webhook-triggers

9.5 OpenShift を使った開発環境の機能拡張

```
        uri: https://github.com/43books/ch09-apps.git
        ref: dev
      type: Git
```

では chapter09-dev プロジェクトを作成し定義ファイル ch09-branch.yml を登録します。

```
$ oc new-project chapter09-dev
$ oc create -f ch09-branch.yml
```

次に chapter09-dev プロジェクトに builderimage の ImageStream を作成します。

**builderimage_is.yml**

```
apiVersion: v1
kind: ImageStream
metadata:
  name: builderimage
```

> **Note**
>
> 複数の定義を 1 つのファイルにまとめるためには kind: List を使って次のように書きます。
>
> ```
> apiVersion: v1
> kind: List
> items:
> - apiVersion: v1
>   kind: BuildConfig
>     （省略）
> - apiVersion: v1
>   kind: DeploymentConfig
> ```

```
$ oc create -f builderimage_is.yml
```

そして、同じ builderimage で開発できるように chapter09 の ImageStream の builderimage:latest を chapter-dev プロジェクトの builderimage:latest にタグ付けしてイメージを登録します。

```
$ oc tag chapter09/builderimage:latest chapter09-dev/builderimage:latest
```

359

第 9 章　OpenShift for Developers

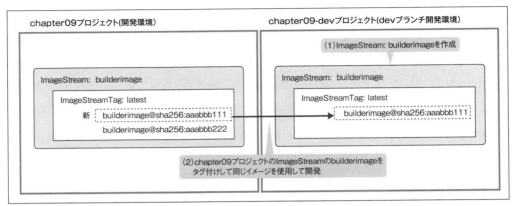

図 9.16　ImageStreamTag

`os tag` コマンドの文法は次のとおりです。

`oc tag <参照元（プロジェクト名/Imagestream名:タグ）> <参照先（プロジェクト名/Imagestream名:タグ）>`

chapter-dev09 プロジェクトの `builderimage:latest` は chapter09 プロジェクトの `builderimage:latest` をタグで参照しているだけでイメージの実体を直接参照していません。

buildeimage のタグ付けが終了すると ImageChange トリガーがこれを検出し、ビルドが始まり、コンテナイメージが作成され、デプロイが始まります。

このように、GitHub などでブランチを切って開発を行いたい場合も、OpenShift ではプロジェクトを分けることで簡単に環境を作成できます。

## 9.6　複数コンテナの連携設定

これまで単純な html を出力するアプリケーションを作成しました。この節ではより現実的な構成として PostgreSQL に登録された職員の情報を PHP で画面表示するアプリケーションを作成します。

第 4 章「アプリケーションのデプロイ」（P. 89）ではコンテナ化のベストプラクティスは「1 コンテナ:1 プロセス」とありましたが、OpenShift でもその原則に沿って PHP と PostgreSQL は別々のコンテナで作成し、コンテナ間は Service を使って接続します。

### 9.6.1　テンプレートとテンプレートの追加

PostgreSQL のコンテナを作成するには、これまでどおり ImageStream ／ビルド設定（BuildConfig）／デプロイ設定（DeploymentConfig）／ Service を作成する必要があります。

9.6 複数コンテナの連携設定

OpenShiftでは、PHPなどの言語やDBなどのテンプレートが全ユーザーが利用できるopenshiftプロジェクトに用意されています。その中から今回はpostgresql-ephemeralというテンプレートを利用してPostgreSQLのコンテナを作成します。

テンプレートの一覧とpostgresql-ephemeralテンプレートの詳細は、次のコマンドで確認できます。

```
$ oc get template -n openshift
$ oc describe template postgresql-ephemeral -n openshift
```

MiniShiftにはpostgresql-ephemeralテンプレートは初期導入されていないため、openshiftプロジェクトにテンプレートの追加を行います。管理者権限のsystem:adminユーザーでログインし、OpenShift Originのリポジトリよりpostgresql-ephemeralのテンプレートを登録します。

```
$ oc login -u system:admin
$ oc create -f https://raw.githubusercontent.com/openshift/origin/master/ ⇒
examples/db-templates/postgresql-ephemeral-template.json -n openshift
```

## 9.6.2 PostgreSQL のコンテナ作成

postgresql-ephemeralテンプレートからPostgreSQLのコンテナを起動するために最低限必要なパラメータは表9.1のとおりです。

表9.1 コンテナ起動のためのパラメータ

| パラメータ | 概要 |
|---|---|
| DATABASE_SERVICE_NAME | Service名を記載 |
| POSTGRESQL_VERSION | PostgreSQLのバージョンを指定（9.2、9.5、latest） |
| POSTGRESQL_USER | PostgreSQLのユーザー名を記載。空の場合は自動生成される |
| POSTGRESQL_PASSWORD | ユーザーをパスワードを記載。空の場合は自動生成される |
| POSTGRESQL_DATABASE | 作成するデータベース名を記載 |

その他のパラメータはoc describe template postgresql-ephemeral -n openshiftで出力されるParameters:を確認してください。

まず事前準備としてdeveloperユーザーでOpenShiftにログインし、今回のアプリケーションの展開先のプロジェクトchapter09-empを作成します。

```
$ oc login -u developer
$ oc new-project chapter09-emp
```

361

第 9 章　OpenShift for Developers

次に、`oc new-app` コマンドを実行すると PostgreSQL のデプロイが開始されます。

```
$ oc new-app --template=postgresql-ephemeral -p DATABASE_SERVICE_NAME=emp-pgsql \
-p POSTGRESQL_VERSION=9.5 -p POSTGRESQL_USER=empuser -p POSTGRESQL_PASSWORD=emppass \
-p POSTGRESQL_DATABASE=empdb
```

しばらくすると `emp-pgsql-1-*` という名前で Pod が起動し、Pod にアクセスするための Service が定義されていることが確認できます。

```
$ oc get pod
NAME                 READY     STATUS      RESTARTS    AGE
emp-pgsql-1-fkvzl    1/1       Running     0           17s

$ oc get svc
NAME          CLUSTER-IP        EXTERNAL-IP    PORT(S)    AGE
emp-pgsql     172.30.136.166    <none>         5432/TCP   35s
```

---

**Note**

　postgresql-ephemeral の使用するメモリ容量の初期値は 512Mi とローカル環境で実行するのには容量が多いため、MiniShift の仮想マシンのメモリ割当てが少ないと Pod「emp-pgsql-*」の STATUS が Pending のままで起動しないことがあります。

---

## 9.6.3　PHP のコンテナ作成

データベースに登録された職員の情報を取得して PHP で出力するアプリケーションを作成します。利用するソースコードは GitHub のリポジトリにあり、次の 2 つのファイルが含まれています。

リポジトリ URL：`https://github.com/43books/ch09-emp.git`

**index.php**　DB から取得した職員の一覧を表示する
**init.sql**　データベーススキーマ作成とデータインポート用 SQL

PHP のコンテナを作成するためには ImageStream ／ビルド設定（BuildConfig）／デプロイ設定（DeploymentConfig）／ Service ／ Route を作成する必要がありますが、今回は List を使って設定を 1 つに纏めた `ch09-emp.yml` を使って登録します。

362

```
$ oc create -f ch09-emp.yml
```

ch09-emp.yml で定義したデプロイ設定（DeploymentConfig）の `containers:` セクションでは、PHP
から PostgreSQL へ接続するための接続情報を `env` セクションに Key-Value 形式で定義します。今回
は、PostgreSQL コンテナを作成したときと同じユーザー名／パスワード／データベース名を設定します。

### デプロイ設定（DeploymentConfig）

```
containers:
- env:
  - name: POSTGRESQL_USER
    value: empuser
  - name: POSTGRESQL_PASSWORD
    value: emppass
  - name: POSTGRESQL_DATABASE
    value: empdb
  name: emp-php
  image: emp-php:latest
```

PostgreSQL コンテナに接続するための情報は変数で定義していません。これは Kubernetes 内部の
DNS で Service 名 `emp-pgsql` で名前解決できるためです。別のアプローチとして Kubernetes により
自動的に Service 名を大文字にし、`_SERVICE_HOST` を付与した環境変数が格納されているのを利用する
方法もあります。今回は、PostgreSQL の Service 名は `emp-pgsql` なので `EMP_PGSQL_SERVICE_HOST`
という名称で環境変数が登録されています。

BuildConfig では Builder イメージとして openshift プロジェクトに用意されている PHP 7.0 の
ImageStream を指定しています。

```
strategy:
  sourceStrategy:
    from:
      kind: ImageStreamTag
      name: php:7.0
      namespace: openshift
```

なお、openshift プロジェクトで用意されている Builder イメージの一覧は次のコマンドで確認でき
ます。

```
$ oc get is -n openshift
```

第 9 章　OpenShift for Developers

しばらくすると `emp-php-1-*` の名称で Pod が起動します。

```
$ oc get pod
NAME                 READY      STATUS      RESTARTS      AGE
emp-php-1-dz5cg      1/1        Running     0             1m
```

## 9.6.4　PHP コンテナから PostgreSQL コンテナへの接続

PHP コンテナにあるデータベースの初期データ（`init.sql`）を PostgreSQL コンテナに接続して登録を行います。

次のように Pod の一覧から `emp-php-1-*` を探し、`oc rsh <Pod名>` コマンドで rsh 接続します。

```
$ oc get pod
NAME                 READY      STATUS      RESTARTS      AGE
emp-php-1-hh5mf      1/1        Running     0             1m
$ oc rsh emp-php-1-hh5mf
sh-4.2$
```

`env` コマンドを実行すると環境変数が定義されていることを確認できます。

```
$ env
EMP_PGSQL_SERVICE_PORT_POSTGRESQL=5432
EMP_PGSQL_SERVICE_HOST=172.30.136.166
EMP_PGSQL_SERVICE_PORT=5432
POSTGRESQL_DATABASE=empdb
POSTGRESQL_PASSWORD=empuser
POSTGRESQL_USER=emppass
```

ホームディレクトリにある初期データ（`init.sql`）を `psql` コマンドを使って PostgreSQL に登録します。今回はホスト名の指定に環境変数 `EMP_PGSQL_SERVICE_HOST` を使って接続します。

```
sh-4.2$ psql -h $EMP_PGSQL_SERVICE_HOST -U $POSTGRESQL_USER /
$POSTGRESQL_DATABASE < init.sql
```

今度はホスト名の指定に Service 名を指定し、PostgreSQL に接続して初期データの登録結果を確認しましょう。PostgreSQL に接続できたら SQL 文 `select * from emp;` を実行します。すると、名前の

364

9.6 複数コンテナの連携設定

一覧が表示されます。

```
sh-4.2$ psql -h emp-pgsql -U $POSTGRESQL_USER $POSTGRESQL_DATABASE
empdb=> select * from emp;
 emp_no | last_name | first_name | dept_no
--------+-----------+------------+---------
      1 | Sakata    | Yuki       |      10
      2 | Suzuki    | Yoshiaki   |      20
      3 | Hiruta    | Risa       |      30
      4 | Shouji    | Mirei      |      10
      5 | Sasaki    | Yoshiharu  |      20
empdb=> \q
$ exit
```

確認が終了したら \q コマンドで psql プロンプトを終了し、exit コマンドで rsh を終了します。

## 9.6.5 PHP アプリケーションの確認

今回動作確認を行う index.php では、データベースへの接続に用いる環境変数の値を getenv で取得しています。前述のとおり PostgreSQL コンテナの Service 名でも名前解決できるため emp-pgsql でも取得できます。

```
↓ PostgreSQL コンテナのホスト設定に Service 名を使って k8s の DNS に名前解決させる場合の設定
$dsn = 'pgsql:dbname=' . getenv("POSTGRESQL_DATABASE") . ';host=emp-pgsql;';
↓ PostgreSQL コンテナのホスト設定に環境変数（EMP_PGSQL_SERVICE_HOST）を使う場合の設定
//$dsn = 'pgsql:dbname=' . getenv("POSTGRESQL_DATABASE") . ';host=' . getenv("EMP_ ⇒
PGSQL_SERVICE_HOST") . ';';
$user = getenv("POSTGRESQL_USER");
$password = getenv("POSTGRESQL_PASSWORD");
```

次に PHP アプリケーションにアクセスするためにルート設定（Route）を確認します。

```
$ oc get route
NAME    HOST/PORT                                    PATH  SERVICES PORT  TERMINATION WILDCARD
emp-php emp-php-chapter09-emp.192.168.42.74.nip.io         emp-php  <all>             None
```

curl を使って PHP アプリケーションにアクセスすると職員の一覧が出力されるはずです。

365

```
$ curl http://emp-php-chapter09-emp.192.168.42.74.nip.io
1|Sakata|Tokyo|Sales
2|Suzuki|Osaka|Research
3|Hiruta|Nagoya|Accounting
4|Shouji|Tokyo|Sales
5|Sasaki|Osaka|Research
```

## 9.7 イメージの管理と配信プロセスの簡素化

アプリケーション開発が終了すると、テスト環境や本番環境などへのリリースが発生します。本節では OpenShift の機能であるイメージプロモーションを使い、複数の環境をまたがったリリース方法を紹介します。初めに手動の方法を確認し、次に Jenkins のパイプラインを使った自動化と可視化を紹介します。

### 9.7.1 イメージプロモーションを使ったアプリケーションのリリース

事前準備として、運用担当者が開発環境とは別に本番環境のプロジェクト chapter09-prd を作成します。chapter09 で使った定義ファイルから本番環境テンプレート（ImageStream/DeploymentConfig/Service/Route）を作成し、事前に本番環境プロジェクトに登録しておきます。

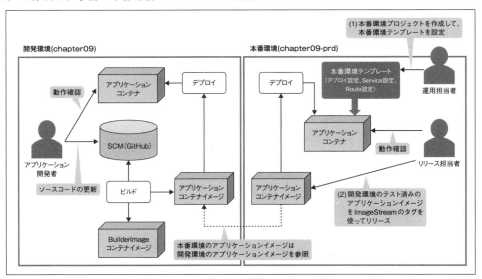

図 9.17　イメージプロモーション（1）

アプリケーションの開発が終了したら、リリース担当者が開発環境のテスト済みのアプリケーションのコンテナイメージを本番環境の ImageStream にタグを設定します。この段階で ImageStream にコンテナイメージが登録され、本番環境のデプロイ設定中にある ImageChange トリガー検出され、デプロイが始まる仕組みになっています。

### 9.7.2　本番環境テンプレートを使った本番環境の作成

まず、chapter09-prd プロジェクトを作成し ch09-prd.yml を登録して本番環境を作成します。

```
$ oc new-project chapter09-prd
$ oc create -f ch09-prd.yml
```

ch09-prd.yml にはビルド設定（BuildConfig）がないのがポイントです。現時点では chapter09-prd プロジェクトにはアプリケーションのコンテナイメージがないため、ImageStream の appimage:latest が更新されるまでデプロイメントが開始されません。

### 9.7.3　ImageStream のタグを使ったアプリケーションのリリース

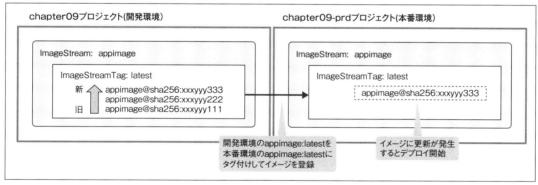

図 9.18　イメージプロモーション（2）

開発環境の ImageStream の appimage:latest と本番環境の ImageStream の appimage:latest にタグ付けを実行すると、開発環境の appimage:latest が指す ImageStreamImage の appimage@sha256:xxxyyy333 が本番環境の appimage:latest に追加されます。

```
$ oc tag chapter09/appimage:latest chapter09-prd/appimage:latest
```

ImageStreamImage が追加されると本番環境の appimage:latest に更新が発生するため、これを

ImageChange トリガーが検出し、デプロイが始まり、新しいアプリケーションのコンテナが起動します。

この方法ではビルドは 1 回だけです。同じコンテナイメージをほかの環境にデプロイするのでビルド回数が減る、開発環境でテスト済みのコンテナイメージを使用できるのでテスト時間が減るなど、リリース時間短縮の利点があります。また、同じコンテナイメージを使っているので環境差異が発生しないというメリットもあります。リリース担当者にとっては開発環境のコンテナイメージを本番環境にタグを設定するだけなので、リリースがとても簡単です。

## 9.7.4　コンテナイメージの履歴管理とリリースのロールバック

本番環境にリリースしたアプリケーションに不具合があり、特定のアプリケーションのコンテナイメージに差し戻したいというケースがあります。ImageStream はイメージの履歴を保持しているため、本番環境の `appimage:latest` の中の ImageStreamImage からタグを使ってロールバックすることができます。

本番環境の ImageStream にある `appimage:latest` の ImageStreamImage は時系列で並んでいますが、リリースやロールバックを繰り返すと ImageStreamImage の管理が困難になり、イメージの特定が難しくなります。

これを解決する方法の一例として、コンテナイメージの履歴管理専用の ImageStreamTag を作成する方法を紹介します。

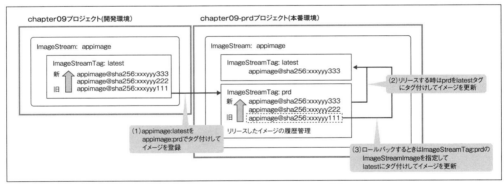

図 9.19　イメージプロモーション（3）

この方法では、prd というコンテナイメージの履歴管理専用の ImageStreamTag を本番環境の ImageStream の `appimage` に作成します。開発環境から本番環境へリリースするときは、開発環境の `appimage:latest` と本番環境の `appimage:prd` をタグ付けします（1）。

```
$ oc tag chapter09/appimage:latest chapter09-prd/appimage:prd
```

こうすることで本番環境の `appimage:prd` にはリリース候補の ImageStreamImage が時系列に蓄積されます。本番環境にアプリケーションをリリースする場合は、本番環境の `appimage:prd` と `appimage:`

latest をタグ付けしてコンテナイメージを更新します（2）。

```
$ oc tag chapter09-prd/appimage:prd chapter09-prd/appimage:latest
```

ロールバックする場合は `appimage:prd` の中の ImageStreamImage を直接指定し、`appimage:latest` をタグ付けしてコンテナイメージを更新します（3）。

```
$ oc tag chapter09-prd/appimage@sha256:xxxyyy111 chapter09-prd/appimage:latest
```

本番環境の `appimage` は ImageStreamTag の `prd` を経由してアプリケーションをリリース／ロールバックします。ImageStreamTag の `prd` の中の ImageStreamImage はリリース順に並んでいるため、コンテナイメージの管理が容易です。応用としてイメージストリーム `appimage:prd` からコンテナイメージの履歴情報を出力すると、各環境で使用しているリリース管理システムと連携させてリリースしたコンテナイメージを管理することもできます。

## 9.7.5　Jenkins を使ったリリースの自動化と可視化

現在使用しているソフトウェア配信プロセスに Jenkins を利用していることは多いと思います。OpenShift でも Jenkins を使ってアプリケーションを構築と展開できます。ここでは、開発環境から本番環境へのアプリケーションのリリースを Jenkins の Pipeline ビルドで自動化できるように設定してきます（**図9.20**）。

### Pipeline ビルドとは

これまでの BuildConfig のビルドの戦略では Docker や Source を利用しましたが、ここでは Jenkins を利用するために Pipeline ビルドを使います。Docker や Source はビルドによってコンテナイメージを作成するのに対し、Pipeline ビルドは Jenkins を実行するという性質の変わったビルドです。

### 自動デプロイの停止

chapter09 と chapter09-prd プロジェクトの `appimage` の DeploymentConfig では、コンテナイメージに更新が発生すると、imageChangeParams 設定によってデプロイが開始されます。Jenkins を利用する場合はビルド／デプロイの制御は Jenkins で行うため、自動デプロイが始まらないように `-imageChangeParams:` セクションの `automatic:　true` を削除します。`oc edit dc appimage` コマンドで編集モードに切り替え、次のように編集します。

```
triggers:
- type: ConfigChange
- imageChangeParams:
    automatic: true　←この行を削除
```

第 9 章　OpenShift for Developers

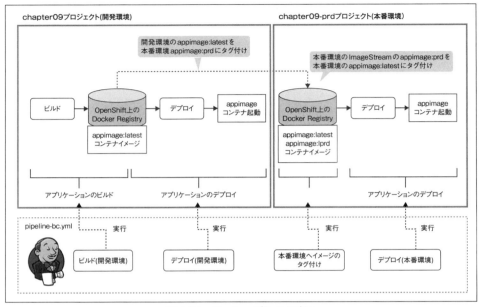

図 9.20　Pipeline ビルドの流れ

### Pipeline ビルドの登録

今回登録するビルド設定ファイルは `appimage_pipeline.yml` です。`jenkinsfile` セクションの中に Jenkins のパイプラインコードを記述します。

**appimage_pipeline.yml**

```
kind: BuildConfig
apiVersion: v1
metadata:
  name: appimage-pipeline
spec:
  strategy:
    type: JenkinsPipeline
    jenkinsPipelineStrategy:
      jenkinsfile: |-
        pipeline {
          agent any
          stages {
            stage('1-Build-appimage') {
```

```
                steps {
                    openshiftBuild(bldCfg: 'appimage', namespace: 'chapter09', sho
wBuildLogs: 'true')  (1)
                }
            }
            stage('2-Deploy-Development') {
                steps {
                    openshiftDeploy(depCfg: 'appimage', namespace: 'chapter09')  (2)
                }
            }
            stage('3-Tag-In-Prodcution') {
                steps {
                    openshiftTag(namespace: 'chapter09', srcStream: 'appimage', sr
cTag: 'latest', destinationNamespace: 'chapter09-prd', destStream: 'appimage',
destTag: 'prd')  (3)
                    openshiftTag(namespace: 'chapter09-prd', srcStream: 'appimage'
, srcTag: 'prd', destinationNamespace: 'chapter09-prd', destStream: 'appimage'
, destTag: 'latest')  (4)
                }
            }
            stage('4-Deploy-Prodcution') {
                steps {
                    openshiftDeploy(depCfg: 'appimage', namespace: 'chapter09-prd')
                }                                                                      ↑ (5)
            }
        }
    }
    triggers:
    - type: ImageChange
    - type: ConfigChange
```

Jenkinsの知識になりますが、**stage{}**で括られている箇所がパイプラインの各ステージを表し、**steps{}**に手順を記述していきます。

今回使用したJenkinsのパイプラインからOpenShiftのコマンドを実行するための設定は次の3つです。

## ビルドを実行（1）

```
openshiftBuild(bldCfg:  '<BuildConfig名>', namespace:  '<プロジェクト名>',
showBuildLogs:  'true')
```

371

showBuildLogs はビルドのログ出力の設定です。

### デプロイを実行（2）（5）

```
openshiftDeploy(depCfg: '<DeployConfig 名>', namespace: '<プロジェクト名>')
```

### ImageStreamTag を設定

開発環境の latest から本番環境の prd（3）

本番環境の prd から本番環境の latest（4）

```
openshiftTag(namespace: '<プロジェクト名>', srcStream: '<src の ImageStream 名>',
srcTag: '<src の ImageStreamTag 名>', destinationNamespace: '<宛先のプロジェクト名>',
destStream: '<宛先の ImageStreamTag 名>', destTag: '<宛先の ImageStreamTag 名>')
```

BuildConfig を登録すると、開発環境の chapter09 プロジェクトに Jenkins が起動します。

```
$ oc project chapter09
$ oc create -f ch09_pipeline.yml
$ oc get pod
po/jenkins-1-1bt7q    1/1         Running      0           58m
```

本番環境は chapter09-prd です。開発環境の chapter09 プロジェクトをまたいで Jenkins を操作するには、Jenkins が本番環境の chapter09-prd プロジェクトも操作できるように権限を与える必要があります。

```
$ oc policy add-role-to-user edit system:serviceaccount:chapter09:jenkins \
-n chapter09-prd
```

chapter09 プロジェクト jenkins の **Service Account** に chapter09-prd プロジェクトの **edit**（編集）ロールが付与されました。これで Jenkins は chapter09-prd プロジェクトも操作できるようになりました。

**Service Account** は CLI や OpenShift のダッシュボードにログインするためのユーザーと異なり、システム上のアカウントに近く、ビルドやデプロイメントする際に権限を割り当てる仕組みとなっています。詳細は OpenShift の公式ドキュメントの Service Accounts[12] やブログ記事[13] に説明がありますので参考にしてください。

---

[12] https://docs.openshift.org/latest/dev_guide/service_accounts.html

[13] 「OpenShift の RBAC を完全に理解する」http://nekop.hatenablog.com/entry/2017/12/12/182149

9.7 イメージの管理と配信プロセスの簡素化

**Pipeline ビルドの状況確認**

Pipeline ビルドの状況は OpenShift の Web コンソールで確認できます。Web コンソールにログイン後、chapter09 プロジェクト→「Builds」→「Pipelines」の順に画面遷移します（図 9.21）[14]。

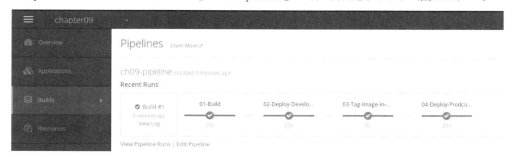

図 9.21　Pileline ビルド（1）

ViewLog を選択すると Jenkins の画面に遷移してコンソール出力を確認できます（図 9.22）。

図 9.22　Pileline ビルド（2）

これで開発環境のアプリケーションのビルド、開発環境と本番環境のアプリケーションのデプロイをJenkins の Pipeline ビルドを使って展開することができました。

今回は Jenkins から OpenShift のビルドとデプロイを実行する構成を紹介しましたが、みなさんのそれぞれの要件に沿って複雑な配信プロセスを作成することは可能です。そのアイデアは OpenShiftDemos

---

[14] MiniShift で GUI が使える環境ならば、`minishift console` コマンドを実行するとブラウザが起動して Web コンソールが表示されます。

第 9 章　OpenShift for Developers

リポジトリ[15]や OpenShift のブログ記事[16]で紹介してありますので参考にしてください。

## 9.7.6　運用担当者、開発担当者それぞれのメリット

　この章ではまず S2I（Source to Image）を使うとソースコードを用意して **s2i** コマンドを実行するだけでアプリケーションのコンテナイメージが作成できるようになりました。S2I スクリプトを使ってコンテナ以外で使用している既存の配信プロセスを組み込むことについても紹介しました。

　コンテナ化は新しい配信プロセスを作る早道かもしれませんが、長期的にみると既存の資産がコンテナに統合できるのが最良であると思います。また、運用担当者がアプリケーションの土台となる Builder イメージやビルド設定／デプロイ設定などのテンプレートを管理／展開すると、アプリケーション開発者はソースコードを GitHub などの SCM に push するだけでビルドの結果を確認できるようになります。

　このことから、OpenShift を活用すると開発担当者／運用担当者が役割を分担し、それぞれの専門分野に専念できることも分かります。また、ImageStream を使ってアプリケーションのリリースを簡素化し、Jenkins と OpenShift のビルドとデプロイを統合した継続的インテグレーション／デリバリの可能性についても確認しました。

*　*　*

　今回は基本的なアプリケーションの構築と展開を紹介しましたが、この章で触れなかった内容は OpenShift Origin の公式ドキュメントの Developer Guide[17]が参考になると思います。また OpenShift のブログ（`https://blog.openshift.com/`）には OpenShift の使ったアイディアであったり最新の機能が紹介されていますので[18]、参考にするとよいでしょう。

---

[15] 「OpenShift 3 Jenkins Example」`https://github.com/openshift/origin/tree/master/examples/jenkins`、「OpenShiftDemos/openshift-cd-demo」`https://github.com/OpenShiftDemos/openshift-cd-demo/tree/ocp-3.7`

[16] 「Building Declarative Pipelines with OpenShift DSL Plugin」`https://blog.openshift.com/building-declarative-pipelines-openshift-dsl-plugin/`、「Using OpenShift Pipeline Plugin with External Jenkins」、`https://blog.openshift.com/using-openshift-pipeline-plugin-external-jenkins/`

[17] `https://docs.openshift.org/latest/dev_guide/index.html`

[18] 「Multiple Deployment Methods for OpenShift」`https://blog.openshift.com/multiple-deployment-methods-openshift/`、「Enhancing your Builds on OpenShift: Chaining Builds」`https://blog.openshift.com/chaining-builds/`、「Patterns for Application Augmentation on OpenShift」`https://blog.openshift.com/patterns-application-augmentation-openshift/`、「Installing Node.js dependencies with Yarn via s2i builds and OpenShift」`https://developers.redhat.com/blog/2017/06/02/installing-node-js-dependencies-with-yarn-via-s2i-builds-and-openshift/`

# 索　引

## A

AbemaTV　180
Active Directory　211, 217
Airbnb　67
AKS　217
AlertManager　313
All-in-one　266
Alpine Linux　28
ambassador コンテナ　79
AMD-v　330
Annotation　88
Ansible　6, 28, 266
Apache Beam　167
Apache License　24
API サーバー　88
AppArmor　15
appc　13
Apple　67
Artifacts　334
ASP　2
Atomic Host　266
Aurora　266
Auth Proxy　219
AWS　8, 266
AWS VPC　300
AZ　269
Azure AD　211

## B

BigQuery　167
Bitbucket　65
Blue-Green デプロイメント　202
Bluemix　244
Bluemix コマンド　246
Bluemix API キー　262
Bluemix Container Service　243
boot2docker　331
Borg　156
BPF　79
Build フェーズ　64
BuildConfig　344
Builder イメージ　333
bx cr　246
bx cs　246

## C

CaaS　63
Calico　246
Cartridge　265
Cassandra　312
Catalog　213
Cattle　211
cgroups　11, 12, 24
Chef　6, 28
Chromium OS プロジェクト　169
Chronos　69
CI/CD　7, 256
CI/CD サービス　65
CircleCI　65, 174
Cloud Console　159, 162
Cloud Dataflow　167
Cloud Datastore　180
Cloud Shell　162, 189
Cloud Storage バケット　176
CloudFormation　8
CloudFoundry　244
Cluster Agent　218
Cluster Controller　218
Cluster Network　273
cluster-admin 権限　282
ClusterFederation　85
CNCF　25, 155
CNI　270
CodeShip　174
Compose ファイル　40, 65
ConfigChange トリガー　345, 349
ConfigMap　114, 302, 316, 317
Consul　69
Container Builder　176, 193, 194
Container Execution　312
Container Registry　174
containerd　20, 25, 58
Contiv SDN　270
Control Groups　12
Control Plane　85
Controller Manager　87
CoreOS　13

COS　163, 169
CPAN モジュール　66
CRI　21
CRI-O　21, 87
cron　125
CronJob　125
Custom　221

## D

DaemonSet　121, 315
DC/OS　70
Delivery Pipeline　257
Deployment　96, 134
DevOps　61
DevOps ToolChain　256
DigitalOcean　221
DNS　78
Docker　7, 23
Docker イメージ　24, 25, 37
Docker コンテナ　24
Docker のバージョン　32
Docker Compose　40, 213
Docker Engine　24, 25
Docker for Mac　25, 36
Docker for Windows　25, 36
Docker Hub　24
Docker Registry　343
Docker Toolbox　27
Docker Toolbox for Mac　36
Docker Toolbox for Windows　36
docker-machine Driver　212
Dockerfile　30
DockerHub　61
dotCloud　9
Downward API　117
Drone.io　174

## E

EBS　214, 266
echoserver　132
Edge　32
EFK　121
Egress Router　297, 299
EgressNetworkPolicy　297
EKS　217

索 引

Embedded Kubernetes API
　サーバー　217
emptyDir　102
Environment　214
etcd　69, 85, 87
Event Subscription　70
Executor　69
External Service　94

**F**

F5 BIG-IP　268
FASTER　157
Flannel SDN　270
Fluentd　121

**G**

GCE　157, 266
gcloud　162
GCP　156
GCP アカウント　181
GFS　156
Git Bash　72
GitHub　61, 267, 355
GitHub 認証　211
GitLab　257
gitRepo　104
GKE　155, 217, 222
Global Services　44
GlusterFS　266
Gmail　181
Go 言語　217
Google　83
Google アカウント　181
Google API Client Libraries
　162
Google Cloud Launcher　202
Grafana　247, 312, 315
GRE　79
gRPC　21

**H**

Hadoop　69
HAProxy　268
HashiCorp Terraform　8
Hawkular　312
headless Service　122
Heapster　246, 312
Helm　84, 256
host-gw モード　270
hostPath ボリューム　106
HPA　170

HTTP Proxy モード　299
HTTP(S) ロードバランサー
　173, 180, 196
Hyper-V　128, 330
Hyperkit　128

**I**

IaaS　6, 62
IBM Cloud　243
IBM Cloud CLI　249
IBM Cloud Container
　Service　243
IBM Cloud Delivery
　Pipeline　260
Identity Provider　267
ImageChange　トリガー
　345, 349
ImageStream　341
ImageStreamTag　368
InfraKit　57
Infrastructure as Code　8
Infrastructure Node　268
Ingress Controller　267
Init モード　300, 305
IPC　11
IPsec オプション　213
iptables　275, 277
Issue　257
Istio　21

**J**

Jail　13
Jenkins　174, 369
Job　123
JSON　296
Jupiter　157

**K**

Key-Value ストア　27, 69
Keystone　267
Kibana　247
kube-dashboard　246
kube-dns　246
Kube-proxy　87
kubectl　129, 162, 246, 249
Kubelet　87, 219, 266
Kubernetes　83, 211, 265
Kubernetes クラスタサービス
　243
kubernetes run　132
KVM　3, 128, 330

KVS　27

**L**

L4 ロードバランサー　196
Label　88, 158, 280, 287, 288
Label セレクター　91
LDAP　267
Legacy モード　300
libcontainer　13
libswarm　27
lighttpd　335
LimitRange　319
Linux Atomic Host　13
Linux Foundation　18
Liveness　309
Liveness Probe　92
LXC　9, 12, 25

**M**

Macvlan　307
MapReduce　156
Marathon　70
Master　85, 87, 157
maxSurge　97
maxUnavailable　98
Mesos　67, 211, 266
Mesos Frameworks　67, 69
Mesos Master　68
Mesos Slave　68
mesos-consul　69
Mesosphere　67
Microsoft　67
Microsoft Azure　18, 266
Minikube　127
MiniShift　329
Moby プロジェクト　57
MongoDB　180
Mount　12
Multiple Masters　266

**N**

namespace　11, 88
Netfilter　277
NETFLIX　67
Network　11
NetworkPolicy　280, 288
NFS　266
Nginx　135, 267
NIST　5
No-Ops クラスタ　159
Node　85, 87, 157

376

Node.js　　192
Node プール　　158
Nuage Networks SDN　　270

## O

OAuth　　267
OCI　　14, 25, 265
OCP　　14
Open vSwitch　　270, 272
OpenLDAP　　211
OpenShift　　17, 265
OpenShift Container Plat-
　　form　　266
OpenShift Origin　　265
OpenShift SDN　　270
OpenStack　　266, 300
OpenVPN　　246
OpenVZ　　13
Oracle VM VirtualBox　　27
OSS　　265
OVS Bridge　　275
ovs-multitenant プラグイン
　　272
ovs-networkpolicy プラグイン
　　272, 288
ovs-subnet プラグイン　　271
ovs-vswitchd　　273
ovsdb-server　　273

## P

PaaS　　6, 63
Packet　　221
PetSet　　121
PHP　　360
PID　　12
Pipeline ビルド　　369
Pod　　89, 137
Pod テンプレート　　91
Pokémon GO　　180
PostgreSQL　　360
postgresql-ephemeral テンプ
　　レート　　361
Prometheus　　312
Promiscuous モード　　300
Pub/Sub　　167
Puppet　　6, 28
PV　　106
PV プロビジョナー　　111
PVC　　106

## Q

Quorum 方式　　70
Quota　　319

## R

Raft　　44
Rancher　　17, 209
Rancher エージェント　　210
Rancher サーバー　　210
Rancher Compose　　213
Rancher EBS　　214
Rancher JP　　240
Rancher NFS　　214
rancher-compose　　216
RancherOS　　13
Readiness Probe　　94, 309
Recreate　　97
Red Hat　　265
Red-Black デプロイメント　　202
Redis　　141, 180
replicas　　91, 96
ReplicaSet　　90
Replicated Service　　44
Replication Controller
　　307, 349
REST API　　267
Restart Policy　　309
RevisionHistoryLimit　　97
RKE　　217
rkt　　13, 87
RollingUpdate　　97
Root CA　　45
Route　　350
Ruby Gem　　66
Run フェーズ　　66
runC　　14, 56

## S

S2I　　333
S2I Tool　　335
SaaS　　5
Scheduler　　87
SDN　　269
Secret　　116
Security Group　　269
selector　　96
SELinux　　15, 331
Service　　92, 350
Service Broker　　244
Shibboleth　　211
Ship フェーズ　　66

## Shippable

Shippable　　174
Sidecar パターン　　90
Single Master　　266
Slack　　317
SNS　　2
SoftLayer　　246
Solaris Container　　13
Solomon Hike　　24
Spinnaker　　174, 202
Squid　　299
SRE　　61, 157
SRV クエリ　　78
Stable　　32
Stackdriver　　204
Stackdriver Logging
　　166, 205
Stackdriver Monitoring　　167
StatefulSet　　121
strategy　　96
Swarm モード　　43
Swarmkit　　25, 27, 57

## T

TCP ロードバランサー　　173,
　　196
template　　96
TinyOS　　27
TLS　　45
Travis CI　　65
TSC　　58
TTL　　78
Twitter　　67

## U

Ubuntu　　169
UnionFS　　29
Unity　　157
UNIX ソケットドメイン　　35
User　　12
UTS　　12

## V

VirtualBox　　3, 128, 330
VLAN　　246
VLAN-Spanning　　255
VMware　　3, 221
VMware Fusion　　128, 330
VMware vSphere　　266, 300
VNID　　272
VPA　　170
VPNkit　　57

377

## 索引

VPS　65
VSI　246
VSP　270
VT-x　330
VTEP　270
VXLAN　79, 213, 270
VXLAN Tunnel　275

### W

Watson　244, 255
Web IDE　257
Webhook　355
Wercker　174

### X

Xen　3
xhyve　330

### Y

YAML　296

### Z

ZooKeeper　69

### ア

アクティビティログ　166
アジャイルソフトウェア開発　3
アップグレード　203
アップタイムチェック　168
アップデート　95, 200
アプライアンス　80
アプリケーションヘルスチェック
　309
アプリケーションポータビリティ
　6
アラートルール　313

### イ

イベントドリブンアーキテクチャ
　88
イメージプロモーション　366
イメージレイヤ　29

### ウ

ウォーターフォール　3

### エ

エフェメラリティ　91, 213
エンタープライズエディション　32

### オ

オーケストレーション
　12, 16, 43
オーケストレーター　211
オートスケーラー　163
オートスケール　199
オートヒーリング　86
オーバーレイネットワーク
　213, 269

### カ

確約利用割引　179
隔離　10
カスタムマシンタイプ　187
カスタムメトリック　168
仮想インスタンス　78
仮想化　3
仮想マシンイメージ　7
カナリアリリース　202
監視 SaaS　80

### キ

揮発性　91, 213

### ク

クラウドコンピューティング　4
クラウドネイティブ　19
クラスタ　85, 158, 185
クラスタオートスケーラー　170

### ケ

継続利用割引　179
検証　334

### コ

構成管理ツール　6
ゴールデンイメージ　7
コピーオンライト　30
コミュニティエディション　32
コンテナ　1, 7, 10
コンテナオーケストレーター　64
コンテナランタイム　87
コンテナランタイムインターフェ
　イス　21
コンテナログ　166
コントロールグループ　12
コンポーズファイル　41

### サ

サービス　46
サービス ID　52

### サ

サービスアカウント　188
サービスディスカバリ　78

### シ

システムメトリック　168
システムログ　166
自動アップグレード　160

### ス

スケーラビリティ　7
スケールアウト　139, 158, 198
スケールアップ　150, 158, 171
スケールダウン　151
スケジューリング　45, 86
ストレージドライバ　29, 214
スマートフォン　2

### セ

セキュリティ検査機能　244
セッショントークン　343
宣言的アーキテクチャ　88

### ソ

ゾーン　187

### タ

ダイナミックプロビジョニング
　111
タスク　45

### チ

調達　3

### ツ

通知　312

### テ

ディスク利用料　179
ディレクティブ　31
データアナリティクス　244
デプロイ　52, 66
デプロイメントパイプライン　202
テンプレート　7

### ト

トークン　50
トラフィックスプリット　202

### ナ

内部 DNS　47
名前空間　11

索　引

## ニ

認証済 Kubernetes プラットフォーム　155, 243

## ハ

パブリッククラウド　266

## ヒ

標準クラスタ　245
ビルド　30
ビルドステップ　176
ビルドトリガー　178
ビルドリクエスト　176

## フ

ファイアウォール　297
プリエンプティブル VM　172
プリエンプティブルインスタンス　179
フローエントリ　273
フローテーブル　273
プロジェクト　184
プロジェクト ID　185
プロセスコンテナ　10, 12
プロビジョニングツール　6

## ヘ

ベースイメージ　29
ヘルスチェック　77, 163
ベンダーロックイン　18, 180

## ホ

ポート番号　280, 288
ボトルネック　75
ボリューム　102
ボリューム機能　31

## マ

マイクロサービス　20, 279
マシンタイプ　187
マルチクラウド構成　76
マルチクラスタ構成　76
マルチゾーン　160
マルチゾーンクラスタ　164
マルチテナント　272, 278

## ム

無料クラスタ　245, 256

## メ

メンテナンスウィンドウ　161, 187

## モ

モニタリング　167

## リ

リージョナルクラスタ　165
リージョン　187
リーダー　46
リソースプール　5, 27

## ル

ルーティングメッシュ　46

## レ

レガシーアプリケーション　56
レジストリ　66
レプリカ数　53, 349

## ロ

ロードバランサー　70, 173
ローリングアップデート　95, 200
ロールバック　95, 101
ログ　150

## ワ

ワーカーノード　85

379

# 執筆者プロフィール

## ■ 青山尚暉（あおやま・なおき）
インフラエンジニアを目指して日本工学院八王子専門学校 IT スペシャリスト科に入学。在学中は、Linux や Cisco 機器などに触れ、自宅サーバーなどを経験。また、ボランティア活動に積極的に参加し、Rancher JP コミュニティの運営メンバーとして参加。最近では、Docker を利用したログ解析に力を入れている。

## ■ 市川 豊（いちかわ・ゆたか）
フォーシーズンズ株式会社（co-founder, CTO）で、インフラエンジニア、フロントエンドエンジニアとして官公庁のインフラ基盤を中心としたサーバーの設計構築、運用保守、Web システム開発を担当。最近は、これまでの実務経験を活かし、専門学校で非常勤講師として OSS（Linux/Docker/k8s/Rancher等）を教えたり、Rancher JP コミュニティを始めとするミートアップや勉強会に登壇、ハンズオン講師としても活動中。趣味は音楽（ライブ／フェス巡りとたまに楽器）、一眼持って夜景撮影。

## ■ 境川章一郎（さかいがわ・しょういちろう）
Pumpkin Heads 株式会社 代表取締役 インフラエンジニア。プライベートクラウドのインフラ設計／構築／運用に携わり、運用改善／自動化のための開発から、Web や業務アプリケーション開発に携わる。 Kubernetes に取り組み始めたのは 2016 年に IBM Cloud 上に導入したプライベートクラウドへの OpenShift 案件参画からで、IBM Cloud Container Service のサービス開始と並行して Kubernetes と OpenShift の双方を推進する。 IBM Cloud Container Service をユーザー視点からサービス提供とともに推進し、Bluemix User Group（IBM Cloud ユーザー会）での発表や記事掲載の実績を元に「IBM Champion for Cloud 2018」に認定される。

## ■ 佐藤聖規（さとう・まさのり）
クラウドを使ったサービス開発や開発スタイル、働き方の変革を提案／営業するプリセールスエンジニア。クラウドやアーキテクチャ、DevOps に関するコンサルティングにも従事。著書に『改訂第 3 版Jenkins 実践入門』（技術評論社）、ペンネーム織田翔名義で『15 時間でわかる Git 集中講座』（技術評論社）、『Java 逆引きレシピ』（翔泳社）がある。記事寄稿やイベントでの講演を楽しみにしている。3 歳になる息子とサッカーをして遊ぶのが、最もリラックスできる瞬間。

## ■ 須江信洋（すえ・のぶひろ）
外資系 IT 企業、フリーランス、IoT 関連ベンチャーを経て、2017 年より Red Hat でソリューションアーキテクトとしておもに OpenShift を担当。 長らく Java EE に携わるも、マイクロサービスアーキテクチャの時代にはコンテナがメインストリームになると考えキャリアチェンジ。現在は、Docker/Kubernetes/OpenShift を軸として、次世代の IT プラットフォームの理想形を探求中。著書に『Gradle 徹底入門』（翔泳社）、『プログラミング GROOVY』（技術評論社）、『Groovy イン・アクション』（マイナビ出版）がある。

## ■ 前佛雅人（ぜんぶつ・まさひと）

2000年からホスティングサービスで運用保守サポートに携わる。クラウド系やコンテナを扱う技術や監視運用の自動化／自律化に興味があり、趣味でOSS検証や翻訳も行っている。現在はさくらインターネット株式会社でエンジニア＆Developer Advocateとして技術の検証や普及活動を行うかたわら、農作業のため東京と実家の富山を往復する日々。日本酒が大好き。いずれ酒米を手がけたい。 Twitter: @zembutsu

## ■ 橋本直哉（はしもと・なおや）

国内MSPやDC事業者でインフラエンジニアやクラウドエンジニアを中心としたインフラ業務を経て、Red Hat社にておもにOpenShift Container Platformのコンサルティングを担当。著書に『Ansible徹底入門』（翔泳社）、雑誌『Software Design』（技術評論社）への寄稿などがある。 ライフワークは国内外を問わず、マラソン、ボルダリング、クラフトビールのブリューワリーや酒蔵を巡ること。

## ■ 平岡大祐（ひらおか・だいすけ）

長らくオープン系のシステム開発に従事する。ベンチャーでの研究開発を経て現在はプライベートクラウドのインフラ構築／運用に携わり、開発の視点で業務の効率化／自動化を推進する。OpenShiftと出会ったのは2016年、本番運用の立ち上げに参画し、開発／運用の劇的なスピードアップを実現した。現在は日々の運用を通してコンテナ化のベストな方法を探求している。

## ■ 福田 潔（ふくだ・きよし）

SIerでのシステム開発、ミドルウェアや仮想化ソフトウェアベンダーでのプリおよびポストセールスの経験を経て、2013年より外資系クラウドベンダーのセールスエンジニアとして、顧客支援やセミナー講師を通じてクラウドプラットフォームを日本のお客様に広めるための活動を行っている。著書に『仕事で使える！ Google Cloud Platform』（インプレス）がある。

## ■ 矢野哲朗（やの・てつろう）

ネットワークエンジニア、DBエンジニア、監視運用設計を経て、株式会社スタイルズでオープンソースに関わる仕事に携わる。ownCloud/Nextcloudでストレージともお友達になった。データとプロセッシングが飛びまわれる時代はもう間もなくじゃないかと思う。 OSSは趣味であり、業務でもあり、より良い世界を実現するために日々邁進している。 著書に『ownCloud セキュアストレージ構築ガイド』（インプレス）がある。

## ■ 山田修司（やまだ・しゅうじ）

水産高校卒業後、20歳の頃にインターネットの世界に興味を持ち始めたことがきっかけで、独学でサーバーやネットワークの技術を学び始める。それがこじれて23歳になってから上京し、データセンタースタッフ、運用技術担当エンジニア、バックボーンネットワーク運用担当、IaaSクラウドサービスの運用担当などの業務を経て、現在はDockerホスティングサービス「Arukas」の企画／開発／運用を担当。お昼の炊事当番も務める。

装丁　　　　　清水佳子

# コンテナ・ベース・オーケストレーション
**Docker/Kubernetes で作るクラウド時代のシステム基盤**

2018 年　3 月 15 日　初版第 1 刷発行

| | |
|---|---|
| 著　者 | 青山尚暉（あおやま なおき）／市川 豊（いちかわ ゆたか）<br>境川章一郎（さかいがわ しょういちろう）<br>佐藤聖規（さとう まさのり）／須江信洋（すえ のぶひろ）<br>前佛雅人（ぜんぶつ まさひと）／橋本直哉（はしもと なおや）<br>平岡大祐（ひらおか だいすけ）／福田 潔（ふくだ きよし）<br>矢野哲朗（やの てつろう）／山田修司（やまだ しゅうじ） |
| 発行人 | 佐々木 幹夫 |
| 発行所 | 株式会社 翔泳社　（http://www.shoeisha.co.jp） |
| 印刷・製本 | 株式会社 シナノ |

© 2018 Naoki Aoyama/Yutaka Ichikawa/Shoichiro Sakaigawa/
Masanori Satoh/Nobuhiro Sue/Masahito Zembutsu/Naoya Hashimoto/
Daisuke Hiraoka/Kiyoshi Fukuda/Tetsuro Yano/Shuji Yamada
本書は著作権法上の保護を受けています。本書の一部または全部について、
株式会社 翔泳社から文書による許諾を得ずに、いかなる方法においても無断
で複写、複製することは禁じられています。
ソフトウェアおよびプログラムは各著作権保持者からの許諾を得ずに、無断
で複製・再配布することは禁じられています。

本書へのお問い合わせについては、ii ページに記載の内容をお読みください。

落丁・乱丁はお取り替えいたします。03-5362-3705 までご連絡ください。

ISBN978-4-7981-5537-1　　　　　　　　　　　Printed in Japan